普通高等教育“十四五”系列教材

Android 应用开发教程（微课版）

罗剑 ◎ 编著

華中科技大学出版社
http://www.hustp.com
中国 · 武汉

内 容 简 介

本书介绍了 Android 开发的基础知识与 Android 开发的流行框架，内容包括 Android 程序结构与基础入门、Android 程序的界面设计与控件的使用、Android 的事件处理、Activity 组件、内容提供者、广播机制、服务、数据存储技术、Android 网络编程技术等。书中的重要知识点都配有案例，所有案例使用 Android Studio 3.5 工具开发，理论与实践结合，理实一体，任务驱动。为了提高同学们的项目动手能力，在每章的最后一节安排实践任务，通过解读需求分析与实现思路的参考代码，逐步提高同学们的动手能力。

本书配套有视频、教学课件、案例源代码以及习题集等教学资料，所有知识点对应的案例都采用较新的技术实现，尽量与企业岗位需求接轨。本书可作为高等院校本、专科计算机相关专业的教材，也可以作为 Android 开发的培训教材与自学的参考书籍，非常适合 Android 开发入门的读者使用。

为了方便教学，本书还配有电子课件等教学资源包，可以登录“我们爱读书”网（www. ibook4us. com）浏览，任课教师还可以发邮件至 hustpeiit@163. com 索取。

图书在版编目(CIP)数据

Android 应用开发教程：微课版/罗剑编著. —武汉：华中科技大学出版社，2020. 8 (2021. 12 重印)
ISBN 978-7-5680-6456-9

Ⅰ. ①A… Ⅱ. ①罗… Ⅲ. ①移动终端-应用程序-程序设计-教材 Ⅳ. ①TN929. 53

中国版本图书馆 CIP 数据核字(2020)第 160028 号

Android 应用开发教程(微课版)
Android Yingyong Kaifa Jiaocheng (Weike Ban)

罗剑　编著

策划编辑：康　序
责任编辑：史永霞
封面设计：孢　子
责任监印：朱　玢
出版发行：华中科技大学出版社(中国・武汉)　　电话：(027)81321913
武汉市东湖新技术开发区华工科技园　　邮编：430223
录　排：武汉三月禾文化传播有限公司
印　刷：武汉科源印刷设计有限公司
开　本：787mm×1092mm　1/16
印　张：22
字　数：563 千字
版　次：2021 年12月第 1 版第 2 次印刷
定　价：68.00 元

前言

PREFACE

Android是由Google公司为首的OHA(开放手机联盟)推出的一款开源的嵌入式操作系统,它基于Linux的开放源代码软件栈,为各类设备和机型而创建。从2008年推出Android SDK 1.0到现在的Android 10,其市场占有率越来越高,应用程序也越来越多,对整个移动互联网产业产生了深远的影响。面对这种趋势,很多开发者加入Android应用开发队伍,但是Android开发不是简单看下开发者文档就能马上掌握,还需要掌握很多基础知识才能理解Android开发的原理。本书将对Android基础知识进行详细的讲解,并采用流行的Android Studio 3.5作为开发工具,理论与实践结合,注重通过代码与执行效果来理解程序逻辑,让初学者很快就能上手Android开发。

本书使用Java作为编程语言,在学习本书之前必须具备Java面向对象的编程基础。本书的内容组织采用知识模块与案例模块相结合的双核模式,所有的案例配有源代码,重点案例还配有视频讲解。每一章最后都需要完成综合实践任务,通过实践帮助读者巩固所学知识,达到学以致用的目的。书中每章都会通过思维导图来总结知识点,帮助读者建立知识体系结构。Android应用开发是一门实践性很强的课程,只有反复练习,才能掌握书中的知识与开发技巧。本书的章节具有较强的关联性,难度循序渐进,一共分为8章,内容简单介绍如下:

第1章主要介绍Android的基础知识,包括Android的发展史、Android的系统架构、开发环境的搭建、开发一个简单的Android程序和Android程序的项目结构、管理程序资源、程序的日志管理、调试与打包发布,通过开发第一个Android程序让读者了解Android应用开发的流程。

第2、3章主要介绍了Android界面布局和控件的使用,包括Android常用的布局类型,常用的控件与高级控件、Android的事件处理,以及RecyclerView和数据适配器。通过开发一个点餐App来让读者掌握控件与布局的使用。

第4章主要介绍了Activiy组件和Fragment,包括Activity的使用、生命周期、启动模式、Intent对象、Fragment及其界面间的传值问题。通过完成一个学生信息浏览程序来掌握Activity和Fragment的使用。

第5章主要介绍了Android数据存储技术,包括文件存储、SharedPreferences存储、SQLite数据库存储,还简单地介绍了Room操作数据库,通过完成一个学生信息管理程序来掌握数据的持久化操作。

第6章主要介绍了内容提供者，包括内容提供者 ContentProvider、内容解析者 ContentResolver 以及内容观察者 ContentObserver 的使用，通过读取系统短信息和联系人信息掌握内容提供者的使用。

第7章主要介绍了与网络编程相关的知识，包括 Socket 编程、HTTP 协议、HttpURLConnection 和 WebView 的使用、JSON 数据格式及其解析、GSON 库的应用、多线程编程等。通过解析网络数据完成新闻列表程序。

第8章主要介绍了广播机制与服务组件，包括广播机制的内容，广播的类型、定义和使用，服务的特点、生命周期以及服务通信。

我在新冠肺炎疫情期间得到了家人、朋友、同事与领导的支持，才得以完成本书，在此深表感谢。同时也感谢华中科技大学出版社各位工作人员与众多 Android 工程师，在大家的帮助下才有本书的顺利出版。尽管本书在编写过程中查阅了很多资料、核对了所有代码，但由于作者水平有限，加之技术的发展更新速度很快，书中难免存在不足，欢迎各界专家和读者朋友们给予宝贵意见，在此将不胜感激。

为了方便教学，本书还配有电子课件等教学资源包，可以登录“我们爱读书”网（www.ibook4us.com）浏览，任课教师还可以发邮件至 hustpeiit@163.com 索取。

罗剑

2020年4月27日

目　录

CONTENTS

第1章 初识Android开发

本章简介

本章主要介绍 Android 的历史和发展，安装 JDK、Android Studio 和 SDK 来搭建 Android 开发环境，使用 Android Studio 开发第一个安卓应用，并通过第一个安卓应用掌握 Android 应用程序的基本结构以及相关程序文件的作用。开发过程中能够使用 Android Studio 提供的工具调试程序，开发完成后能够打包发布应用。

学习目标

1. 了解 Android 的发展和历史
2. 掌握 Android 的系统架构
3. 掌握如何搭建 Android 开发环境
4. 掌握 Android 应用的目录结构
5. 掌握第一个 Android 应用的编写和运行
6. 了解 Android 应用程序的调试与打包

实践任务

任务 1　开发 Android 应用的欢迎界面

1.1 Android 系统概述

安卓(Android)是一种基于 Linux 的自由及开放源代码的操作系统，主要使用于移动设备，如智能手机和平板电脑，由 Google 公司和开放手机联盟领导及开发。Android 操作系统最初由 Andy Rubin 开发，主要支持手机。2005 年 8 月由 Google 收购注资。2007 年 11 月，Google 与 84 家硬件制造商、软件开发商及电信营运商组建开放手机联盟，共同研发改良 Android 系统。随后 Google 以 Apache 开源许可证的授权方式，发布了 Android 的源代码。第一部 Android 智能手机发布于 2008 年 10 月。Android 逐渐扩展到平板电脑及其他领域，如电视、数码相机、游戏机、智能手表等。Android 在全球移动端操作系统上的市场份额全球领先。

1.1.1 Android 的历史和发展

1. Android 的起源

2003 年，以 Andy Rubin(Android 之父)为首的创业者成立了 Android 公司，致力于研发一种新型的数码相机系统。不过，受市场前景所限，公司快速转向智能手机平台，试图与诺基亚 Symbian 及微软的 Windows Mobile 竞争。然而，资金逐渐成为一个问题，最终 Google(谷歌)于 2005 年收购了 Android 公司，Andy Rubin 开始率领团队开发基于 Linux 的移动操作系统，绿色机器人形象和预览版本则在 2007 年诞生。Android 的 Logo 如图 1.1 所示。

图 1.1 Android 图标

2. Android 的发展与前景

时至今日，Android 已经是家喻户晓的移动平台，也是谷歌最为重要的业务之一。有趣的是，几乎每一个 Android 版本代号，都是一种美味的甜点，这也让原本冷冰冰的操作系统充满了趣味。

Android 在正式发行之前，最开始拥有两个内部测试版本，并且以著名的机器人名称来对其进行命名，它们分别是阿童木（AndroidBeta）和发条机器人（Android 1.0）。后来由于涉及版权问题，谷歌将其命名规则变更为用甜点作为它们系统版本代号的命名方法。甜点命名法开始于 Android 1.5 发布的时候。每个版本代表的甜点的尺寸越变越大，取名也按照 26 个字母顺序：纸杯蛋糕（Cupcake，Android 1.5，2009 年 4 月 30 日发布），甜甜圈（Donut，Android 1.6，2009 年 9 月 15 日发布），松饼（Éclair，Android 2.0/2.1），冻酸奶（Froyo，Android 2.2），姜饼（Gingerbread，Android 2.3），蜂巢（Honeycomb，Android 3.0），冰激凌三明治（Ice Cream Sandwich，Android 4.0），果冻豆（Jelly Bean，Android 4.1 和 Android 4.2），奇巧（Kit Kat，Android 4.4），棒棒糖（Lollipop，Android 5.0），棉花糖（Marshmallow，Android 6.0），牛轧糖（Nougat，Android 7.0），奥利奥（Oreo，Android 8.0），派（Pie，Android 9.0）。

后来谷歌宣布 Android 系统的重大改变，不仅换了全新的 Logo，如图 1.2 所示，命名方式也变了，2019 年的 Android Q 的正式名称是 Android 10，界面如图 1.3 所示。从 Android 10 开始，Android 不再按照基于美味零食或甜点的字母顺序命名，而是转换为版本号，就像 Windows 和 iOS 系统一样。Google 开始提供系统级的黑暗模式，大部分预装应用、抽屉、设置菜单和 Google Feed 资讯流等界面和按钮，都变成以黑色为主色调。

图 1.2 Android 全新 Logo　　图 1.3 Android 10 的界面

因为 Android 平台的更新速度相当快，相信实际生活中使用 Android 手机的用户都有同感。而 Android 平台之所以发展迅速，与其自身开放性是分不开的，其开源性、硬件丰富性以及开发便捷性，注定其未来前景大好，发展迅速。

1.1.2 Android 的特点

1. 开放性

第一是指 Android 从源代码上开放，一个应用程序可以调用电话的任何核心功能。第二是指平台开放，不存在任何阻碍移动产业创新的专有权限制，任何联盟厂商都可自行定制基于 Android 操作系统的手机产品。第三是指运营上开放，手机使用什么方式接入什么网络用户可以自由选择，不再依赖运营商的控制。

2. 强大的应用开发平台

Android 提供的应用开发平台，使开发人员基于 Android 应用开发框架可以方便、灵活地开发各种移动应用。其核心应用和第三方应用完全平等。用户能完全根据自己喜好定制手机服务系统，并支持组件的重用和替换。应用程序可以轻松地嵌入网络功能支持，并可并行执行。

3. 支持丰富的硬件

由于 Android 的开放性，众多的厂商可推出各具功能特色的多种产品。

4. 巨大的市场前景

现在，使用 Android 手机操作系统的厂商有三星、摩托罗拉、索尼爱立信、HTC、LG 等，国内厂商有华为、联想、中兴、小米等。

Android 市场占有率位居全球第一，机型数量庞大、简单易用，其开放性使厂商和客户可以定制桌面和主题风格，实现简单而华丽的界面。

5. 广泛的应用

Android 从手机操作系统开始，现已发展成为很多移动设备（如平板电脑、PDA）的操作系统，并进而成为物联网中广泛采用的操作系统。

◆ 1.1.3 Android 的系统架构

Android 的系统架构和其操作系统一样，采用了分层的架构。从架构图 1.4 中可以看到，Android 分为四个层，从高层到低层分别是应用程序层、应用程序框架层、系统运行库层和 Linux 内核层。这种分工保证了层与层之间的低耦合，当某一层改变时，不会对其他层产生较大影响，有利于系统的维护。

1. 应用程序层

Android 系统包含一系列的应用程序（Applications），Android 中的核心应用程序会和 Android 系统一起发布，该应用程序包括客户端、SMS 短消息程序、日历、地图、浏览器、联系人管理程序等。本书要开发的程序都是编写 Android 系统上的应用程序。

2. 应用程序框架

应用程序框架（Application Framework）为开发 App 提供了大量的 API，开发者可以通过这些 API 来构建自己的应用程序。它除了可作为应用程序开发的基础之外，也是软件复用的重要手段，任何已开发完成的 App 都可发布它的功能模块，只要遵守了 Framework 的约定，那么其他应用程序就可使用这个功能模块。

应用程序框架包含以下组件：

(1) Activity Manager（活动管理器）：管理应用程序的生命周期，起控制器的作用。

(2) Window Manager（窗口管理器）：管理所有窗口程序。

(3) Content Provider（内容提供器）：提供一种服务，使应用程序之间可以实现数据共享，即使一个程序可以访问另一个程序的数据。

(4) View System（视图系统）：一组丰富并可扩展的视图组件，用于构建应用程序，例如文本框（TextView）、编辑框（EditText）、图片按钮（ImageButton）、复选按钮（CheckBox）等。

(5) Package Manager（包管理器）：管理安装在 Android 系统内的应用程序。

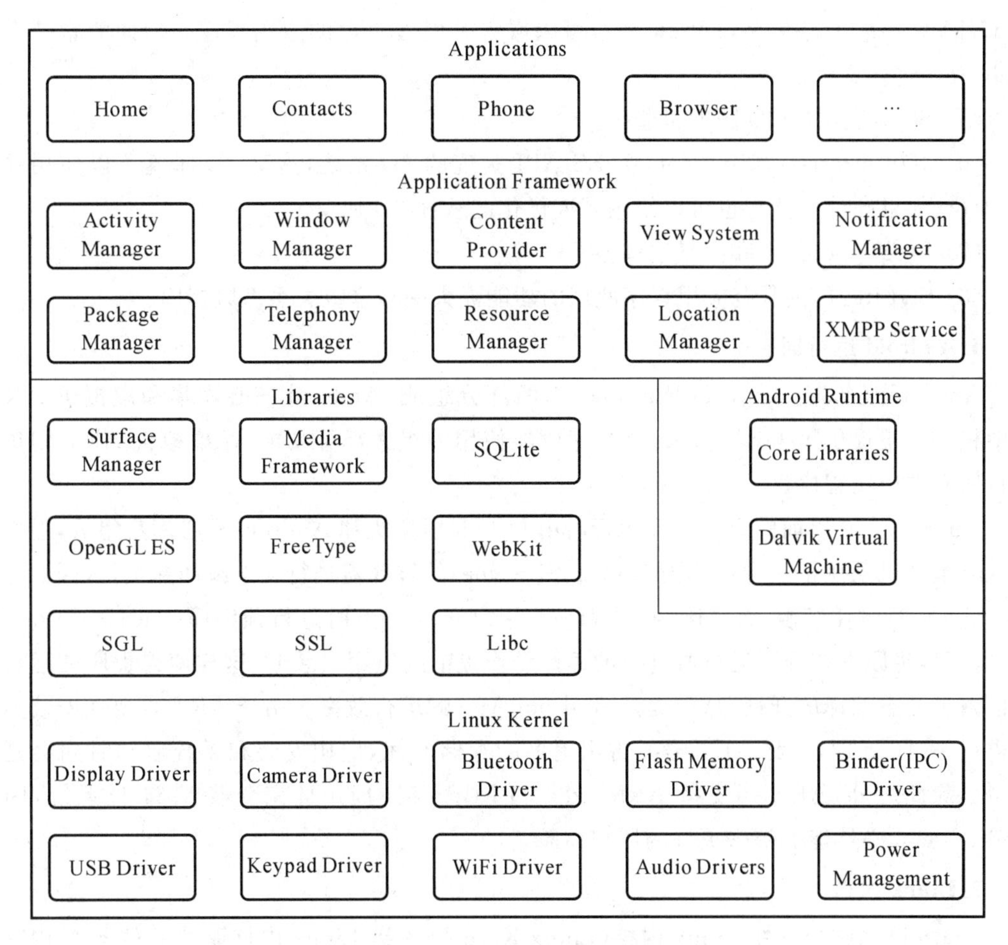

图 1.4　Android 系统架构

(6) Telephony Manager(电话管理器):管理电话相关功能。

(7) Resource Manager(资源管理器):对非编码资源进行统一管理。

(8) Location Manager(定位管理器):管理地图服务相关功能。

(9) Notification Manager(通知管理器):将应用消息显示在状态栏中,给用户以提示或通知。

3. 函数库

Android 包含一套被不同组件所使用的 C/C++库的集合。一般来说,Android 应用开发者不能直接调用这套 C/C++库集,但可以通过它上面的应用程序框架 Framework 来调用这些库。下面列出一些核心库。

(1) 系统 C 库:一个从 BSD(Berkeley Software Distribution)系统派生出来的标准 C 系统库(Libc),并且专门为嵌入式 Linux 设备调整过。

(2) 媒体库:基于 PacketVideo 的 OpenCORE,这套媒体库支持播放和录制许多流行的音频和视频格式,甚至可以查看静态图片。

(3) Surface Manager:管理对显示子系统的访问,并可以对多个应用程序的 2D 和 3D 图层提供无缝整合。

(4) LibWebCore:一个全新的 Web 浏览器引擎,该引擎对 Android 浏览器提供支持,也为 WebView 提供支持，WebView 完全可以嵌入开发者自己的应用程序。后面的章节会对 WebView 进行介绍。

（5）SGL：底层的 2D 图形引擎。

（6）3D Libraries：基于 OpenGL ES API 实现的 3D 系统，这套 3D 库既可以使用硬件 3D 加速（如果硬件支持），也可以使用高度优化的软件 3D 加速。

（7）FreeType：位图和向量字体显示。

（8）SQLite：提供所有应用程序使用的功能强大的轻量级关系型数据库。

4. Android 运行时

Android 运行时（Android Runtime）由两部分组成：Android 核心库集和虚拟机 ART。其中核心库集提供了 Java 语言的核心库所能使用的绝大部分功能，而虚拟机 ART 则负责运行所有的应用程序。

Android 5.0 以前的 Android 运行时由 Dalvik 虚拟机和 Android 核心库集组成，但由于 Dalvik 虚拟机采用了一种被称为 JIT（just-in-time）的解释器进行动态编译并执行，因此导致 Android 运行时比较慢；而 ART 模式则是在用户安装 App 时进行预编译（ahead-of-time，简称 AOT），将原本在程序运行时进行的编译动作提前到应用安装时，这样使得程序在运行时可以减少动态编译的开销，从而提升 Android App 的运行效率。由于 ART 需要在安装 App 时进行 AOT 处理，因此 ART 需要占用更多的存储空间，应用安装和系统启动时间会延长不少。除此之外，ART 还支持 ARM、x86 和 MIPS 架构，并且完全兼容 64 位系统，因此 Android 5.0 必然能够带来更好的用户体验。

5. Linux 内核

Android 系统建立在 Linux 内核（Linux Kernel）之上，Linux 内核提供了安全性、内存管理、进程管理、网络协议栈和驱动模型等核心系统服务。

1.2 搭建 Android 开发环境

“工欲善其事，必先利其器”，选择一款好的开发工具能大幅度地提升开发效率。Android 平台官方推荐的开发工具当属 Android Studio，Android Studio 是 Google 为开发设计人员提供的最新集成开发环境，基于优秀的 IntelliJ IDEA 工具，除 IntelliJ 工具外，Android Studio 还提供基于 Gradle 的构建支持，Google 建议开发设计人员尽快从 Eclipse 集成开发环境转为使用 Android Studio 集成开发环境。本节将详细讲解 Android 开发环境的搭建方法以及 Android Studio 的安装步骤。

1.2.1 开发工具准备

本书的 Android 程序是使用 Java 语言编写的，在学习 Android 开发之前需要先熟悉一下 Java 的基础语法和特性。下面介绍搭建 Android 开发环境时需要用到的几个工具。

1. JDK

JDK 全称是 Java Development Kit，是 Java 语言的软件开发工具包，它包括了 Java 的运行环境、工具集合、基础类库等内容。

2. Android SDK

Android SDK 是谷歌公司提供的安卓开发工具包，包含了大量与 Android 相关的 API 供开发者开发使用。

3. Android Studio

这款开发工具是 2013 年由谷歌官方推出，经过几年的发展，其稳定性已大大增强，可以说已经完全取代了之前使用插件的形式在 Eclipse 上开发安卓应用的形式。本书中所有的代码都是在 Android Studio 上开发的。

Android Studio 已经有集成了 JDK 和 SDK 的版本，不过还是建议大家 JDK 部分亲自动手安装，因为学习 Android 开发必须要有 Java 基础，而安装 JDK 也是学习 Java 必须经历的过程。

提示：Kotlin 是一个用于现代多平台应用的静态编程语言，也可以用于开发 Android 应用程序。

1.2.2 安装开发环境

1. 安装 JDK

(1) 下载和安装 JDK8。之所以要下载 JDK8，是因为现在 Android Studio 的最新版本要求必须是 JDK8 版本，否则编译 Android 项目时会报错。JDK8 的下载地址为 https://www.oracle.com/java/technologies/javase-jdk8-downloads.html，直接访问该地址就可以下载，该地址打开后如图 1.5 所示。

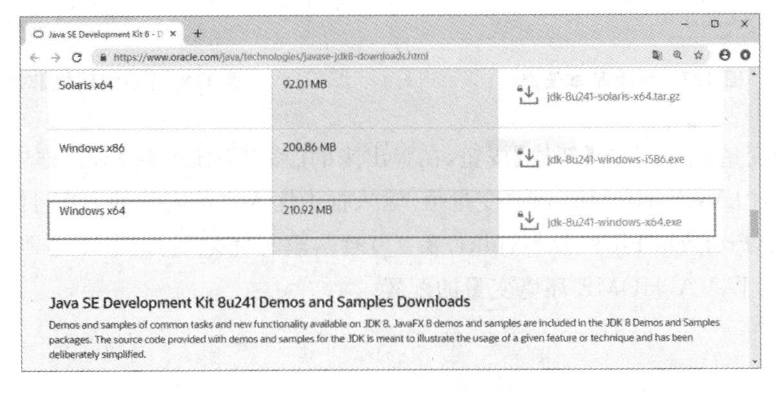

图 1.5 下载 JDK 页面

如果使用的计算机是 32 位 Windows 操作系统，请选择 Windows x86 版本。下载完成之后双击下载的文件开始安装，可以把 JDK 统一放在 Java 文件夹中，通过【更改】按钮就可以实现。注意安装路径中不要有中文，最好也不要有空格或特殊符号。路径确定之后，点击【下一步】按钮，开始安装 JDK。安装完成后会进入安装完成界面，点击【关闭】按钮，关闭当前界面，完成 JDK 的安装。安装完成之后打开 Java 文件夹，如图 1.6 所示。

(2) 配置环境变量。右击【我的电脑】→【属性】，进入显示系统基本信息的系统窗口，如图 1.7 所示。

点击【高级系统设置】，打开【系统属性】对话框，如图 1.8 所示。

点击【环境变量】按钮，打开【环境变量】对话框，如图 1.9 所示。

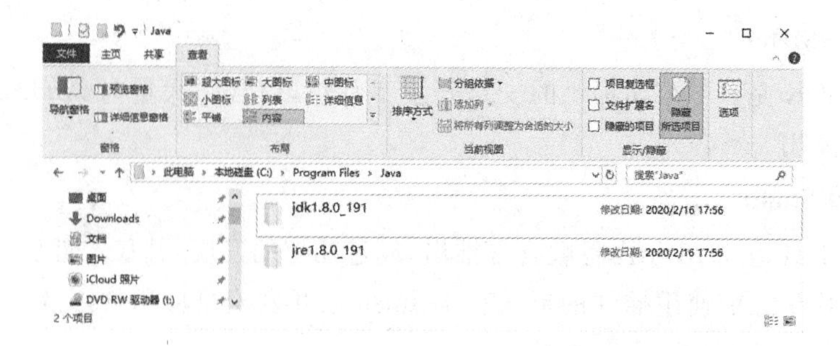

图 1.6　完成 JDK 后的 Java 文件夹目录

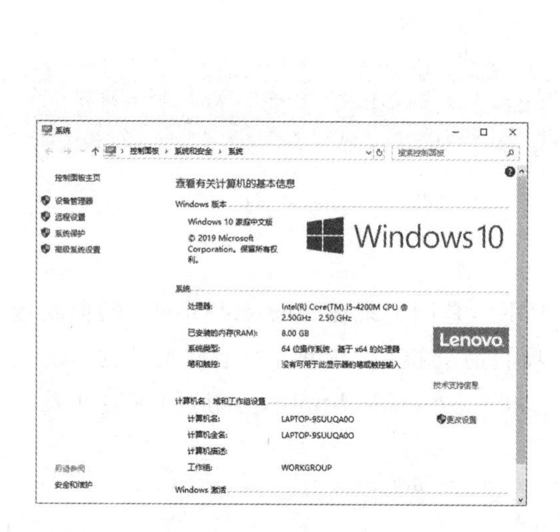

图 1.7　系统基本信息

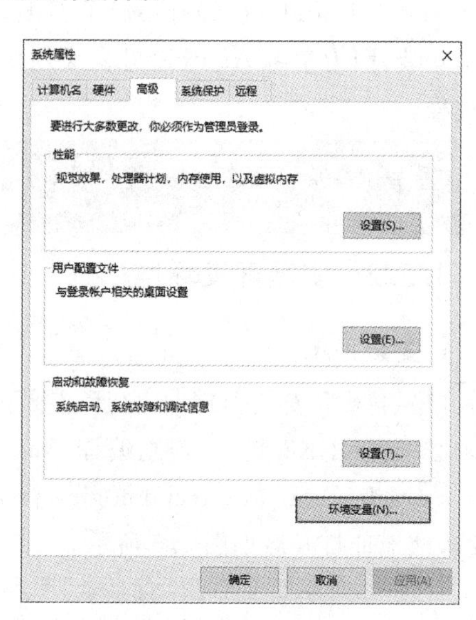

图 1.8　【系统属性】对话框

在【系统变量】下面点击【新建】按钮，在弹出来的【编辑系统变量】对话框中，在“变量名”输入框中输入“JAVA_HOME”，在“变量值”输入框中输入之前安装的 JDK 目录。本例的安装目录是“C:\Program Files\Java\jdk1. 8. 0_191”，填写完之后如图 1. 10 所示。点击【确定】按钮，完成 JAVA_HOME 环境变量的配置。

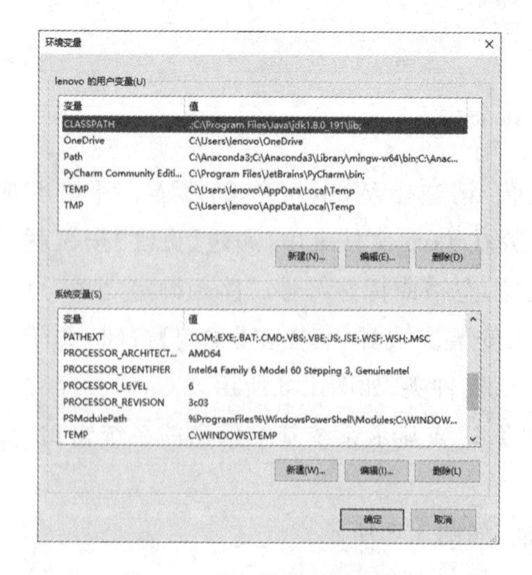

图 1.9　【环境变量】对话框

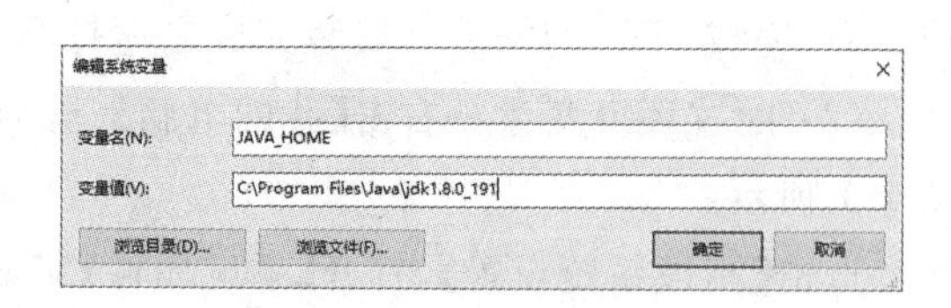

图 1.10　配置 JAVA_HOME

在【系统变量】中寻找 Path 变量，选中双击，出现【编辑环境变量】对话框，如图 1.11 所示。

在图 1.11 中点击【新建】按钮后输入“C:\Program Files\Java\jdk1.8.0_191\bin”或“%JAVA_HOME%\bin”，点击【确定】按钮完成 Java Path 设置。在配置完成之后需测试 JDK 是否安装成功。首先在键盘上按住 Windows+R 组合键，会出现如图 1.12 所示的界面。

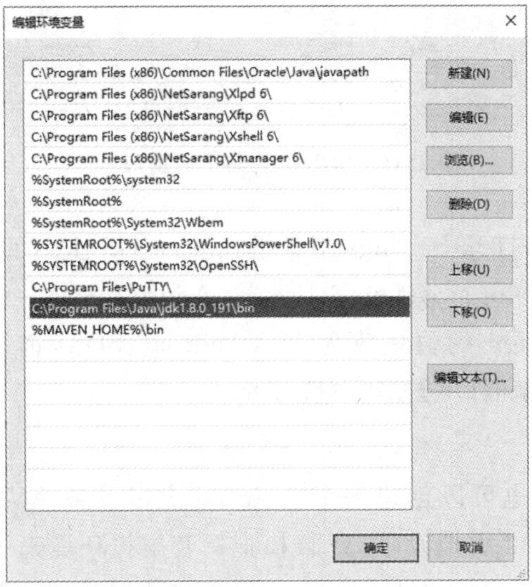

图 1.11 【编辑环境变量】对话框

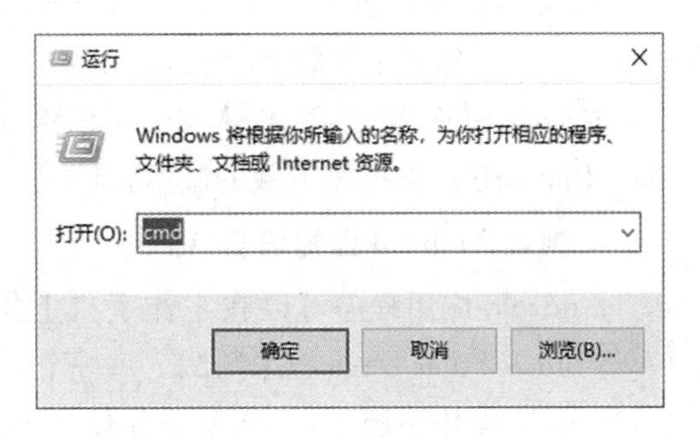

图 1.12 【运行】窗口

输入 cmd，点击【确定】按钮，出现如图 1.13 所示的界面。

输入“java-version”，按 Enter 键，如果出现如图 1.14 所示的界面内容则表示安装成功，否则安装失败。

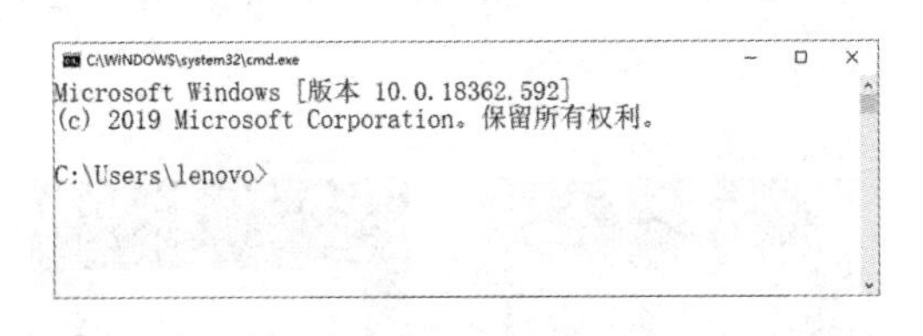

图 1.13 命令行窗口

图 1.14 执行 java-version 命令

2. Android Studio 的安装

Android Studio 可以在 Android 官网上下载，本书采用的 Android Studio 版本为 3.5，具体下载地址是 https://developer.android.google.cn/studio/。在页面找到 Android Studio 并下载完成后，双击.exe 文件开始安装，安装过程很简单，连续点击【Next】按钮即可。安装完成后，打开 Android Studio 的界面，如图 1.15 所示。

提示：安装帮助地址是 https://developer.android.google.cn/studio/install。

3. SDK 的安装

在图 1.15 中选择【Configure】下拉列表，弹出窗口，选择 SDK Manager，弹出 Android SDK 窗口，如图 1.16 中所示。

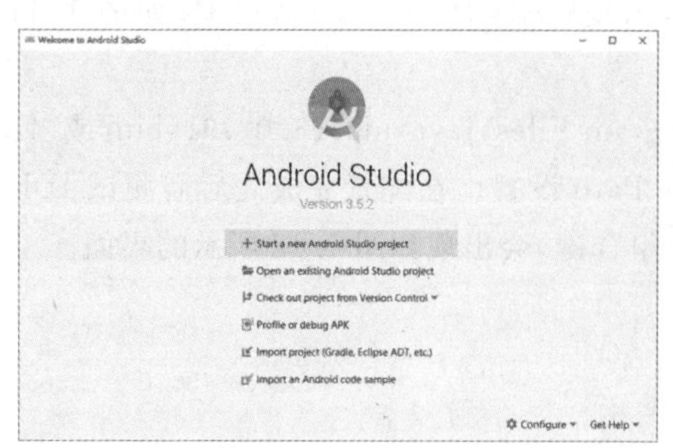

图 1.15　开发 Android 应用程序

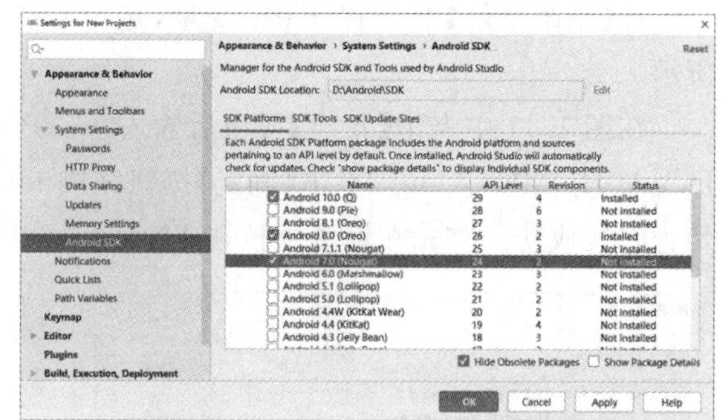

图 1.16　SDK 配置与下载窗口

SDK 设置窗口也可以在 Android Studio 中，打开 Settings 对话框（在 macOS 上，打开 Preferences），然后依次转到 Appearance & Behavior>System Settings>Android SDK。

在设置 SDK 窗口中将 Android SDK Location 的值更改为 D:\Android\SDK，选择 SDK Platforms，选择要下载的版本，点击【Apply】和【OK】按钮下载 SDK。

4. 创建 Android 虚拟设备 AVD

Android 应用程序可以在实体手机上执行，也可以创建一个 Android 虚拟设备 AVD（Android Virtual Device）来测试。每一个 Android 虚拟设备 AVD 模拟一套虚拟环境来运行 Android 操作系统平台，这个平台有自己的内核、系统图形、外观显示、用户数据区和仿真的 SD 卡等。

在图 1.15 的启动界面上，选择【Configure】下拉列表，弹出窗口，选择 AVD Manager，弹出 AVD Manager 窗口，如图 1.17 所示。

点击窗口下方的【Create Virtual Device】按钮，选择设备参数，创建虚拟设备。创建完成后，可以在设备列表中点击 Actions 中的启动按钮，启动后的 Android 虚拟机如图 1.18 所示。

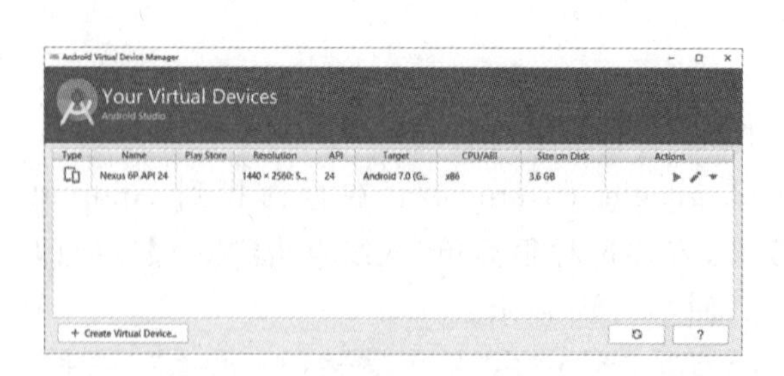

图 1.17　AVD Manager 窗口

图 1.18　Android 虚拟机

1.3 开发 Android 应用程序

1.3.1 Android 开发应用程序流程

从概念上来讲，Android 应用的开发工作流程与其他应用平台相同。不过，要想高效地编译精心设计的 Android 应用程序，需要用到一些专业工具。开发 Android 应用程序的流程如图 1.19 所示。

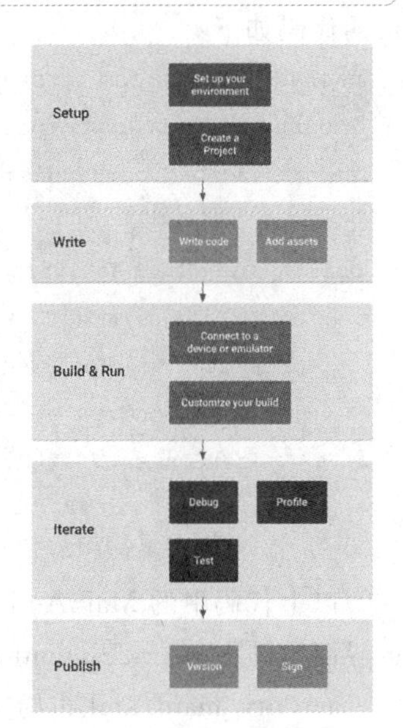

图 1.19 开发 Android 应用程序的流程

步骤为：① 启动环境，创建项目；② 编写程序；③ 编译并运行；④ 调试、分析和测试；⑤ 发布。

1.3.2 开发第一个 Android 应用程序

1. 创建一个新的 Android 项目

启动 Android Studio，选择【Create a new Android Studio project】，选择适合自己 App 的界面布局，如图 1.20 所示。

点击【Next】按钮后，设置项目名称为 MyFirstApp，设置存储路径和最低的 API 等级，如图 1.21 所示。

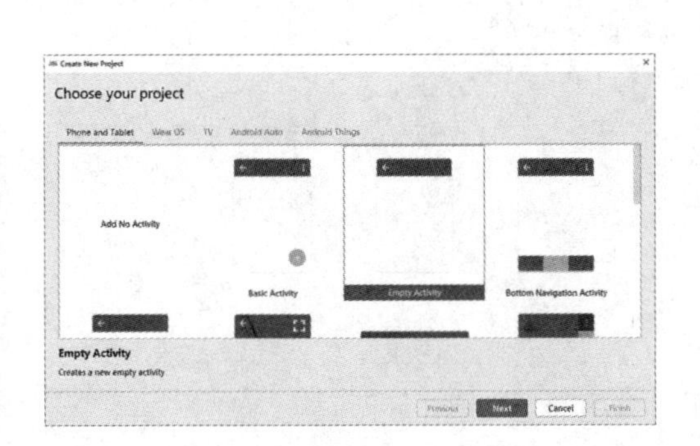

图 1.20 选择界面布局

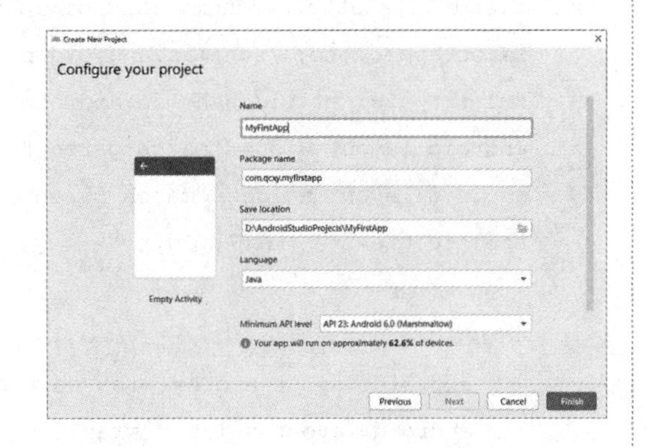

图 1.21 输入项目名称和设置其他参数

点击【Finish】按钮后，系统自动生成了一个 Android 应用项目结构，如图 1.22 所示。

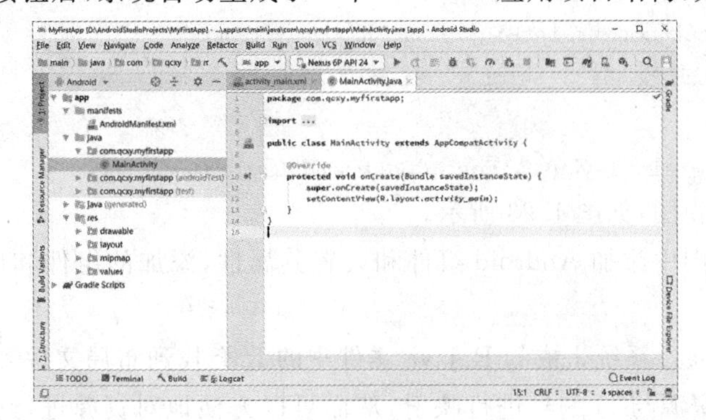

图 1.22 生成的项目结构

Android 1.3▶

2. 编写程序

在创建 MyFirstApp 项目后，打开主程序文件 MainActivity. java，可以看到系统自动生成的代码如下：

```
package com.qcxy.myfirstapp;
import androidx.appcompat.app.AppCompatActivity;
import android.os.Bundle;

public class MainActivity extends AppCompatActivity {
    @Override
    protected void onCreate(Bundle savedInstanceState) {
        super.onCreate(savedInstanceState);
        setContentView(R.layout.activity_main);     //显示 activity_main.xml 定义的界面
    }
}
```

以上代码中的 MainActivity 类的作用是展示 Android 项目的界面和交互功能，其显示的界面视图在 res－>layout 文件夹下的 activity_main. xml 中定义了。

activity_main. xml 布局文件的内容如下：

```
<?xml version="1.0"encoding="utf-8"?>
<androidx.constraintlayout.widget.ConstraintLayout
xmlns:android="http://schemas.android.com/apk/res/android"
    xmlns:app="http://schemas.android.com/apk/res-auto"
    xmlns:tools="http://schemas.android.com/tools"
    android:layout_width="match_parent"
    android:layout_height="match_parent"
    tools:context=".MainActivity">

    <TextView
        android:layout_width="wrap_content"
        android:layout_height="wrap_content"
        android:text="Hello World!"
        app:layout_constraintBottom_toBottomOf="parent"
        app:layout_constraintLeft_toLeftOf="parent"
        app:layout_constraintRight_toRightOf="parent"
        app:layout_constraintTop_toTopOf="parent"/>

</androidx.constraintlayout.widget.ConstraintLayout>
```

其对应的设计视图，如图 1.23 所示。

可以在设计视图中添加 Android 组件和设置其属性，添加的组件和属性都会显示在界面上。

MainActivity 通过系统生成的 R. java 文件中的 R 类找到布局文件和里面的组件，该文件将 res 目录中的资源与 id 编号进行映射，从而可以方便地对资源进行引用。R 文件如图 1.24 所示。

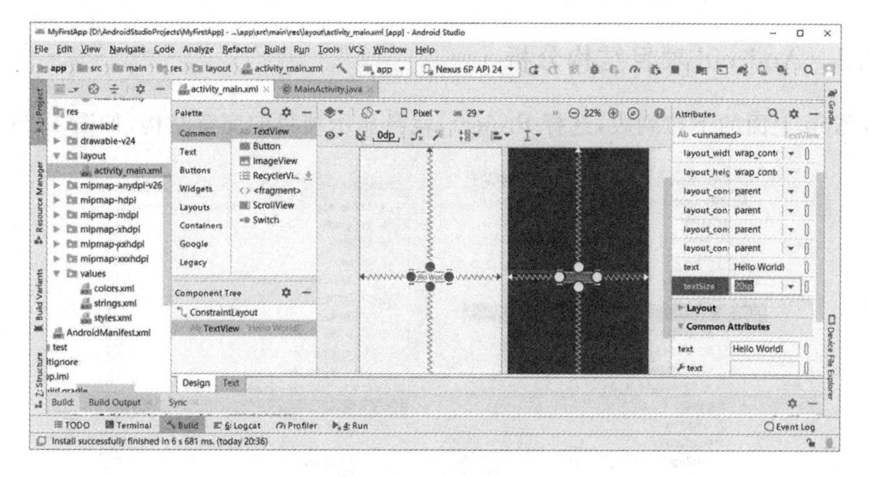

图 1.23　设计视图

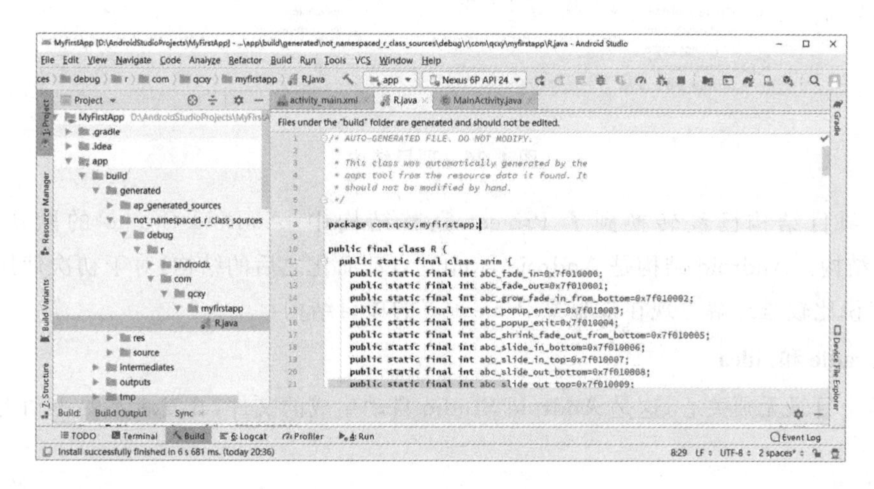

图 1.24　R 文件的源代码

在程序中引用资源需要使用 R 类，其引用形式如下：

R.资源类型.资源名称。

例如：

(1) 在 Activity 中显示布局视图：setContentView(R.layout.activity_main)。

(2) 程序中获取布局文件内 ID 为 txtHello 的组件：findViewById(R.id.txtHello)。

3. 在模拟器中运行应用程序

在工具栏上点击运行按钮(▶)，就可以在 ADV 模拟器中看到应用程序的运行结果。模拟器启动需要比较长的时间，不要随便关闭。程序运行结果如图 1.25 所示。

图 1.25　程序运行结果

点击红色的停止按钮(■)，结束程序运行。

> **提示**：Google 为 Android 开发者提供了开发者文档，网址如下：
> https://developer.android.google.cn/docs

1.3.3 Android 项目结构分析

点击 App 上面的下拉列表，选择 Project，就会显示项目的完整结构，如图 1.26 所示。

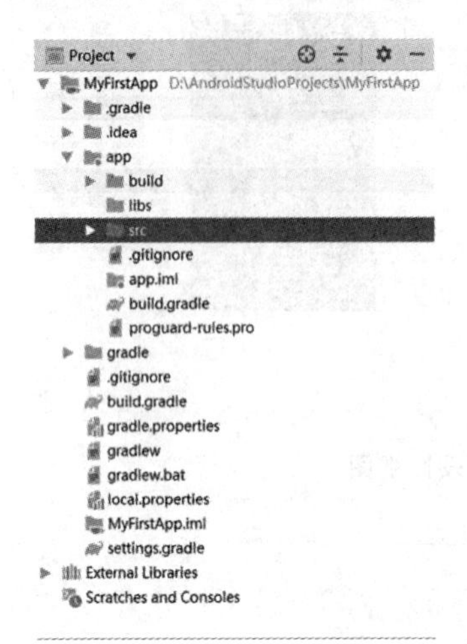

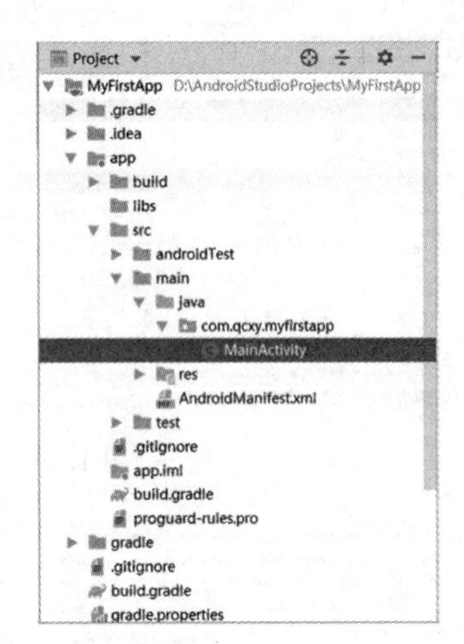

图 1.26 项目结构

这个项目结构已经转换到了 Project 完整结构中，Android Studio 的默认结构是 Android 结构。Android 结构是 Android Studio 自动简化之后的结构，对于初次使用该 IDE 的读者来说比较难理解。现在来观察 Project 下的项目结构：

1. .gradle 和 .idea

这两个目录无须关心，这是 Android Studio 自动生成的文件，开发者不要手动更改这些文件。

2. app

项目中的代码和资源等内容几乎都是放在这个目录下的，在实际编写代码时也都是在这个目录下进行的，随后将会单独对这个目录进行详细讲解。

3. build

此目录也不必去关心，里面主要放置一些编译时生成的文件，开发者也不要手动去更改该目录下的文件。

4. gradle

这个目录下包含了 gradle wrapper 的配置文件，使用 gradle wrapper 的方式不需要提前将 gradle 下载好，而是会自动根据本地的缓存情况决定是否需要联网下载 gradle。若需要打开，可以通过 Android Studio 导航栏→File →Settings，如图 1.27 所示。

5. .gitignore

此文件用来将指定的目录或文件排除在版本控制之外，关于版本控制会在之后的目录中介绍。

6. build. gradle

这是项目全局的 gradle 构建脚本，一般此文件中的内容是不需要修改的。稍后详细分析 gradle 脚本中的内容。

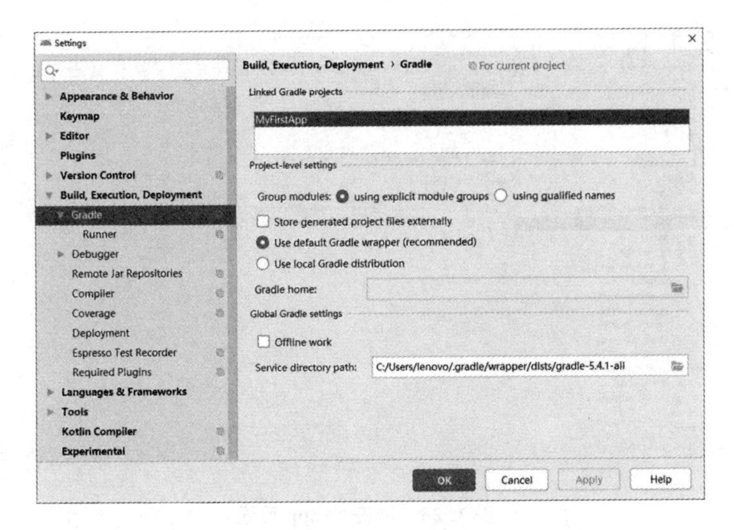

图 1.27 gradle 所在位置

7. gradle. properties

这个文件是全局的 gradle 配置文件，在这里配置的属性将会影响到全局的项目中所有的 gradle 编译脚本。

8. gradlew 和 gradlew. bat

这两个文件是用来在命令行界面中执行 gradle 命令的，其中 gradlew 是在 Linux 或 Mac 系统中使用的，gradlew. bat 是在 Windows 系统中使用的。

9. MyFirstApp. iml

. iml 文件是所有 IntelliJ IDEA 项目中都会自动生成的一个文件(Android Studio 是基于 IntelliJ IDEA 开发的)，开发者也不用修改这个文件中的任何内容。

10. local. properties

这个文件用于指定本机中的 Android SDK 路径，通常内容都是自动生成的，并不需要修改。除非用户计算机上的 SDK 位置发生变化，这时将这个文件中的路径改成新的路径即可。

11. settings. gradle

这个文件用于指定项目中所有引入的模块。由于 MyFirstApp 项目中只有一个 app 模块，因此该文件就引入了 app 这一个模块。通常情况下模块的引入都是自动完成的，需要手动修改这个文件的场景较少，但是要知道这个文件的作用，避免以后开发中遇到此种情况。

至此，整个项目的外层目录已经介绍完毕。除了 app 目录之外，绝大多数的文件和目录都是自动生成的，开发者并不需要修改。而 app 目录才是之后开发的重点目录，将它展开如图 1.28 所示。

下面对 app 目录进行详细分析。

1. build

这个目录和外层的 build 目录类似，都包含一些编译时自动生成的文件，不过它里面的内容更复杂一些，不需要关心它。

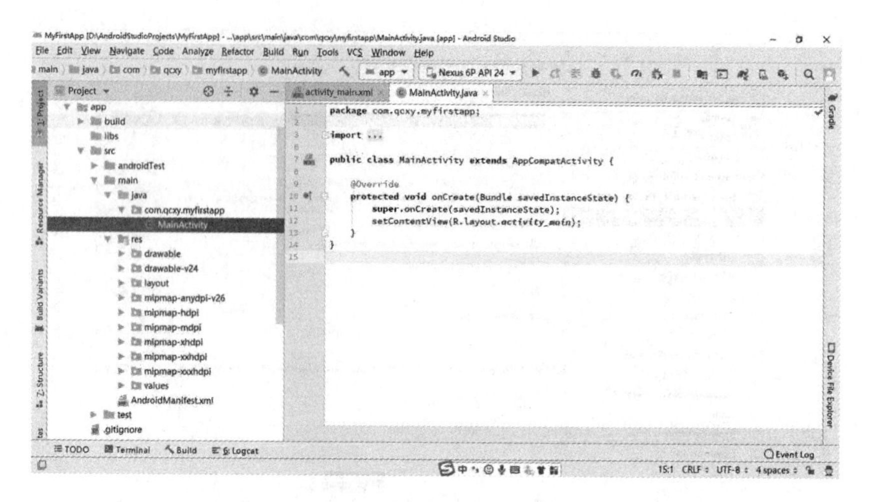

图 1.28　展开的 app 目录

2. libs

如果项目中使用了第三方 jar 包，就需要把第三方 jar 包放在 libs 目录下，放在这个目录下的 jar 包都会被自动添加到构建路径中去。

3. androidTest

此处用来编写 Android Test 测试用例，可以对项目进行一些自动化测试。

4. java

毫无疑问，java 目录是用来放置 java 代码的地方，展开该目录，可以看到之前自动创建的 MainActivity 文件。

5. res

res 中包含多个目录，如 drawable、layout、values 和 mipmap 等，分别用于存放项目工程中使用的图片、布局文件、字符串文件和存放自动缩放图片的目录。其中 values 目录中包含很多 XML 描述文件，包括字符串定义、颜色定义、样式定义和长度定义等。

6. AndroidManifest. xml

这是整个 Android 项目的配置文件，项目中使用到的四大组件都需要在这目录下进行注册。另外，还可以在这个文件中给项目应用添加权限声明。这个文件会经常用到，稍后的内容中会详细讲解。

7. test

此处是用来编写 Unit Test 测试用例的，是对项目进行自动化测试的另一种方式。

8. gitignore

与外层的. gitignore 文件作用相似，是将 app 模块中的指定文件或目录排除在版本控制之外。

9. app. iml

IntelliJ IDEA 项目自动生成的文件，开发者不需要修改此文件内容。

10. proguard-rules. pro

这个文件用于指定项目代码的混淆规则，当代码开发完成后打成安装包文件。如果不希望代码被别人破解，通常会将代码进行混淆，从而让破解者难以阅读。

1.3.4 程序文件分析

1. Android 程序的组成结构

Activity 程序的组成结构与 Java 程序的组成结构是相同的，打开 src 目录下的 MainActivity.java 文件，其代码如下。

```
package com.qcxy.myfirstapp;  //包声明语句
//导入包
import androidx.appcompat.app.AppCompatActivity;
import android.os.Bundle;
//定义 MainActivity 类继承 AppCompatActivity
public class MainActivity extends AppCompatActivity {
    @Override//重写 onCreate 方法
    protected void onCreate(Bundle savedInstanceState) {
        super.onCreate(savedInstanceState);//调用父类的 onCreate 方法
        setContentView(R.layout.activity_main);//显示布局文件的内容
    }
}
```

MainActivity 继承自 AppCompatActivity，这是一种向下兼容的 Activity，可以将 Activity 在各个版本增加的特性和功能最低兼容到系统 Android 2.1。而读者必须知道，开发中所有自定义的 Activity 都必须继承自 Activity 或者 Activity 的子类才能拥有 Activity 的特性，此代码中 AppCompatActivity 是 Activity 的子类。往下看可以看到有一个 onCreate 方法，这个方法是 Activity 创建时必须执行的方法，而在此方法中并没有看到 Hello World 字样，那么在模拟器中看到的 Hello World 来自哪里呢？

其实 Android 程序的设计讲究逻辑层与视图层分离，在 Activity 中一般不直接编写界面，而是在布局文件 layout 中编写，那在 Activity 中怎么与 layout 相联系呢？通过 setContentView()方法。在上面代码中可以看到，setContentView 引入了一个叫作 activity_main 的 layout 文件，那么可以猜测，Hello World 字样一定来自这个布局文件。按住 Ctrl＋鼠标左键可以直接打开该布局文件。Android Studio 有许多快捷键供开发者使用，在后续的开发练习中可以多多练习使用快捷键，这样可以大大提高开发效率。

2. 项目配置文件 AndroidManifest.xml

AndroidManifest.xml 清单文件是每个应用程序都需要的系统配置文件，它是整个 Android 应用的全局描述文件。清单文件详细说明了应用的图标、名称以及包含的各种组件等，它位于应用程序根目录下。

AndroidManifest.xml 文件代码内容如下：

```
<?xml version="1.0"encoding="utf-8"?>
<manifest xmlns:android="http://schemas.android.com/apk/res/android"
    package="com.qcxy.myfirstapp">

    <application
```

```
        android:allowBackup="true"
        android:icon="@mipmap/ic_launcher"
        android:label="@string/app_name"
        android:roundIcon="@mipmap/ic_launcher_round"
        android:supportsRtl="true"
        android:theme="@style/AppTheme">
        <!--应用程序的Activity-->
        <activity android:name=".MainActivity">
            <intent-filter>
                <!--指定该Activity为程序的入口-->
                <action android:name="android.intent.action.MAIN"/>
                <!--指定启动应用时运行该Activity-->
                <category android:name="android.intent.category.LAUNCHER"/>
            </intent-filter>
        </activity>
    </application>
</manifest>
```

AndroidManifest.xml 文件代码说明如表 1.1 所示。

表 1.1　AndroidManifest.xml 文件代码说明

代码元素	说　明
manifest	.xml 文件的根节点，包含了 package 中所有的内容
xmlns:android	命名空间的声明，使得 Android 中各种标准属性能在文件中使用
package	声明应用程序包
uses-sdk	声明应用程序所使用的 Android SDK 版本
application	application 级别组件的根节点，声明一些全局或默认的属性，如标签、图标、必要的权限等
android:icon	应用程序图标
android:label	应用程序名称
activity	Activity 是一个应用程序与用户交互的图形界面。每一个 Activity 必须有一个 <activity>标记对应
android:name	应用程序默认启动的活动程序 Activity 界面
intent-filter	声明一组组件支持的 Intent 值。在 Android 中，组件之间可以相互调用，协调工作，Intent 提供组件之间通信所需要的相关信息
action	声明目标组件执行的 Intent 动作
category	指定目标组件支持的 Intent 类别

1.4 资源的管理与引用

在 Android 程序中我们经常把图片、文字、样式、布局、颜色等信息放在外部的资源文件中，这些文件也是程序的一部分，会被编译到 App 中。在 Android 程序中，资源文件一般存

◀ Android 1.4

放在 res 目录下，例如我们前面在程序中使用的布局文件。下面我们将对 res 目录下的资源进行介绍。

1.4.1 字符串资源文件

在界面中出现的文字都可以使用字符串资源存储到文件中，例如程序需要的文本提示信息、控件上显示的文本或标题等。为了开发过程中更加方便快捷地使用字符串，Android 系统提供了强大的字符串资源，我们可以在 res/values 目录下的 string.xml 文件中定义字符串。定义字符串的代码如下：

```
<resources>
    <string name="app_name"> APP 名字</string>
</resources>
```

上述代码中，<string></string>标签定义的就是字符串资源，其中 name 属性指定字符串的资源名称，两个标签中间就是字符串的内容。需要注意的是，string.xml 文件中只能有一个根元素，但是根元素中间可以包含多个<string></string>标签。

在程序中调用字符串资源的方式有两种，一种是通过 Java 代码来调用该字符串资源，另一种是在 XML 布局文件中引用字符串资源。具体使用方式如下：

1. 通过 Java 代码调用字符串资源

在 Activity 的 onCreate()方法中调用名为 app_name 的字符串资源的代码如下：

```
getResources().getString(R.string.app_name);
```

2. 在 XML 布局文件中引用字符串资源

在 XML 布局文件中通过@string 引用字符串资源，例如在 XML 布局文件中调用名为 app_name 的字符串资源，代码如下：

```
@string/app_name
```

1.4.2 颜色资源

在 Android 程序中，可以在 res/values/文件夹的 colors.xml 文件中定义颜色。

在 XML 中定义颜色值时，颜色使用 RGB 值和 Alpha 通道指定。我们可以在接受十六进制颜色值的任何地方使用颜色资源，例如保存在 res/values/colors.xml 的 XML 文件中的代码如下：

```
<?xml version="1.0"encoding="utf-8"?>
    <resources>
      <color name="opaque_red"> #f00</color>
      <color name="translucent_red"> #80ff0000</color>
    </resources>
```

当 XML 中需要可绘制资源时，也可以使用颜色资源(例如，android:drawable="@color/opaque_red ")。资源的引用有 2 种方式：

(1) 在 Java 中，R.color.color_name：

```
Resources res=getResources();
int color=res.getColor(R.color.opaque_red);
```

(2) 在 XML 中，@[package:]color/color_name：

```
<TextView
    android:layout_width="fill_parent"
    android:layout_height="wrap_content"
    android:textColor="@color/translucent_red"
    android:text="Hello"/>
```

补充：在 Android 中，颜色值是由 RGB(红、绿、蓝)三原色和一个透明度(Alpha)表示的，颜色值必须以"#"开头，"#"后面显示 Alpha-Red-Green-Blue 形式的内容。其中，Alpha 值可以省略，如果省略，表示颜色默认是完全不透明的。

1.4.3 可绘制对象资源

可绘制对象资源是图形的一般概念，是指可在屏幕上绘制的图形，以及可使用 getDrawable(int) 等 API 检索，或应用到拥有 android:drawable 和 android:icon 等属性的其他 XML 资源的图形。可绘制对象包含以下多种类型，如位图文件、九宫格文件、图层列表等。这里我们主要以位图文件为例。

Android 支持三种格式的位图文件：. png(首选)、. jpg(可接受)、. gif(不建议)。使用时将任一位图文件保存到 res/drawable 目录中时，Android 都会为其创建 Drawable 资源。使用时将应用图标资源存放在 mipmap 文件夹中，界面中使用的图片资源存放在 drawable 文件夹中。

根据屏幕密度的不同，Android 系统自动匹配对应文件夹中的资源。res 中 mipmap 和 drawable 文件夹中的屏幕密度匹配规则如表 1.2 所示。

表 1.2 匹配规则

密度范围值	mipmap 文件夹	drawable 文件夹
120～160dpi	mipmap_mdpi	mipmap_mdpi
160～240dpi	mipmap_hdpi	drawable_hdpi
240～320dpi	mipmap_xdpi	drawable_xdpi
320～480dpi	mipmap_xxdpi	drawable_xxdpi
480～640dpi	mipmap_xxxdpi	drawable_xxxdpi

程序中使用文件名作为资源 ID 直接引用位图文件，也可以在 XML 中创建别名作为资源 ID。

当图像保存为 res/drawable/myimage. png 后，在布局 XML 文件中使用如下代码会将该图像应用至视图：

```
<ImageView
    android:layout_height="wrap_content"
    android:layout_width="wrap_content"
    android:src="@drawable/myimage"/>
```

在 Java 应用程序中，使用如下代码获取图像资源：

```
Resources res=getResources();
Drawable drawable=ResourcesCompat.getDrawable(res, R.drawable.myimage, null);
```

注：在构建过程中，可通过 aapt 工具自动优化位图文件，对图像进行无损压缩。例如，不需要超过 256 色的真彩色 PNG 可通过调色板转换为 8 位 PNG，这样产生的图像质量相同，但所需内存更少。因此请注意，此目录中的图像二进制文件在构建时可能会发生变化。如果打算以比特流的形式读取图像，进而将其转换为位图，请将图像放在 res/raw/ 文件夹中，避免系统对其进行优化。

1.4.4 样式与主题资源

Android 中的样式和主题，都用于为界面元素定义显示风格，它们的定义方式比较类似，下面分别介绍。

1. 样式资源

样式是指为 View 或窗口指定外观和格式的属性集合。样式可以指定高度、填充、字体颜色、字号、背景色等许多属性。样式是在与指定布局的 XML 不同的 XML 资源中进行定义的。Android 中的样式和 CSS 样式作用相似，都用于为界面元素定义显示风格，它是一个包含一个或者多个 View 控件属性的集合。样式只能作用于单个 View，如 EditText、TextView，使用样式可以将多个控件具有的重复属性统一抽取出来进行编写，避免书写大量重复代码。例如可以将如下代码进行重构：

```
<TextView
    android:layout_width="fill_parent"
    android:layout_height="wrap_content"
    android:textColor="#00FF00"
    android:typeface="monospace"
    android:text="@string/hello"/>
```

将布局 XML 中所有与样式有关的属性都移除，并置于一个名为 CodeFont 的样式定义内，然后通过 style 属性加以应用。重构后的结构如下：

```
<TextView
    style="@style/CodeFont"
    android:text="@string/hello"/>
```

下面我们详细说明如何定义样式资源。

1）定义样式资源

在项目的 res/values 目录中创建一个设置样式 XML 文件。默认有一个 styles.xml 样式资源文件保存在 res/values/ 文件夹内。

该 XML 文件的根节点必须是 <resources>。我们创建的每个样式都向该文件添加一个 <style>元素，该元素带有对样式进行唯一标识的 name 属性（该属性为必需属性）。然后为该样式的每个属性添加一个<item>元素，该元素带有声明样式属性以及属性值的 name（该属性为必需属性）。根据样式属性，<item>的值可以是关键字字符串、十六进制颜色值、对另一资源类型的引用或其他值。以下是一个包含单个样式的示例文件：

```
<?xml version="1.0"encoding="utf-8"?>
<resources>
    <style name="CodeFont"parent="@android:style/TextAppearance.Medium">
        <item name="android:layout_width"> fill_parent</item>
```

```
        <item name="android:layout_height"> wrap_content</item>
        <item name="android:textColor"> #00FF00</item>
        <item name="android:typeface"> monospace</item>
    </style>
</resources>
```

在上述代码中<resources>元素的每个子项都会在编译时转换成一个应用资源对象，该对象可由 <style>元素的 name 属性中的值引用。可从 XML 布局以 @style/CodeFont 形式引用该示例样式(如上文所示)。<style>元素中的 parent 属性是可选属性，它指定应作为此样式所继承属性来源的另一样式的资源 ID。

> **注意**：样式是使用 name 属性中提供的值(不是 XML 文件的名称)引用的简单资源。因此，可以在一个 XML 文件中将样式资源与其他简单资源合并到一个<resources>元素下。

2）使用样式

在布局文件的 View 控件中使用 style 属性调用定义的样式，如下面代码：

```
<TextView
    style="@style/CodeFont"
    android:text="@string/hello"/>
```

2. 主题资源

主题也是包含一个或者多个 View 控件属性的集合，但它的作用范围不同。主题通过 AndroidManifest. xml 中的<application>和<activity>节点用在整个应用或者某个 Activity，它的影响是全局性的。如果一个应用中使用了主题，同时应用下的 View 也使用了样式，那么当主题和样式中的属性发生冲突时，样式的优先级高于主题。

在 Android 系统中，自带的样式和主题都可以直接拿来用，例如设置主题可以通过 android:theme="android:style/…"在弹出的对话框中选择。

1）定义主题

程序要使用定制主题，必须先定义主题，在 res/values 目录下的 styles. xml 文件中定义主题样式，如下：

```
<style name="AppTheme"parent="Theme.AppCompat.Light.DarkActionBar">
        <!--Customize your theme here. -->
        <item name="colorPrimary"> @color/colorPrimary</item>
        <item name="colorPrimaryDark"> @color/colorPrimaryDark</item>
        <item name="colorAccent"> @color/colorAccent</item>
</style>
```

上述代码中，<style></style>标签用于定义主题，<style>标签中的 name 属性用于指定主题的名称，parent 属性永固指定 Android 系统提供的父主题。<style></style>中包含的<item></item>标签用于设置主题的样式。

2）使用主题

在 Android 程序中调用 styles. xml 文件中的主题，可以在 AndroidManifest. xml 中引用，如：

```
<application
  ……
  android:theme="@style/AppTheme">

</application>
```

通过 Java 代码引用，代码如下：

```
setTheme(R.style.AppTheme)
```

1.4.5 布局资源

通过前面的学习可以看到，在程序的 res 目录下有一个 layout 文件夹，该文件夹中存放的是程序中的所有布局资源文件，这些布局资源通常用于搭建 App 中的各个界面。

当创建一个 Activity 时，可以选择同时创建它的布局文件，这时会在 res/layout 文件夹中生成一个 XML 布局文件，也可以单独在 res/layout 文件夹中创建新的布局资源文件。

布局资源文件创建好后，可以通过 Java 程序使用，或者在另一个布局文件中引用，具体如下：

1. 通过 Java 代码调用布局资源文件

在 Activity 中，找到 onCreate( )方法，在该方法中通过调用 setContentView()方法来加载 Activity 对应的布局资源文件，代码如下：

```
setContentView(R.layout.activity_main);
```

2. 在 XML 布局文件中引用其他布局文件

在 XML 布局文件中可以通过<include>标签引入其他的布局资源文件，例如在 XML 布局文件中调用 activity_login. xml 文件，代码如下：

```
<include layout="@layout/activity_logo"/>
```

1.5 应用程序主题制作

随着移动互联网的快速发展，已经有越来越多互联网企业在 Android 平台上部署客户端，为了提升用户体验，客户端布局非常合理而且美观。Android 应用程序开发中涉及的样式设计是提升用户体验的关键之一。

Android 中的样式分为两个方面：

(1) 主题(Theme)是针对窗体级别的，改变窗体的样式。

(2) 样式(Style)是针对窗体元素级别的，改变指定控件或者布局的样式。

主题和样式的区别主要体现在如下两个方面：

(1) 主题不能作用于单个的 View 控件，主题对整个应用中所有的 Activity 起作用，或者对指定的 Activity 起作用。

(2) 主题定义的格式只能改变窗口的外观。

主题是用来设置界面 UI 风格的，因此可以通过主题来设置整个应用或者某个 Activity 的界面风格。Android 系统为程序开发者提供了大量主题供其选择使用。

开发者可以在应用程序中创建自定义的主题样式。Android 源代码中的 themes. xml

Android 1.5 ▶

和 style. xml（位于/frameworks/base/core/res/res/values/）包含了很多系统定义好的style，开发者可以在里面挑选合适的，然后再继承修改。

1.6 程序的日志

程序日志是记录程序中硬件、软件、系统问题的反馈信息，同时还可以监视程序中发生的执行状态和变化。用户可以通过它来检查错误发生的原因和痕迹。日志类型包括系统日志、应用程序日志和安全日志。日志通常有五种输出类型级别，详细描述如下：

(1) Debug 级别：调试信息提示。

(2) Info 级别：比较重要的信息提示。

(3) Warn 级别：可能存在的潜在问题的提示。

(4) Error 级别：系统发生异常的提示。

(5) Verbose 级别：打印最详细的日志。

Android 应用程序运行后并不会在 Android Studio 的控制台内输出任何信息，而是在 Android Logcat 日志查看工具中输出，Logcat 是 Android SDK 中的命令，它用于查看和过滤缓冲区中的日志信息。Logcat 日志查看工具，如图 1.29 所示。

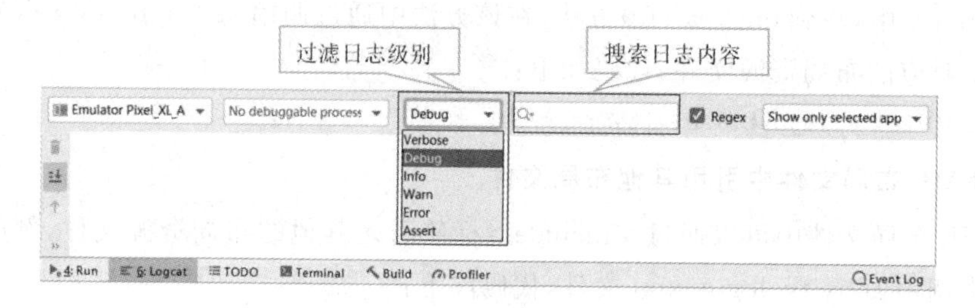

图 1.29　Logcat 日志查看工具

Android 日志信息由 android. util. Log 类提供，Log 类输出的日志级别包括 Debug、Info、Warn、Error 和 Verbose 模式。

日志的输出语法格式如下：

```
Log.[d|i|w|e|v](String, String);
```

其中，第一个参数代表消息源，第二个参数代表日志内容。

日志的使用示例如下：

(1) 编写 Activity 类，在 onCreate()方法中添加代码。代码如下：

```
Log.v("测试_v", "verbose 模式，打印最详细的日志");
Log.d("测试_d", "debug 级别的日志");
Log.i("测试_i", "info 级别的日志");
Log.w("测试_w", "warn 级别的日志");
Log.e("测试_e", "error 级别的日志");
```

(2) 运行程序。日志输出内容，如图 1.30 所示。

日志的输出可以作为简单的调试功能使用，如查看变量的赋值情况和当前的运行位置。对于日志级别的使用，一般选择 Debug 和 Info 即可。

```
Emulator Nexus_6P_   com.qcxy.myandroidap   Verbose   Q- 测试_   ☑ Regex   Show only selected app
2020-04-03 12:40:27.067 16472-16472/com.qcxy.myandroidapp V/测试_v: verbose模式，打印最详细的日志
2020-04-03 12:40:27.067 16472-16472/com.qcxy.myandroidapp D/测试_d: debug级别的日志
2020-04-03 12:40:27.067 16472-16472/com.qcxy.myandroidapp I/测试_i: info级别的日志
2020-04-03 12:40:27.067 16472-16472/com.qcxy.myandroidapp W/测试_w: warn级别的日志
2020-04-03 12:40:27.067 16472-16472/com.qcxy.myandroidapp E/测试_e: error级别的日志
4: Run   6: Logcat   TODO   Terminal   Build   Profiler   Event Log
```

图 1.30　日志输出内容

1.7 程序调试

程序调试，是程序投入实际运行前，手动或使用编译程序等方法进行测试，修正语法错误和逻辑错误的过程。调试可以不断地对程序进行调整优化以达到最好的效果。在开发中，通常在未达到预期结果、即将抛出运行时异常和程序性能不佳时使用。使用的步骤大致分为 3 步，详细描述如下：

1. 设置调试断点

调试断点是执行测试开始的信号，当程序运行到调试断点之前的代码行时，程序将启动单步调试模式，Android Studio 会打开 Debugger 控制台。设置调试断点，如图 1.31 所示。

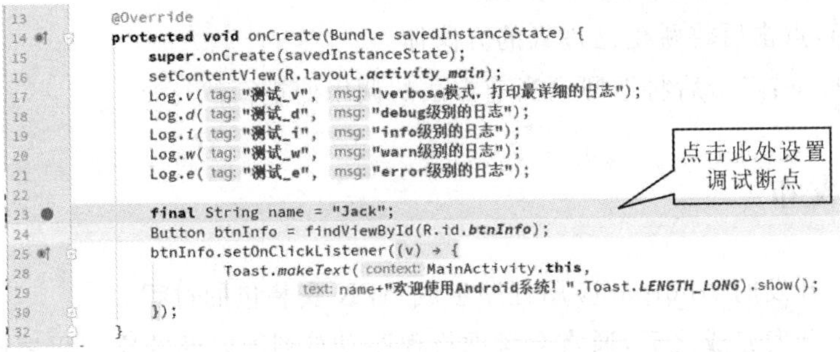

```
13    @Override
14    protected void onCreate(Bundle savedInstanceState) {
15        super.onCreate(savedInstanceState);
16        setContentView(R.layout.activity_main);
17        Log.v( tag: "测试_v",  msg: "verbose模式，打印最详细的日志");
18        Log.d( tag: "测试_d",  msg: "debug级别的日志");
19        Log.i( tag: "测试_i",  msg: "info级别的日志");
20        Log.w( tag: "测试_w",  msg: "warn级别的日志");
21        Log.e( tag: "测试_e",  msg: "error级别的日志");
22
23 ●      final String name = "Jack";
24        Button btnInfo = findViewById(R.id.btnInfo);
25        btnInfo.setOnClickListener((v) -> {
28                Toast.makeText( context: MainActivity.this,
29                        text: name+"欢迎使用Android系统！",Toast.LENGTH_LONG).show();
30        });
32    }
```

点击此处设置调试断点

图 1.31　设置调试断点

2. 开启调试会话

启动调试模式是将程序以调试模式发布到 Android 虚拟机，此时，开发人员在 Android 系统中执行的操作将会与代码产生关联。点击工具栏上的“ ”按钮开始调试会话。Android 虚拟机接受调试状态，程序会停止到设置的断点处，如图 1.32 所示。

```
14    protected void onCreate(Bundle savedInstanceState) {   savedInstanceState: null
15        super.onCreate(savedInstanceState);   savedInstanceState: null
16        setContentView(R.layout.activity_main);
17        Log.v( tag: "测试_v",  msg: "verbose模式，打印最详细的日志");
18        Log.d( tag: "测试_d",  msg: "debug级别的日志");
19        Log.i( tag: "测试_i",  msg: "info级别的日志");
20        Log.w( tag: "测试_w",  msg: "warn级别的日志");
21        Log.e( tag: "测试_e",  msg: "error级别的日志");
22
23        final String name = "Jack";
24        Button btnInfo = findViewById(R.id.btnInfo);
25        btnInfo.setOnClickListener((v) -> {
28                Toast.makeText( context: MainActivity.this,
29                        text: name+"欢迎使用Android系统！",Toast.LENGTH_LONG).show();
30        });
32    }
```

图 1.32　程序停止到断点处

3. 单步调试

要了解单步调试的功能，首先要了解 Debugger 控制台。Debugger 控制台，如图 1.33 所示。

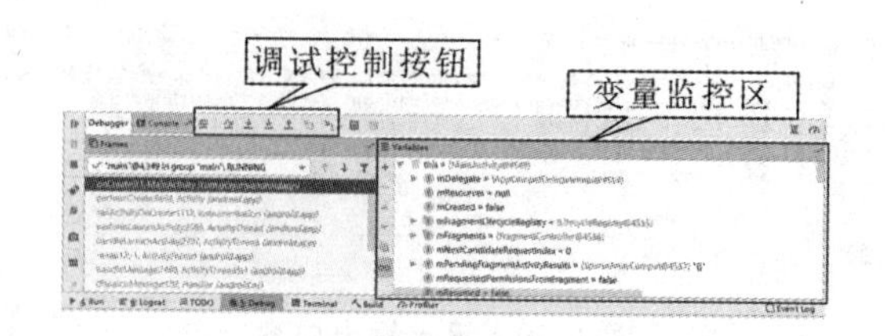

图 1.33 Debugger 控制台

Debugger 控制台的基本使用方法如下：

（1）调试开关按钮：负责控制当前运行程序的暂停、开始和关闭调试。

（2）变量监控区：负责当前代码中已定义的变量赋值情况，以树形结构展示。

（3）调试控制按钮：分为 step over、step into、Force step into、step out 和 Drop frame 五个操作，说明如下：

① step over：点击后程序向下执行一行（如果当前行有方法调用，该方法将被执行完毕返回，然后到下一行）。

② step into：点击后程序向下执行一行。如果该行有自定义方法，则运行进入自定义方法。

③ Force step into：点击后能进入方法内部。

④ step out：点击后将跳出已进入的方法体。

⑤ Drop frame：点击后将返回到当前方法的调用处重新执行。

1.8 打包发布

打包是将所开发的 Android 应用程序生成 APK 安装包的过程。

当应用程序开发完成之后，通常会考虑将程序发布到国内外的应用程序商店，如豌豆荚和应用宝等，这一过程称为“上架”。在 Android 应用开发中，使用“包名”作为项目唯一标识，在安装新应用时如果“包名”相同，则覆盖之前的应用程序。为避免这种情况的发生，Android 程序产品都需要对其进行签名，再将程序打包。签名的具体作用如下：

（1）确定发布者的身份。身份信息包括数字证书名，证书密码，开发者姓名、单位，所在国家、省份、城市等，以避免出现应用程序覆盖的现象。

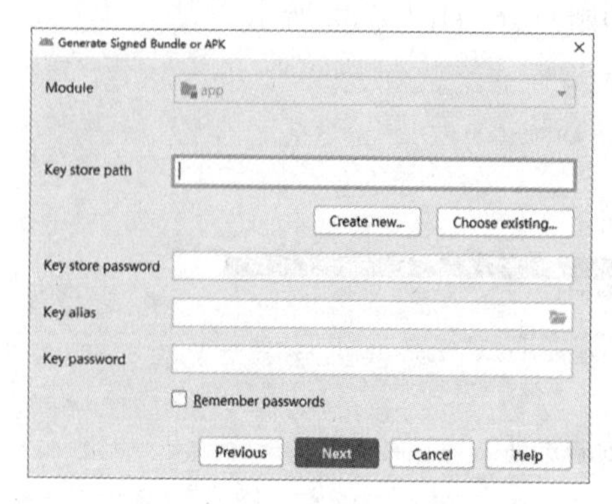

图 1.34 【Generate Signed Bundle or APK】对话框

（2）确保应用的唯一性，签名会对应用包中的每个文件进行处理，从而确保程序包中的文件不会被替换。

Android 应用程序的打包步骤如下：

（1）在 Android Studio 工具的主菜单中选择“Build”→“Generate Signed APK”选项。打开【Generate Signed Bundle or APK】对话框，如图 1.34 所示。

（2）在【Generate Signed Bundle or APK】对话框中选择【Create new】创建数字签名，数字签名包括证书密码、证书有效期、作者、所属组织等重要信息。【New Key Store】对话框，如图 1.35所示。

（3）点击【OK】按钮生成数字签名文件，该文件将生成在指定的磁盘目录。同时，返回【Generate Signed APK】对话框，点击【Finish】按钮完成最后的打包步骤。【Generate Signed APK】对话框，如图 1.36 所示。

在图 1.36 中，“Build Type”指定打包版本类型，release 代表发布版，debug 代表测试版。

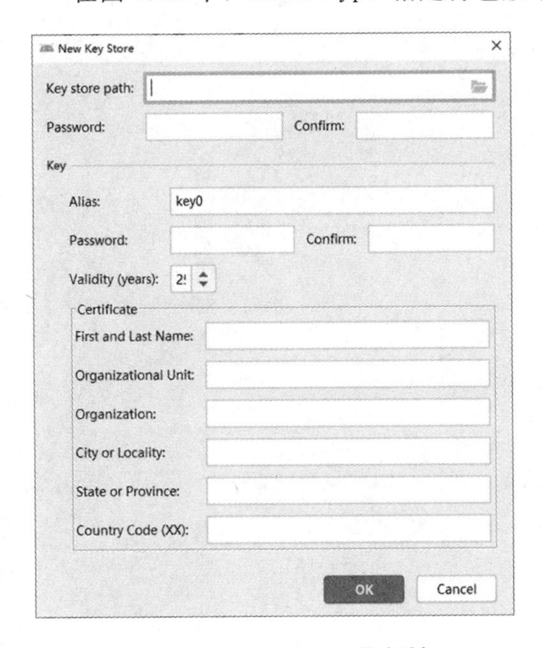

图 1.35 【New Key Store】对话框

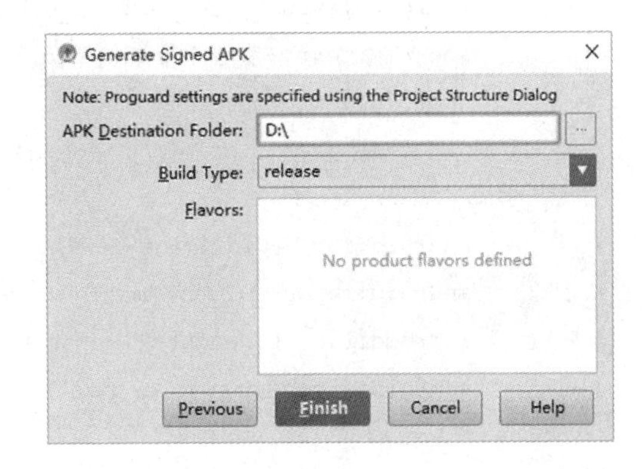

图 1.36 【Generate Signed APK】对话框

1.9 实践任务

任务 1 开发 Android 应用的欢迎界面

图 1.37 任务效果图

需求

开发一个 Android App，运行后显示“欢迎学习 Android 开发”的字符串，下方显示一张 Android 的图片，效果如图 1.37所示。

实现思路

（1）在 Android Studio 中创建项目，项目名称为 MyFirstApp。

（2）创建 WelcomeActivity 和其布局文件 activity_welcome.xml，设置为启动界面。

（3）在 res\drawable 中添加 Android 的 Logo 图片。

（4）打开 res\layout 布局文件 activity_welcome.xml，设置为相对布局，打开布局文件的设计视图，并添加组件。参考代码如下：

```
<?xml version="1.0"encoding="utf-8"?>
<LinearLayout xmlns:android="http://schemas.android.com/apk/res/android"
    xmlns:app="http://schemas.android.com/apk/res-auto"
    xmlns:tools="http://schemas.android.com/tools"
    android:orientation="vertical"
    android:layout_width="match_parent"
    android:layout_height="match_parent"
    tools:context=".WelcomeActivity">

    <TextView
        android:layout_width="match_parent"
        android:layout_height="wrap_content"
        android:text="欢迎学习 Android 开发"
        android:textSize="30sp"/>

    <ImageView
        android:id="@+id/imageView"
        android:layout_width="match_parent"
        android:layout_height="wrap_content"
        android:src="@drawable/logo"/>
</LinearLayout>
```

（5）启动 Android 模拟器，运行 App。

本章总结

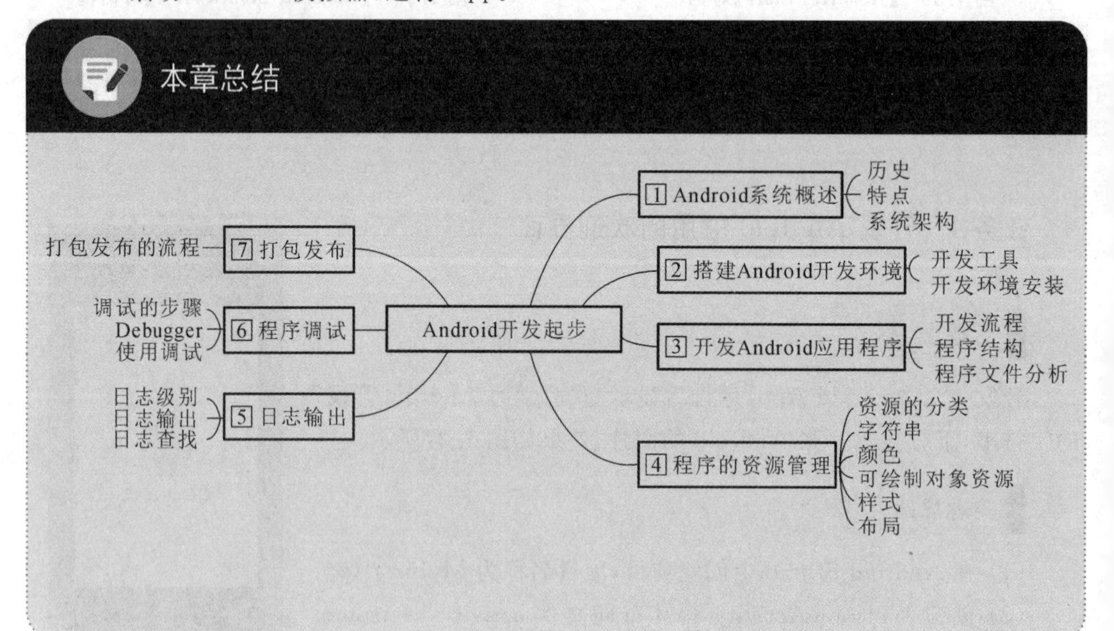

本章作业

一、选择题

1. 下列选项中，属于定义字符串资源使用的标签的是（　　）。

A. <string/>　　B. <strings/>　　C. <include/>　　D. demin

2. 在 Activity 的 onCreate()方法中，加载布局资源文件的方法是（　　）。

A. setTheme()　　B. setContentView()　　C. setView()　　D. setGroupView()

3. 下列选项中，属于 Log 类中显示黑色的日志内容的方法的是（　　）。

A. Log. v()　　B. Log. e()　　C. Log. wtf()　　D. Log. w()

4. 下列选项中，属于在 XML 文件中调用 drawable 文件夹中的 icon 图片资源代码的是（　　）。

A. R. drawable. icon　　B. @drawable/icon　　C. R. mipmap. icon　　D. @mipmap/icon

5. 下面关于 Android 程序结构的描述，正确的是（　　）。

A. app/src/main/res 目录用于存放程序的资源文件

B. app/src/main/java 用于存放程序的代码文件

C. app/libs 用于存放第三方 jar 包

D. build. gradle 用于配置在 Android 程序中使用到的子项目

6. 下面关于单元测试的描述，正确的是（　　）。

A. ExampleUnitTest 属于 Junit 单元测试类

B. ExampleInstrumentedTest 类属于 Junit 单元测试类

C. Junit 单元测试需要连接 Android 设备

D. Android 单元测试不需要依赖 Android 设备

7. 下面关于模拟器的说法，正确的是（　　）。

A. 在模拟器上可预览和测试 Android 应用程序

B. 只可以在模拟器上预览 Android 应用程序

C. 只可以在模拟器上测试 Android 程序

D. 模拟器属于物理设备

二、简答题

1. 简述 Android 系统架构包含的层次以及各层的特点。

2. 简述 Android 源代码的编译过程。

第2章

Android控件与界面交互

本章简介

本章主要讲解了Android中控件的相关知识，包括简单控件、AlertDialog对话框、消息框以及事件处理机制。通过本章的学习，希望初学者能掌握Android控件的基本使用，能够在界面布局中设置控件的属性，完成程序的界面设计，理解Android的事件处理方式，实现界面与用户的交互。

学习目标

1. 了解Android中的视图
2. 掌握常用的UI控件
3. 掌握消息框和对话框的使用
4. 理解Android的事件处理

实践任务

任务1　点餐界面设计

任务2　实现查找菜品功能

2.1 界面布局概述

2.1.1 View 和 ViewGroup 概述

Android 界面布局就是定义应用中的界面结构(例如 Activity 的界面结构)。界面布局中的所有元素均使用 View 和 ViewGroup 对象的层次结构进行构建。View 通常用于绘制用户可查看并进行交互的内容。然而,ViewGroup 是不可见容器,用于定义 View 和其他 ViewGroup 对象的布局结构,如图 2.1 所示。

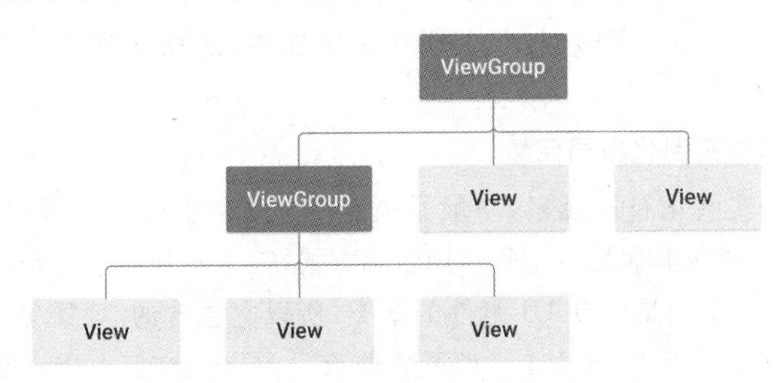

图 2.1 定义界面布局的视图层次结构图示

从图 2.1 中可以看出,多个视图组件(View)可以存放在一个视图容器(ViewGroup)中,该容器可以与其他视图组件共同存放在另一个视图容器当中,但是一个界面文件必须有且仅有一个容器作为根节点。

Android 应用的界面都是由 View 和 ViewGroup 对象构建的,ViewGroup 继承了 View 类,也可以当成普通的 View 来使用,但主要还是当成容器来使用。Android 应用的绝大部分 UI 组件都放在 android. widget 包和 android. view 包中。

View 对象通常称为 UI 控件,例如 Button、TextView 都属于 View 的子类。ViewGroup 对象通常称为布局,用于定义界面的布局结构,例如 LinearLayout、ConstraintLayout 都属于 ViewGroup。

2.1.2 布局声明

Android 讲究逻辑层和视图层分离,开发中一般不在 Activity 中直接编写界面,而是在布局文件中编写。Android 程序中可通过以下两种方式声明布局:

1. 用 XML 文件声明布局

XML 布局文件即前面说的 layout 文件,在文件中通过 XML 声明布局元素,设置其属性。Android 推荐使用 XML 布局文件方式来控制视图,因为这样不仅简单直接,而且将视图控制逻辑从 Java 代码中分离出来,单独在 XML 文件中控制,更好地体现了 MVC 原则。

在第 1 章介绍项目的结构目录时,布局文件是放在 app\src\main\res\layout 文件夹下面,然后通过 Java 代码中 setContentView()方法在 Activity 中显示该视图的。

在实际开发中,当遇到有很多 UI 组件时(实际上这种情况很常见),各个组件会通过 android:id 属性给每个组件设置一个唯一的标识。当需要在代码中访问指定的组件时(例

Android 2.1▶

如设置单击事件），就可以通过 id 值，利用方法 findViewById(R. id. id 值)来访问。

在设置 UI 控件时有两个属性值特别常用：android：layout_height、android：layout_width。这两个属性支持以下两种属性值：

（1）match_parent：指定子组件的高度和宽度与父组件的高度和宽度相同（实际还有填充的空白距离）。

（2）wrap_content：指定组件的大小恰好能包裹它的内容。

Android 机制决定了 UI 组件的大小不仅受它实际宽度和高度的控制，还受它所在布局的高度和宽度控制，所以在设置组件的宽度和高度时还要考虑布局的宽度和高度。

其实在 XML 文件中编写界面还有很多属性，比如 gravity、LinearLayout 中的 orientation、RelativeLayout 中的 centerInParent 属性等，这些属性在之后的内容中都会讲到。

2. 在 Java 代码中实例化布局元素

在 Java 代码中实例化布局元素，一般是指在 Activity 中通过编程创建 View 对象和 ViewGroup 对象，并操纵其属性。不管使用哪种方式，其本质和显示出来的效果是一样的。对于 View 类而言，由于它是所有 UI 组件的基类，所以它包含的 XML 属性和方法是所有 UI 组件都可以使用的。而 ViewGroup 类虽然继承了 View 类，但由于它是抽象类，因此实际使用中通常只是用 ViewGroup 的子类作为容器。

2.1.3 布局的类型

一个优秀的布局设计对 UI 界面起到重要的作用。在 Android 中常用布局主要有 7 种，经常使用的有 5 种布局，分别是：

（1）线性布局（LinearLayout），以水平或垂直方向排列。

（2）相对布局（RelativeLayout），通过相对定位排列。

（3）表格布局（TableLayout），以表格形式排列。

（4）帧布局（FrameLayout），开辟空白区域，帧里的控件（层）叠加。

（5）约束布局（ConstraintLayout），以可视化的方式编写布局。

Android 系统提供的 5 种常用布局直接或者间接继承自 ViewGroup，因此它们也支持在 ViewGroup 中定义的属性，这些属性可以看作布局的通用属性，如表 2.1 所示。

表 2.1 布局中 View 常用的属性

属性名称	功能描述
android:id	设置布局的标识
android:layout_width	设置布局的宽度
android: layout_height	设置布局的高度
android:background	设置布局的背景
android:layout_margin	设置当前布局与屏幕边界或与周围控件的距离
android:padding	设置当前布局与该布局中控件的距离

在 Android 程序中创建布局文件后就可以添加布局视图了。创建布局文件的步骤如下：

1. 打开项目

找到 layout 文件夹，右键点击 New →XML →Layout XML File，就会创建一个新的布局文件，如图 2.2 所示。

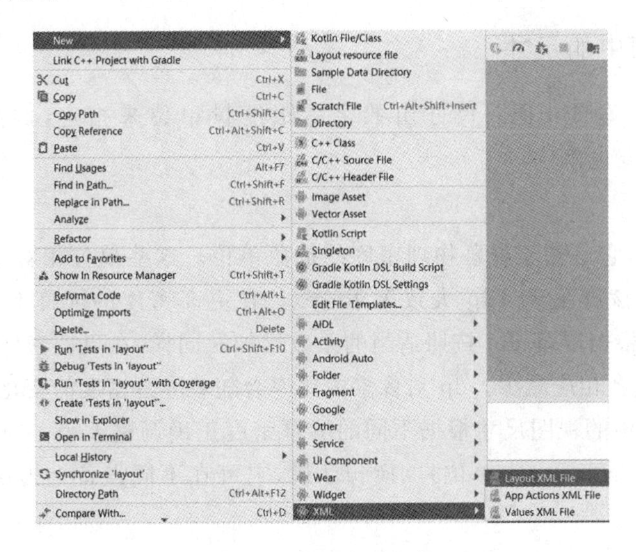

图 2.2　创建布局文件

2. 添加组件

在新创建的布局文件中添加布局容器组件和 UI 控件。为了方便可以直接在设计视图上对控件进行拖拉操作，将其放置在界面中，然后再次通过代码进行调整，这种可视化的方式减少了用户编写的代码量。

例如在布局文件中使用 ConstraintLayout 布局，然后添加一个文本框控件，代码如下：

```
<?xml version="1.0"encoding="utf-8"?>
<androidx.constraintlayout.widget.ConstraintLayout xmlns:android="http://schemas.android.com/apk/res/android"
    xmlns:app="http://schemas.android.com/apk/res- auto"
    xmlns:tools="http://schemas.android.com/tools"
    android:layout_width="match_parent"
    android:layout_height="match_parent"
    tools:context=".MainActivity">

    <TextView
        android:layout_width="wrap_content"
        android:layout_height="wrap_content"
        android:text="Hello World!"
        app:layout_constraintBottom_toBottomOf="parent"
        app:layout_constraintLeft_toLeftOf="parent"
        app:layout_constraintRight_toRightOf="parent"
        app:layout_constraintTop_toTopOf="parent"/>

</androidx.constraintlayout.widget.ConstraintLayout>
```

3. 使用布局文件

如果要显示布局文件，需要在 Activity 中加入如下代码：

```
setContentView(R.layout.activity_main);
```

2.1.4 界面中的尺寸

在 XML 中定义尺寸值。尺寸由数字后跟度量单位来指定，例如 10px、2in、5sp。Android 支持以下度量单位：

1. dp

密度无关像素，它是基于屏幕物理密度的抽象单位。这些单位相对于 160 dpi（每英寸点数）屏幕确立，在该屏幕上 1dp 大致等于 1px。在更高密度的屏幕上运行时，用于绘制 1dp 的像素数量会根据屏幕 dpi 按照适当的系数增加。同样，在更低密度的屏幕上，用于绘制 1dp 的像素数量会相应减少。dp 对像素的比率会随着屏幕密度的变化而变化，但不一定成正比。要使布局中的视图尺寸根据不同的屏幕密度正确调整大小，一种简单的解决办法就是使用 dp 单位（而不是 px 单位）。换句话说，它可在不同设备上提供一致的界面元素大小。

2. sp

缩放无关像素，它和 dp 单位类似，但它也会根据用户的字体大小偏好设置进行缩放。建议在指定字体大小时使用此单位，以便字体大小会根据屏幕密度和用户偏好设置进行调整。

3. pt

点，1/72 英寸，基于屏幕的物理尺寸，假设屏幕密度为 72dpi。

4. px

像素，它对应于屏幕上的实际像素数。建议不要使用这种度量单位，因为不同设备的实际呈现效果可能不同；每台设备的每英寸像素数可能不同，屏幕上的总像素数也可能有差异。

5. mm

毫米，基于屏幕的物理尺寸。

6. in

英寸，基于屏幕的物理尺寸。

> **注意**：尺寸是使用 name 属性中提供的值（而不是 XML 文件的名称）引用的简单资源。因此，可以在一个 XML 文件中将尺寸资源与其他简单资源合并到一个 <resources>元素下。

2.2 常见的 UI 控件

2.2.1 TextView 及其子类

TextView 直接继承了 View，并且它还是 EditText 和 Button 两个 UI 组件的父类。

◀ **Android 2.2**

TextView 类图如图 2.3 所示。TextView 的作用就是在界面上显示文本，只是 Android 关闭了它的文字编辑功能，EditText 才有编辑功能。

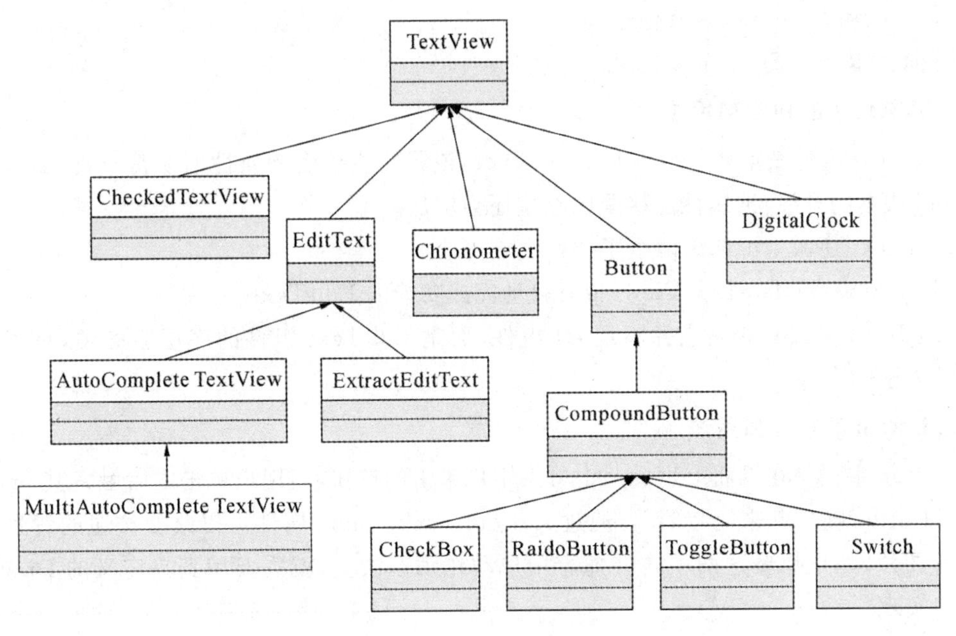

图 2.3　TextView 类图

在图 2.3 中可以看到，TextView 派生了 5 个类，除了常用的 EditText 和 Button 类之外，还有 CheckedTextView，CheckedTextView 增加了 checked 状态，开发者可以通过 setChecked(boolean)和 isChecked()方法来改变和访问 checked 状态。

TextView 和 EditText 有很多相似的地方，它们之间最大的区别就是 TextView 不允许用户编辑文本内容，而 EditText 则可以。

TextView 提供了大量 XML 属性，这些属性不仅适用于 TextView 本身，也同样适用于它的子类(EditText、Button 等)。TextView 常用的属性，如表 2.2 所示。

表 2.2　TextView 常用属性

属　性	说　明
android:drawableLeft	在文本框内文本的左边绘制指定图案
android:editable	设置该文本是否允许编辑
android:ellipsize	设置当文本内容超过 TextView 长度时如何处理文本内容
android:gravity	设置文本框内文本的对齐方式
android:hint	设置当文本框内容为空时显示的提示文字
android:inputType	指定该文本框的类型
android:lines	设置该文本默认占几行
android:password	设置文本框是一个密码框
android:text	设置文本框的文本内容
android:textColor	设置文本的字体颜色
android:textSize	设置文本的文字大小

当然 TextView 的属性并不止这些，还有很多属性并没有写出来，在实际开发中，可以通过 API 文档来查找需要的属性。这里介绍的部分 TextView 的属性使用方式，同样适用于 EditText 和 Button 以及其他子类。

下面具体介绍 TextView 的几个子类。

1. EditText 的功能和用法

EditText 组件最重要的属性是 inputType，该属性能接受的属性值非常丰富，而且随着 Android 版本的升级，该属性能接受的类型还会增加。

EditText 还派生了如下两个子类：

(1) AutoCompleteTextView：带有自动完成功能的 EditText。

(2) ExtractEditText：它并不是 UI 组件，而是 EditText 组件的底层服务类，负责提供全屏输入法的支持。

2. Button 的功能和用法

Button 主要是在界面上生成一个可供用户单击的按钮，当用户单击之后触发其 onClick 事件。Button 使用起来比较简单，通过 android：background 属性可以改变按钮的背景颜色或背景图片，如果想要这两项内容随着用户动作动态改变，就需要用到自定义的 Drawable 对象来实现。

示例 2.1 使用 TextView、EditText 和 Button 控件制作简易的登录界面。

创建 LoginActivity 和 activity_login. xml 文件。activity_login. xml 布局文件的代码如下：

```
<?xml version="1.0"encoding="utf-8"?>
<LinearLayout xmlns:android="http://schemas.android.com/apk/res/android"
    xmlns:app="http://schemas.android.com/apk/res-auto"
    xmlns:tools="http://schemas.android.com/tools"
    android:layout_width="match_parent"
    android:layout_height="match_parent"
    android:orientation="vertical"
    tools:context=".LoginActivity">

    <TextView
        android:id="@+id/txtLogin"
        android:layout_width="match_parent"
        android:layout_height="wrap_content"
        android:text="用户登录"
        android:textSize="22sp"
        android:gravity="center"
        android:paddingLeft="20dp"/>

    <EditText
        android:id="@+id/etLoginName"
        android:layout_width="match_parent"
```

```
        android:layout_height="wrap_content"
        android:layout_marginTop="20dp"
        android:textSize="20sp"
        android:singleLine="true"
        android:hint="输入用户名"
        />
    <EditText
        android:id="@+id/etPassWord"
        android:inputType="textPassword"
        android:layout_width="match_parent"
        android:layout_marginTop="10dp"
        android:layout_height="wrap_content"
        android:textSize="20sp"
        android:hint="输入用户名"

        />
    <Button
        android:id="@+id/btnLogin"
        android:layout_width="match_parent"
        android:layout_height="wrap_content"
        android:layout_marginTop="20dp"
        android:textSize="20sp"
        android:text="登录"
        android:gravity="center"/>
    <Button
        android:id="@+id/btnReg"
        android:layout_width="match_parent"
        android:layout_height="wrap_content"
        android:layout_marginTop="10dp"
        android:textSize="20sp"
        android:text="注册"
        android:gravity="center"/>
</LinearLayout>
```

在示例中使用了线性布局 LinearLayout，设置其为垂直方向 vertical，里面放了 1 个 TextView，2 个 EditText，2 个 Button。运行 App，界面显示效果如图 2.4 所示。

说明：自动调整 TextView 的大小。

对于 Android 8.0(API 级别 26)及更高版本，可以在 TextView 中设置允许自动扩展或收缩文字大小，以根据 TextView 的特征和边界填充其布局。利用此设置可以更轻松地优化包含动态内容的不同屏幕上的文字大小。

要在 XML 中定义默认设置，需要使用 android 命名空间并将 autoSizeTextType 属性设置为 none 或 uniform。

如果在 XML 文件中设置自动调整大小，则不建议对 TextView 的 layout_width 或 layout_height 属性使用值“wrap_content”，否则可能会产生意外结果。

图 2.4　登录界面运行结果

2.2.2　ImageView 及其子类

ImageView 用于显示 Drawable 中的对象，该对象称为可绘制的对象。要使用图片资源，请将相应文件添加到项目的 res/drawable 目录下，这样就可以通过资源图片创建可绘制的对象。支持的文件类型包括 PNG（首选）、JPG（可接受）和 GIF（不推荐）。这种方法非常适合添加应用图标、徽标和其他图形（例如游戏中使用的图形）。

在项目中，可以通过引用项目资源中的图片文件向应用添加图形。项目中可以使用代码方式或在 XML 布局文件中引用图片资源。无论是哪种方式，都是通过资源 ID（不包含文件类型扩展名的文件名）引用的。

ImageView 派生了 ImageButton、QuickContactBadge 等组件，如图 2.5 所示。

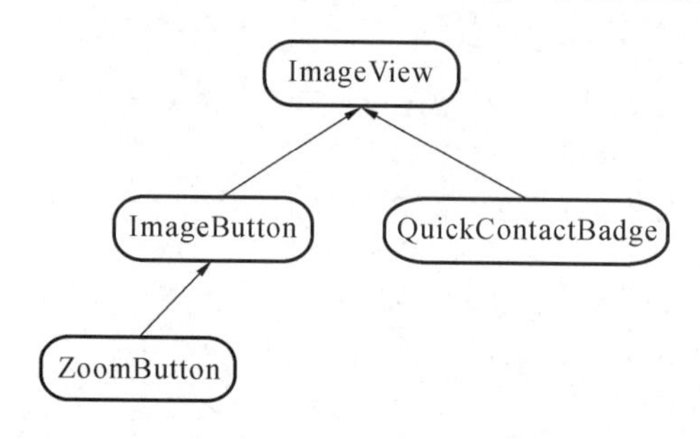

图 2.5　ImageView 及其子类

ImageView 所支持的常用 XML 属性，如表 2.3 所示。

表 2.3　ImageView 支持的 XML 属性

XML 属性	相关方法	说明
android:maxHeight	setMaxHeight(int)	设置 ImageView 的最大高度
android:maxWidth	setMaxWidth(int)	设置 ImageView 的最大宽度
android:scaleType	setScaleType (ImageView.ScaleType)	设置图片的缩放类型以适应 ImageView 大小
android:src	setImageResource(int)	设置 ImageView 所显示的 Drawable 的 ID

续表

XML属性	相关方法	说明
android:adjustViewBounds	setAdjustViewBounds(boolean)	设置ImageView是否调整自己的边界来保持所显示图片的长宽比
android:cropToPadding	setCropToPadding(boolean)	是否裁剪ImageView到只剩padding值

由于android:scaleType属性经常使用到，下面详细介绍它支持的属性值，如表2.4所示。

表2.4 scaleType支持的属性值

属性值	说明
matrix	用矩阵的方法来绘制，从左上角开始
fitXY	对图片横向纵向独立缩放，使它完全适应于ImageView
fitStart	保持横纵比缩放图片，图片较长的一边等于ImageView相应的边长，缩放完成后将图片放置在ImageView的左上角
fitCenter	保持横纵比缩放图片，图片较长的一边等于ImageView相应的边长，缩放完成后将图片放置在ImageView的中央
fitEnd	保持横纵比缩放图片，图片较长的一边等于ImageView相应的边长，缩放完成后将图片放置在ImageView的右下角
center	把图片放置在ImageView的中央，不进行缩放
centerCrop	保持横纵比缩放图片，直到最短的边能够显示出来
centerInside	保持横纵比缩放图片，使得ImageView完全显示该图片

ImageView派生了两个子类：

(1) ImageButton：图片按钮。

(2) QuickContactBadge：显示关联到特定联系人的图片。

Button与ImageButton的区别在于，Button按钮显示文字，而ImageButton显示图片(因为ImageButton本质上还是ImageView)。

ImageButton派生了一个ZoomButton类，它代表"放大""缩小"两个按钮，Android默认为ZoomButton提供了"btn_plus""btn_minus"两个属性值，只要设置它们到ZoomButton的android:src属性中，就可实现放大、缩小功能。

QuickContactBadge本质上也是图片按钮，也可以通过android:src属性设置图片。但是它可以关联到手机中指定的联系人，当用户单击该图片时，系统会自动打开相应联系人的联系方式界面。

示例2.2 创建图片浏览器。

创建一个图片浏览界面，界面分为图片显示区和图片浏览翻页按钮。App运行效果如图2.6所示。

(1) 在Drawable中添加4张Android机器人的图片。

(2) 编写activity_photo.xml文件的代码：

图 2.6　图片浏览器

```
<?xml version="1.0"encoding="utf-8"?>
<LinearLayout xmlns:android="http://schemas.android.com/apk/res/android"
    xmlns:app="http://schemas.android.com/apk/res-auto"
    xmlns:tools="http://schemas.android.com/tools"
    android:layout_width="match_parent"
    android:layout_height="match_parent"
    android:orientation="vertical"
    tools:context=".PhotoActivity">

    <ImageView
        android:id="@+id/img"
        android:layout_width="200dp"
        android:layout_height="200dp"
        android:layout_gravity="center"
        android:src="@drawable/img0"
        />

    <LinearLayout
        android:layout_width="match_parent"
        android:layout_height="wrap_content"
        android:orientation="horizontal">
        <Button
            android:id="@+id/btnPre"
            android:layout_width="0dp"
            android:layout_height="wrap_content"
            android:layout_weight="1"
            android:text="上一张"
            android:layout_marginLeft="10dp"
            android:gravity="center"
            android:textSize="18sp"/>
```

```
<Button
        android:id="@+id/btnNext"
        android:layout_width="0dp"
        android:layout_weight="1"
        android:layout_height="wrap_content"
        android:text="下一张"
        android:layout_marginLeft="10dp"
        android:gravity="center"
        android:textSize="18sp"/>
   </LinearLayout> </LinearLayout>
```

（3）编写 PhotoActivity 中的代码如下：

```
package com.qcxy.chapter2;

import androidx.appcompat.app.AppCompatActivity;
import android.os.Bundle;import android.util.Log;
import android.view.View;
import android.widget.Button;
import android.widget.ImageView;

public class PhotoActivity extends AppCompatActivity {

    final String TAG=PhotoActivity.class.getName();

    private ImageView img;        //声明1个ImageView,对应界面中的图片框
    private Button btnPre, btnNext; //声明2个按钮,对应上、下翻页按钮      //4个图片资源
    private int [] imgs=
    {R.drawable.img0,R.drawable.img1,R.drawable.img3,R.drawable.img4};
    int index=0; //显示图片对应的索引
    @Override
    protected void onCreate(Bundle savedInstanceState) {
        super.onCreate(savedInstanceState);
        setContentView(R.layout.activity_photo);
        //获取XML中的控件,存储到对象中
        img=findViewById(R.id.img);
        btnPre=findViewById(R.id.btnPre);
        btnNext=findViewById(R.id.btnNext);
       //设置事件监听器
        BtnClick btnClick=new BtnClick();
        btnPre.setOnClickListener(btnClick);
        btnNext.setOnClickListener(btnClick);
    }
    class BtnClick implements View.OnClickListener{
        @Override
```

```
        public void onClick(View v) {
            if(v==btnPre){
                if(index>0){
                    index--; //索引减少
                }else {
                    index=imgs.length-1; //如果小于 0 回到最后的图片索引
                }           }else if(v==btnNext){
                if(index<imgs.length-1){
                    index++; //索引增加
                }else {
                    index=0; //如果大于最后图片的索引则回到 0
                }
            }
            Log.d(TAG, "onClick: "+index);
            //显示图片
            img.setImageResource(imgs[index]); //显示索引处图片
        }
    }
}
```

2.2.3 RadioButton 和 CheckBox

单选按钮(RadioButton)和复选框(CheckBox)是用户界面中非常普通的 UI 组件,它们都继承自 Button 类,因此可以直接使用 Button 支持的各种属性和方法。

RadioButton 和 CheckBox 都多了一个可选中的功能,因此可以额外指定一个 android:checked 属性,用于指定 RadioButton 和 CheckBox 初始时是否被选中。

RadioButton 和 CheckBox 的不同之处在于,一组 RadioButton 只能选中其中一个,因此 RadioButton 通常要和 RadioGroup 一起使用,用于定义一组单选按钮。

示例 2.3 制作简易的问卷界面。

使用单选按钮和复选框实现简易的调查问卷,运行效果如图 2.7 所示。

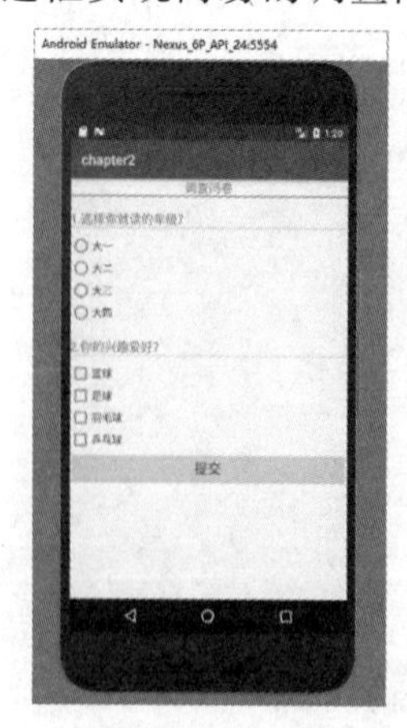
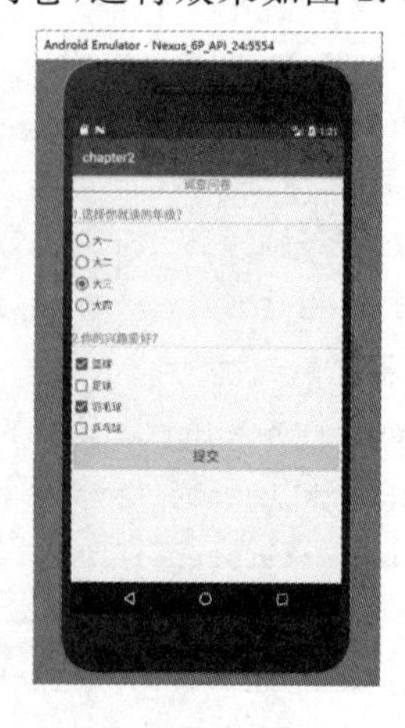

图 2.7 调查问卷的运行效果

activity_question. xml 的代码如下：

```
<?xml version="1.0"encoding="utf-8"?>
<LinearLayout xmlns:android="http://schemas.android.com/apk/res/android"
    xmlns:app="http://schemas.android.com/apk/res-auto"
    xmlns:tools="http://schemas.android.com/tools"
    android:layout_width="match_parent"
    android:layout_height="match_parent"
    android:orientation="vertical"
    tools:context=".QuestionActivity">
    <TextView
        android:layout_width="match_parent"
        android:layout_height="wrap_content"
        android:textSize="18sp"
        android:text="调查问卷"
        android:gravity="center"/>
    <View
        android:layout_width="match_parent"
        android:layout_height="1dp"
        android:background="@color/colorPrimaryDark"/>
    <LinearLayout
        android:layout_width="match_parent"
        android:layout_height="wrap_content"
        android:layout_marginTop="20dp"
        android:orientation="vertical">
        <TextView
            android:layout_width="match_parent"
            android:layout_height="wrap_content"
            android:textSize="18sp"
            android:text="1.选择你就读的年级?"
            android:gravity="left"/>
        <View
            android:layout_width="match_parent"
            android:layout_height="1dp"
            android:layout_marginBottom="10dp"
            android:background="#ccc"/>
        <RadioGroup
            android:layout_width="match_parent"
            android:layout_height="wrap_content">
            <RadioButton
                android:layout_width="match_parent"
                android:layout_height="wrap_content"
                android:text="大一"
```

```
            android:textSize="15sp"/>
        <RadioButton
            android:layout_width="match_parent"
            android:layout_height="wrap_content"
            android:text="大二"
            android:textSize="15sp"/>
        <RadioButton
            android:layout_width="match_parent"
            android:layout_height="wrap_content"
            android:text="大三"
            android:textSize="15sp"/>
        <RadioButton
            android:layout_width="match_parent"
            android:layout_height="wrap_content"
            android:text="大四"
            android:textSize="15sp"/>
    </RadioGroup>
</LinearLayout>
<LinearLayout
    android:layout_width="match_parent"
    android:layout_height="wrap_content"
    android:layout_marginTop="20dp"
    android:orientation="vertical">
    <TextView
        android:layout_width="match_parent"
        android:layout_height="wrap_content"
        android:textSize="18sp"
        android:text="2.你的兴趣爱好？"
        android:gravity="left"/>
    <View
        android:layout_width="match_parent"
        android:layout_height="1dp"
        android:layout_marginBottom="10dp"
        android:background="#ccc"/>
    <CheckBox
        android:layout_width="match_parent"
        android:layout_height="wrap_content"
        android:textSize="15sp"
        android:text="篮球"/>
    <CheckBox
        android:layout_width="match_parent"
        android:layout_height="wrap_content"
        android:textSize="15sp"
```

```
            android:text="足球"/>
        <CheckBox
            android:layout_width="match_parent"
            android:layout_height="wrap_content"
            android:textSize="15sp"
            android:text="羽毛球"/>
        <CheckBox
            android:layout_width="match_parent"
            android:layout_height="wrap_content"
            android:textSize="15sp"
            android:text="乒乓球"/>
    </LinearLayout>
    <Button
        android:id="@+id/btnSubmit"
        android:layout_width="match_parent"
        android:layout_height="wrap_content"
        android:textSize="20sp"
        android:text="提交"/> </LinearLayout>
```

2.2.4 ProgressBar及其子类

ProgressBar也是一组重要的组件，ProgressBar本身代表了进度条组件，它还派生了两个常用的组件：seekBar和RatingBar。ProgressBar及其子类十分相似，只是在显示上有一定的区别。ProgressBar的常用属性如表2.5所示。

表2.5 ProgressBar的常用属性

XML属性	说　明
android:max	设置该进度条的最大值
android:progress	设置该进度条的已完成进度值
android:progressDrawable	设置该进度条的轨道对应的Drawable对象
android:indeterminate	设置进度条是否精确显示进度
android: indeterminateDrawable	设置不显示进度条的Drawable对象
android: indeterminateDuration	设置不精确显示进度条的持续事件

进度条通常用于向用户显示某个耗时操作完成的百分比。进度条可以动态地显示进度，因此避免长时间地执行某个耗时操作时，让用户感觉程序失去了响应，从而带给用户更好的体验。

Android支持多种风格的进度条，通过style属性可以为ProgressBar指定风格。该属性的取值如表2.6所示。

表 2.6　style 属性的取值

属 性 值	说 明
Widget. ProgressBar. Horizontal	水平进度条
Widget. ProgressBar. Inverse	普通大小的环形进度条
Widget. ProgressBar. Large	大环形进度条
Widget. ProgressBar. Large. Inverse	大环形进度条
Widget. ProgressBar. Small	小环形进度条
Widget. ProgressBar. Small. Inverse	小环形进度条

拖动条(SeekBar)与进度条非常相似，只是进度条采用颜色填充来表示进度完成的程度，而拖动条则通过滑块的位置来标识数字。拖动条允许用户拖动滑块来改变值，因此拖动条通常用于对系统的某种数值进行调节，比如音量调节等。

由于拖动条继承了进度条，因此进度条所支持的 XML 属性和方法同样适用于拖动条。进度条允许用户改变拖动条的滑块外观，滑块外观通过 android:thumb 属性来指定，这个属性指定一个 Drawable 对象，该对象将作为自定义滑块。为了让程序能够响应拖动条滑块位置的改变，程序可以为它绑定一个 OnSeekBarChangeListener 监听器。

示例 2.4 ProgressBar 及其子类的使用。

布局文件的代码如下：

```
<?xml version="1.0"encoding="utf-8"?>
<LinearLayout xmlns:android="http://schemas.android.com/apk/res/android"
    xmlns:app="http://schemas.android.com/apk/res-auto"
    xmlns:tools="http://schemas.android.com/tools"
    android:layout_width="match_parent"
    android:layout_height="match_parent"
    android:orientation="vertical"
    tools:context=".ProgressBarActivity">
    <TextView
        android:layout_width="match_parent"
        android:layout_height="wrap_content"
        android:text="环形进度条"
        android:textSize="20sp"
        android:layout_marginTop="20dp"/>
    <ProgressBar
        android:id="@+id/loading_spinner"
        style="?android:progressBarStyle"
        android:layout_width="wrap_content"
        android:layout_height="wrap_content"/>
    <TextView
        android:layout_width="match_parent"
        android:layout_height="wrap_content"
```

```
        android:text="水平进度条"
        android:textSize="20sp"
        android:layout_marginTop="20dp"/>
    <ProgressBar
        android:id="@+id/progress_bar"
        style="? android:progressBarStyleHorizontal"
        android:layout_width="match_parent"
        android:layout_height="wrap_content"
        android:indeterminate="false"
        android:max="100"
        android:progress="40"/>
    <TextView
        android:layout_width="match_parent"
        android:layout_height="wrap_content"
        android:text="拖动条"
        android:textSize="20sp"
        android:layout_marginTop="20dp"/>
    <SeekBar
        android:id="@+id/seek_bar"
        android:layout_width="match_parent"
        android:layout_height="wrap_content"
        android:max="100"
        android:progress="20"/>
    <TextView
        android:layout_width="match_parent"
        android:layout_height="wrap_content"
        android:text="评分等级"
        android:textSize="20sp"
        android:layout_marginTop="20dp"/>
    <RatingBar
        android:id="@+id/rating_bar"
        style="? android:attr/ratingBarStyleSmall"
        android:layout_width="wrap_content"
        android:layout_height="wrap_content"
        android:numStars="5"
        android:rating="2.5"
        android:stepSize="0.5"/> </LinearLayout>
```

显示的界面如图 2.8 所示。

2.3 消息框与对话框

2.3.1 消息框

消息框可以在一个小型弹出式窗口中提供与操作有关的简单反馈。它仅会填充消息所

Android 2.3▶

需的空间大小，并且当前 Activity 会一直显示并供用户与之互动。超时后，消息框会自动消失。如当点击【登录】后弹出“正在登录…”的消息，效果如图 2.9 所示。

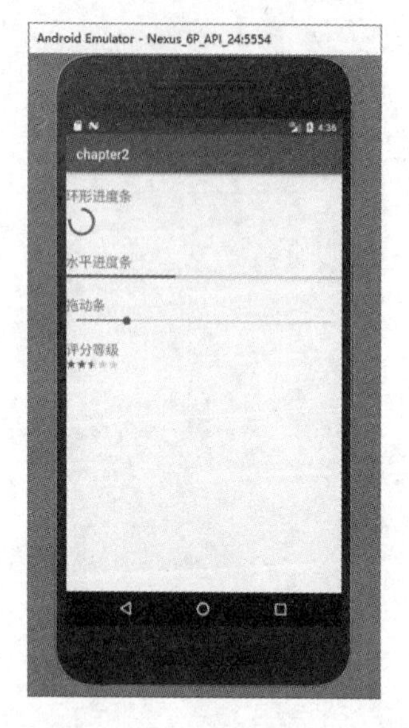

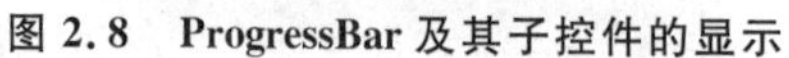

图 2.8 ProgressBar 及其子控件的显示

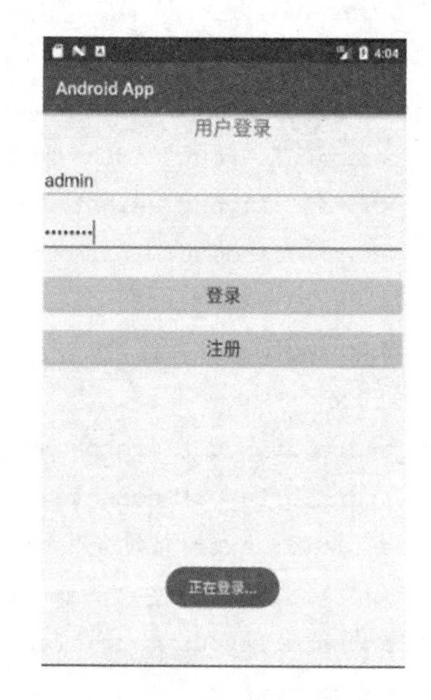

图 2.9 用户登录界面

在 Android 中使用 Toast 组件实现该功能，Toast 会显示一个消息在屏幕上告诉用户一些信息，并且在短暂的时间后会自动消失。使用 Toast 需要掌握两个方法，分别是 makeText()方法和 show()方法。makeText()方法用于设置提示用户的文字，包括 3 个参数，分别是组件的上下文环境、要显示的文字、显示时间的长短。语法如下：

```
Toast.makeText(context, text, duration).show();
```

图 2.9 实现的完整代码如下：

```
Toast.makeText(getApplicationContext(),"正在登录… ",Toast.LENGTH_LONG).show();
```

显示时间的长短通常使用 Toast. LENGTH_SHORT 和 Toast. LENGTH_LONG 表示，也可以使用 0 和 1 分别表示 SHORT 和 LONG。

2.3.2 对话框

在 Android 开发中，经常需要在 Android 界面上弹出一些对话框，比如询问用户或者让用户选择。实现这些功能的组件称为 Android Dialog 对话框。Android 中提供了丰富的对话框支持，日常开发中会经常使用到如表 2.7 所示的 4 种对话框。

表 2.7 4 种对话框

对 话 框	说 明
AlertDialog	功能最丰富，实际应用最广的对话框
ProgressDialog	进度对话框，只是用来显示进度条
DatePickerDialog	日期选择对话框，只是用来选择日期
TimePickerDialog	时间选择对话框，只是用来选择时间

下面仅介绍使用 AlertDialog 建立对话框的内容。

AlertDialog 是上述 4 种对话框中功能最强大、用法最灵活的一种，同时也是其他 3 种对话框的父类。

使用 AlertDialog 生成的对话框样式多变，但是基本样式总会包含 4 个区域，即图标区、标题区、内容区、按钮区，如图 2.10 所示。

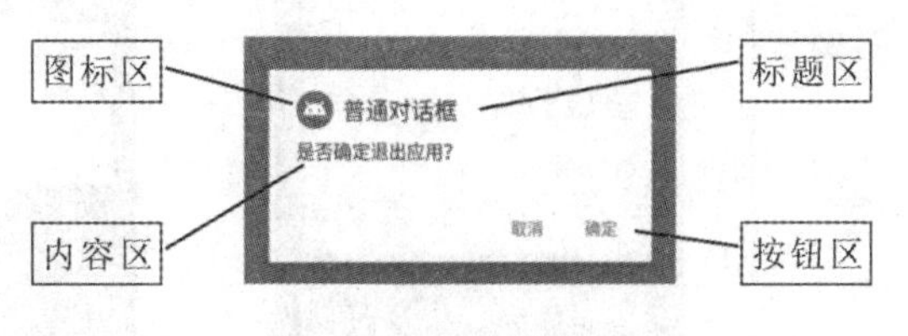

图 2.10　标准对话框

创建一个 AlertDialog 一般需要如下几个步骤：

(1) 调用 AlertDialog 的静态内部类 Builder 创建 AlertDialog. Builder 的对象。

(2) 调用 AlertDialog. Builder 的 setTitle()和 setIcon()方法分别设置 AlertDialog 对话框的标题名称和图标。

(3) 调用 AlertDialog. Builder 的 setMessage()、setSingleChoiceItems() 或者 setMultiChoiceItems()方法设置 AlertDialog 对话框的内容为简单文本、单选列表或者多选列表。

(4) 调用 AlertDialog. Builder 的 setPositiveButton()和 setNegativeButton()方法设置 AlertDialog 对话框的确定和取消按钮。

(5) 调用 AlertDialog. Builder 的 create()方法创建 AlertDialog 对象。

(6) 调用 AlertDialog 对象的 show()方法显示该对话框。

(7) 调用 AlertDialog 对象的 dismiss()方法取消该对话框。

AlertDialog 的样式多变，就是因为设置对话框内容时的样式多变。AlertDialog 提供了 6 种方法来设置对话框的内容，如表 2.8 所示。

表 2.8　AlertDialog 中的方法

方　法	说　明
setMessage()	设置对话框内容为简单文本
setItems()	设置对话框内容为简单列表项
setSingleChoiceItems()	设置对话框内容为单选列表项
setMultiChoiceItems()	设置对话框内容为多选列表项
setAdapter()	设置对话框内容为自定义列表项
setView()	设置对话框内容为自定义 View

示例 2.5 弹出对话框的使用。

点击【设置字体大小】按钮时弹出单选对话框【设置字体大小】，设置后文本编辑框中字体大小改变，如图 2.11 所示。

当用户按返回键时弹出提示对话框，效果如图 2.12 所示。

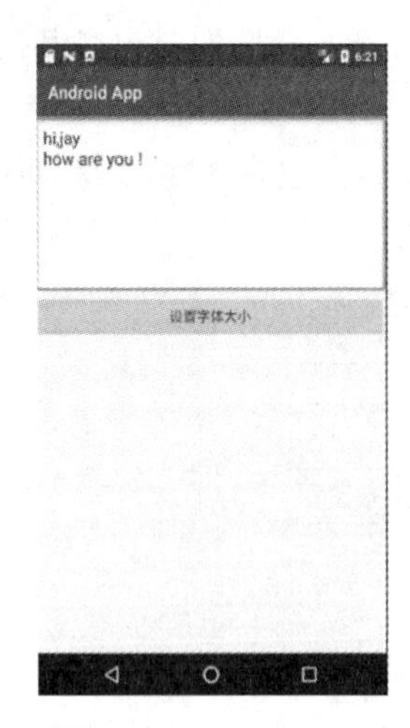

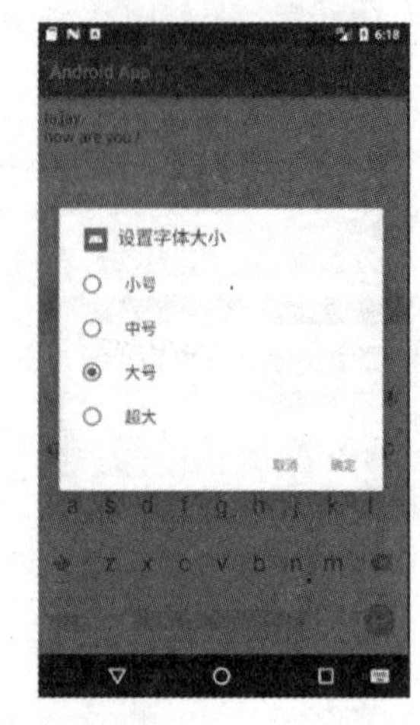

图 2.11　设置对话框

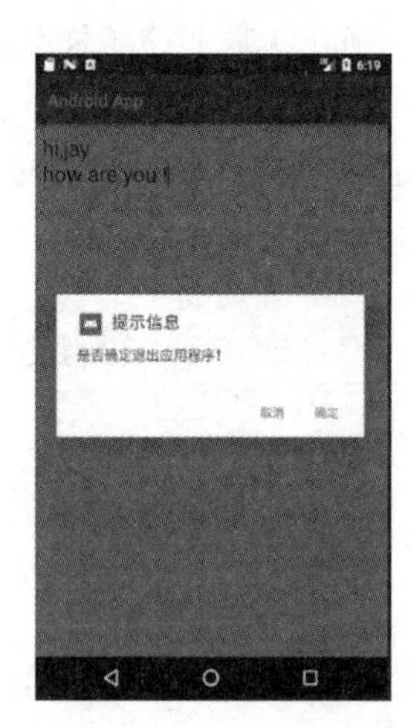

图 2.12　提示对话框

（1）创建布局文件添加文本编辑框和字体大小设置按钮，代码如下：

```
<?xml version="1.0"encoding="utf-8"?>
<LinearLayout xmlns:android="http://schemas.android.com/apk/res/android"
    xmlns:app="http://schemas.android.com/apk/res-auto"
    xmlns:tools="http://schemas.android.com/tools"
    android:orientation="vertical"
    android:layout_width="match_parent"
    android:layout_height="match_parent"
    tools:context=".DialogActivity">

    <EditText
        android:id="@+id/et_cnt"
        android:layout_width="match_parent"
        android:layout_height="200dp"
        android:gravity="top"
        android:inputType="textMultiLine"
        android:scrollbars="vertical"
        android:minLines="5"
        android:padding="10dp"
        android:background="@android:drawable/edit_text"
        />

    <Button
        android:id="@+id/btnSetSize"
        android:layout_width="match_parent"
        android:layout_height="wrap_content"
        android:text="设置字体大小"
        android:textSize="16sp"/>
</LinearLayout>
```

(2) 在 Activity 中添加对话框功能，代码如下：

```
packagecom.qcxy.chapter2;

import androidx.appcompat.app.AlertDialog;
import androidx.appcompat.app.AppCompatActivity;

import android.content.DialogInterface;
import android.os.Bundle;
import android.view.View;
import android.widget.Button;
import android.widget.EditText;

public class DialogActivity extends AppCompatActivity {

    private int [] sizeArr={10,20,25,30};
    private String [] sizeStr={"小号","中号","大号","超大"};
    int index=0;

    Button btnSize; //字体设置按钮
    EditText etCnt; //文本编辑框

    @Override
    protected void onCreate(Bundle savedInstanceState) {
        super.onCreate(savedInstanceState);
        setContentView(R.layout.activity_dialog);
        //找到对应的控件
        btnSize=findViewById(R.id.btnSetSize);
        etCnt=findViewById(R.id.et_cnt);
        //设置字体大小点击事件的处理
        btnSize.setOnClickListener(new View.OnClickListener() {
            @Override
            public void onClick(View v) {
                //创建 AlertDialog.Builder 对象
                 AlertDialog.Builder builder=new AlertDialog.Builder(DialogActivity.
                 this);
                //设置内容
                builder.setIcon(R.mipmap.ic_launcher)
                        .setTitle("设置字体大小")
                        .setSingleChoiceItems(sizeStr, index, new DialogInterface.
                        OnClickListener() {
                         @Override
                         public void onClick(DialogInterface dialog, int which) {
```

```
                        index=which; //获取选项 index
                    }
                })
                .setPositiveButton("确定", new DialogInterface.OnClickListener
                 () {
                    @Override
                    public void onClick(DialogInterface dialog, int which) {
                        dialog.dismiss();
                        etCnt.setTextSize(sizeArr[index]);
                    }
                })
                .setNegativeButton("取消", new DialogInterface.OnClickListener
                 () {
                    @Override
                    public void onClick(DialogInterface dialog, int which) {
                        dialog.dismiss();
                    }
                });
            //创建 AlertDialog
            AlertDialog dialog = builder.create();
            //显示对话框
            dialog.show();
        }
    });
}

@Override
public void onBackPressed() {
    //创建 AlertDialog.Builder 对象
    AlertDialog.Builder builder=new AlertDialog.Builder(this);
    //设置内容
    builder.setIcon(R.mipmap.ic_launcher)
            .setTitle("提示信息")
            .setMessage("是否确定退出应用程序!")
            .setPositiveButton("确定", new DialogInterface.OnClickListener() {
                @Override
                public void onClick(DialogInterface dialog, int which) {
                    dialog.dismiss();
                    DialogActivity.this.finish();
                }
            })
            .setNegativeButton("取消", new DialogInterface.OnClickListener() {
                @Override
```

```
                public void onClick(DialogInterface dialog, int which) {
                    dialog.dismiss();
                }
            });
        //创建 AlertDialog
        AlertDialog dialog = builder.create();
        //显示对话框
        dialog.show();
    }
}
```

注意:使用对话框时,要注意内存泄漏问题。因为对话框是附属在 Activity 上的,所以在 Activity 调用 finish( )之前,必须通过 dismiss( )回收所有对话框。

2.3.3 其他对话框

1. DatePickerDialog 与 TimePickerDialog 对话框

DatePickerDialog 与 TimePickerDialog 的功能较为简单,用法也简单,使用步骤如下:

(1) 通过 new 关键字创建 DatePickerDialog、TimePickerDialog 实例,然后调用它们自带的 show()方法即可将这两种对话框显示出来。

(2) 为 DatePickerDialog、TimePickerDialog 绑定监听器,这样可以保证用户通过 DatePickerDialog、TimePickerDialog 设置事件时触发监听器,从而通过监听器来获取用户设置的事件。

2. ProgressDialog 进度对话框

程序中只要创建了 ProgressDialog 实例并且调用 show()方法将其显示出来,进度对话框就已经创建完成。在实际开发中,会经常对进度对话框中的进度条进行设置,设置的方法如表 2.9 所示。

表 2.9 ProgressDialog 中的方法

方　法	说　明
setIndeterminater(Boolean indeterminater)	设置进度条不显示进度值
setMax(int max)	设置进度条的最大值
setMessage(CharSequence messsge)	设置进度框里显示的消息
setProgress(int value)	设置进度条的进度值
setProgressStyle(int style)	设置进度条的风格

ProgressDialog 和 AlertDialog 有点类似,都可以在界面上弹出一个对话框,都能够屏蔽掉其他控件的交互能力。不同的是,ProgressDialog 会在对话框中显示一个进度条,一般由于当前操作比较耗时,让用户耐心等待。它的用法和 AlertDialog 也比较类似,下面通过一个案例来介绍 ProgressDialog 的用法。

示例 2.6 ProgressDialog 的使用。

（1）编写 XML 布局配置文件，在 RelativeLayout 布局中添加一个 Button 控件，点击 Button 按钮时弹出 ProgressDialog 对话框。

（2）编写 Activity 类，在 onCreate()方法中添加代码。代码如下：

```
package com.qcxy.chapter2;

import androidx.appcompat.app.AppCompatActivity;
import android.app.ProgressDialog;
import android.os.Bundle;
import android.view.View;
import android.widget.Button;

public class ProcessActivity extends AppCompatActivity {

    private Button btnProgress;
    @Override
    protected void onCreate(Bundle savedInstanceState) {
        super.onCreate(savedInstanceState);
        setContentView(R.layout.activity_process);
        //获取 Button
        btnProgress=findViewById(R.id.btnProgress);
        //设置事件监听
        btnProgress.setOnClickListener(btnClickListener);
    }
    private View.OnClickListener btnClickListener =
            new View.OnClickListener() {
                @Override
                public void onClick(View view) {
                    ProgressDialog dialog =
                            new ProgressDialog(ProcessActivity.this);
                    dialog.setTitle("进度对话框");
                    dialog.setMessage("Loading…");
                    dialog.setCancelable(true);
                    dialog.show();
                }
            };

}
```

（3）运行程序，查看运行结果。ProgressDialog 对话框的运行效果，如图 2.13 所示。

代码中首先构建一个 ProgressDialog 对象，然后可以设置标题、内容、可否取消等属性，

图 2.13　ProgressDialog 对话框的运行效果

最后也是通过调用 show()方法将 ProgressDialog 显示出来。

> **注意:** 如果在 setCancelable()中传入了 false,表示 ProgressDialog 是不能通过 Back 键取消掉的,这时一定要在代码中做好控制,当数据加载完成后必须要调用 ProgressDialog 的 dismiss()方法来关闭对话框,否则 ProgressDialog 将会一直存在。

3. PopupWindow 及 DialogTheme 窗口

PopupWindow,顾名思义,是弹出式窗口,它的风格与对话框很像,所以和对话框放在一起来说明。使用 PopupWindow 创建一个窗口的步骤如下:

(1) 调用 PopupWindow 的构造方法创建 PopupWindow 对象。

(2) 调用其自带的 showAsDropDown(View view)方法将 PopupWindow 作为 view 的下拉组件显示出来,或调用 showAtLocation()方法在指定位置显示该窗口。

2.4 Android 事件处理

2.4.1 事件处理概述

事件与用户界面紧密相关,当用户在应用程序界面执行一系列操作时,程序要响应用户的各种事件,如点击、长按、触碰、键盘输入等,响应这些动作就需要事件来完成。这种事件与 Java 中的 Swing GUI 事件处理机制相同,并且 Android 中提供了两套完善的事件处理机制,说明如下:

(1) 基于监听的事件处理,它是基于面向对象的事件处理机制,这种方式与 Swing 的处理方式完全相同。由三类对象组成:

Android 2.4▶

① 事件源：产生事件的来源，通常是各个组件，如按钮、窗口、菜单等。

② 事件：封装了界面组件上发生的特定事件的具体信息（如点击、长按、触摸等），如果监听器需要获取界面组件上所发生事件的相关信息，一般通过事件 Event 对象来传递。

③ 事件监听器：负责监听事件源发生的事件，并对不同的事件做相应的处理，如点击、长按、触碰等。

基于监听的事件处理是一种委派式 Delegation 的事件处理方式，事件源将整个事件委托给事件监听器，由监听器对事件进行响应处理。这种处理方式将事件源和事件监听器分离，有利于提高程序的可维护性。

（2）基于回调的事件处理，它的事件源和事件监听器是合一的，没有独立的事件监听器存在。当用户在 GUI 组件上触发某事件时，由该组件自身特定的函数负责处理该事件。

2.4.2 基于监听的事件处理

所谓事件监听器，即实现了特定接口的 Java 类的实例。例如，setOnTouchListener 事件监听方法要接收 View. OnTouchListener 事件监听接口。在程序中通常有以下五种基于监听的监听器：

1. 匿名内部类作为事件监听器类

多数情况下，事件监听器都不会重用。因此，一般情况下事件监听器只是临时使用，所以使用匿名内部类形式的事件监听器更加合适。目前，这是最为广泛使用的形式。代码结构如下：

```
btn.setOnClickListener(new View.OnClickListener() {
    @Override
    public void onClick(View v) {
        //代码……
    }
});
```

2. 内部类作为事件监听器

使用内部类作为事件监听器主要出于重用方面的考虑，当多个事件源共享一个事件监听器时使用。例如，在 Android 应用中有多个分享按钮，该业务由同一个事件监听器处理。

代码结构如下：

注册监听器：

```
btn.setOnClickListener(new MyBtnClick());
```

事件监听器：

```
public class MyBtnClick implements View.OnClickListener {
    @Override
    public void onClick(View v) {
        //代码……
    }
}
```

3. Activity 类本身作为事件监听器

使用 Activity 本身作为监听器类，可以直接在 Activity 类中定义事件监听器方法，这种形式原本非常简洁。但是，当Activity处理业务功能时，Activity的初始化方法和事件监听器方法编写在一个类中，会造成程序结构混乱。代码结构如下：

```
public class MainActivity extends AppCompatActivity
implements View.OnClickListener {
    @Override
    public void onClick(View v) {
        //代码……
    }
}
```

4. 外部类作为监听器

使用外部类定义事件监听器类，由于它不利于提高程序的内聚性，所以这种形式较少使用。但是，如果外部事件监听器被多个Activity界面所共享，且具有相同的业务逻辑，则可以考虑使用外部类的形式来定义事件监听器类。代码结构如下：

事件监听器：

```
class MyClickListener implements View.OnClickListener {
    @Override
    public void onClick(View v) {
        //代码……
    }
}
```

注册监听器：

```
btn.setOnClickListener(new MyClickListener());
```

5. 直接绑定到标签

直接绑定到标签的方式是最简单的绑定事件监听器的方式，直接在Activity布局文件中为指定标签绑定事件处理方法。由于方法名可以自定义，所以直接绑定到标签的做法能提高程序的可读性。代码结构如下：

Activity布局文件：

```
<Button
    android:layout_width="match_parent"
    android:layout_height="wrap_content"
    android:onClick="doLogin"/>
```

事件监听器：

```
public void doLogin(View v) {
    //代码……
}
```

经验：在开发中，最常用的监听器编写方法是匿名内部类作为事件监听器类、内部类作为事件监听器和Activity类本身作为事件监听器。

事件监听的处理模型说明：

在事件监听的处理模型中，主要涉及三类对象。

（1）Event Source（事件源）：一般指各个组件。

（2）Event（事件）：一般是指用户操作，该事件封装了界面组件上发生的各种特定事件。

（3）Event Listener（事件监听器）：负责监听事件源所发生的事件，并对该事件做出响应。

实际上，事件响应的动作就是一组程序语句，通常以方法的形式组织起来。Android 利用的是 Java 语言开发，其面向对象的本质没有改变，所以方法必须依附于类才可以使用。而事件监听器的核心就是它所包含的方法，这些方法也被称为事件处理器（Event Handler）。

事件监听的处理模型可以这样描述：当用户在程序界面操作时，会激发一个相应的事件，该事件就会触犯事件源上注册事件监听器，事件监听器再调用对应的事件处理器做出相应的反应。

Android 的事件处理机制采用了一种委派式的事件处理方式：普通组件（事件源）将整个事件处理委派给特定的对象（事件监听器），当该组件发生指定的事件时，就通知所委托的事件监听器，由该事件监听器处理该事件。监听事件处理流程如图 2.14 所示。

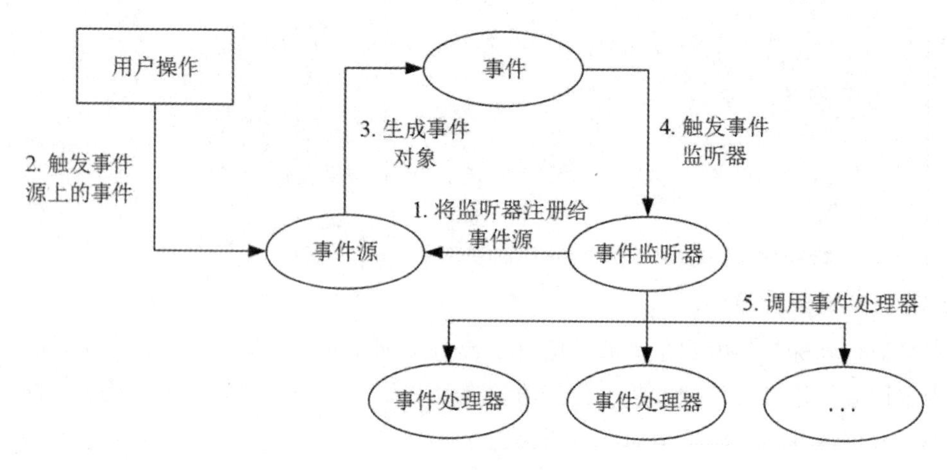

图 2.14　监听事件的处理流程图

这种委派式的处理方式很类似于人类社会的分工合作。举一个简单例子，当人们想邮寄一份快递（事件源）时，通常是将该快递交给快递点（事件监听器）来处理，再由快递点通知物流公司（事件处理器）运送快递，而快递点也会监听多个物流公司的快递，进而通知不同的物流公司。这种处理方式将事件源与事件监听器分离，从而提供更好的程序模型，有利于提高程序的可维护性。

基于上面程序可以总结出基于监听的事件处理模型的编程步骤：

（1）获取要被监听的组件（事件源）；

（2）实现事件监听器类，该类是一个特殊的 Java 类，必须实现一个 XxxListener 接口；

（3）调用事件源的 setXxxListener 方法将事件监听器对象注册给事件源。

当用户操作应用界面，触发事件源上指定的事件时，Android 会触发事件监听器，然后由该事件监听器调用指定的方法（事件处理器）来处理事件。

实际上，对于上述三个步骤，最关键的步骤是实现事件监听器类。实现事件监听器其实就是实现了特定接口的 Java 类实例。在程序中实现事件监听器，通常有如下几种形式：

(1) 内部类形式：将事件监听器类定义成当前类的内部类。

(2) 外部类形式：将事件监听器类定义成一个外部类。

(3) Activity 本身作为事件监听器类：让 Activity 本身实现监听器接口，并实现事件处理方法。

(4) 匿名内部类形式：使用匿名内部类创建事件监听器对象。

外部类形式创建监听器。

创建监听器的代码如下：

```
public class BtnClickListener implements View.OnClickListener {
    private Activity activity;
    private TextView textView;
    public BtnClickListener(Activity activity,
                            TextView textView) {
        this.activity=activity;
        this.textView=textView;
    }
    @Override
    public void onClick(View v) {
        textView.setText("外部类创建监听器");
        Toast.makeText(activity, "触发了 onClick 方法",
                Toast.LENGTH_LONG).show();
    }

}
```

上面的事件监听器类实现了 View. OnClickListener 接口，创建该监听器时需要加入一个 Activity 和一个 TextView，来看具体 Java 代码：

```
public class EventActivity extends AppCompatActivity {


    private TextView tvTitle;
    private Button btnShow;
    @Override
    protected void onCreate(Bundle savedInstanceState) {
        super.onCreate(savedInstanceState);
        setContentView(R.layout.activity_event);
        tvTitle=findViewById(R.id.tvTitle);
        btnShow=findViewById(R.id.btnShow);
        btnShow.setOnClickListener(new BtnClickListener(this, tvTitle));
    }
}
```

图 2.15　触发监听器后

运行程序得到如图 2.15 所示的界面。

上面程序 btnShow. setOnClickListener(new BtnClickListener(this, tvTitle))用于给按钮的点击事件绑定监听器，当用户点击按钮时，就会触发监听器 BtnClickListener，从而执行监听器里面的方法。

外部类形式的监听器基本就是这样实现，专门定义一个外部类用于实现事件监听类接口作为事件监听器，之后在对应的组件中注册该监听器。

示例 2.8 Activity 本身作为事件监听器类。

创建 MainActivity 来实现 View. OnClickListener 将 Activity 作为监听器并重写 onClick 方法，代码如下：

```
public class MainActivity extends AppCompatActivity
        implements View.OnClickListener {
    private TextView tv;
    private Button btn;
    @Override
    protected void onCreate(Bundle savedInstanceState) {
        super.onCreate(savedInstanceState);
        setContentView(R.layout.activity_main);
        tv=findViewById(R.id.textView);
        btn=findViewById(R.id.btn);
        btn.setOnClickListener(this);
    }
    @Override
    public void onClick(View v) {
        tv.setText("Activity 作为事件监听类");
    }
}
```

上面程序中 Activity 直接实现了 View. OnClickListener 接口，从而可以直接在该 Activity 中定义事件处理器方法：onClick(View v)。当为某个组件添加该事件监听器的时候，直接使用 this 关键字作为事件监听器即可。

示例 2.9 匿名内部类作为事件监听器。

在设置监听器的同时创建匿名监听器内部类，代码如下：

```
public class MainActivity extends AppCompatActivity {
    private TextView tv;
    private Button btn;
    @Override
    protected void onCreate(Bundle savedInstanceState) {
        super.onCreate(savedInstanceState);
        setContentView(R.layout.activity_main);
```

```
        tv=findViewById(R.id.textView);
        btn=findViewById(R.id.btn);
        btn.setOnClickListener(new View.OnClickListener() {
            @Override
            public void onClick(View v) {
                tv.setText("匿名内部类作为事件监听器");
            }
        });
    }
}
```

可以看出匿名内部类的语法结构比较怪异，除了这个缺点，匿名内部类相比于其他方式比较有优势，一般建议使用匿名内部类的方式创建监听器类。

2.4.3 基于回调的事件处理

1. 回调机制

前面提到的监听机制是一种委派式的事件处理机制，事件源与事件监听器分离，用户触发事件源指定的事件之后，交给事件监听器处理相应的事件。而回调机制则完全相反，它的事件源与事件监听器是统一的，或者可以说，它没有事件监听器的概念。因为它可以通过回调自身特定的方法处理相应的事件。

为了实现回调机制的事件处理，需要继承GUI组件类，并重写对应的事件处理方法，其实就是自定义UI组件的方法。Android为所有的GUI组件提供了一些事件处理的回调方法，以View类为例，该类包含如表2.10所示的方法。

表2.10 View类中的回调方法

方法	作用
boolean onKeyDown(int keyCode, KeyEvent event)	在该组件上按下某个按键时触发
boolean onKeyLongPress(int keycode, KeyEvent event)	在该组件上长按某个按键时触发
boolean onKeyUp(int keycode, KeyEvent event)	在该组件上松开某个按键时触发
boolean onTouchEvent(MotionEvent event)	在该组件上触发触摸屏事件时触发
boolean onTrackballEvent(MotionEvent event)	在该组件上触发轨迹球事件时触发
boolean onKeyShortcut(int keycode, KeyEvent event)	一个键盘快捷键事件发生时触发

从代码实现的角度而言，基于回调的事件处理模型更加简单。

2. 基于回调的事件传播

开发者可控制基于回调的事件传播，几乎所有基于回调的事件处理方法都有一个boolean类型的返回值，该返回值决定了对应的处理方法能否完全处理该事件。当返回值为false时，表明该处理方法并未完全处理该事件，事件会继续向下传播；返回值为true时，表明该处理方法已完全处理该事件，该事件不会继续传播。因此，对于基于回调的事件处理方式而言，某组件上所发生的事件不仅会激发该组件上的回调方法，也会触发所在Activity的回调方法，只要该事件能传播到该Activity。

当 Button 上某个按键被按下时，上面程序的执行顺序是最先触发按钮上绑定的事件监听器，然后触发该组件提供的事件回调方法，最后传播到该组件所在的 Activity。但如果改变某个方法的返回值，使其返回 true，则该事件不会传播到下一层，相应的输出日志也会改变。

基于回调的事件处理模型与基于监听的事件处理模型对比，可以看出基于监听的事件处理模型比较有优势：

(1) 分工明确，事件源与事件监听器分开实现，可维护性较好。

(2) 优先被触发。

但在某些特定情况下，基于回调的事件处理机制能更好地提高程序的内聚性。通过为 View 提供事件处理的回调方法，可以很好地把事件处理方法封装在该 View 内部，从而提高程序的内聚性。

2.5 系统配置与屏幕方向监听

2.5.1 响应系统设置的机制和方法

在实际开发中，经常会遇到横竖屏切换的问题，在 Android 应用中横竖屏切换并不仅仅是设备屏幕的横竖屏切换，它还涉及 Activity 生命周期的销毁与重建的问题。所以，当遇到类似横竖屏切换这样的系统设置问题时，应用程序就需要根据系统的设置做出相应的改变，这就是本节要讲述的内容。

Android 中提供了针对设备本身 Configuration（配置信息）的类。Configuration 类能够获得设备的配置信息，包括横竖屏、电讯运营商、是否支持某些传感器等。

1. Configuration 类简介

Configuration 类专门用来描述 Android 手机的设备信息，这些配置信息既包括用户特定的配置项，也包括系统的动态设备配置。

获取 Configuration 对象的方式很简单，只需要一行代码就可以实现：

```
Configuration cfg=getResources().getConfiguration();
```

获取了该对象之后，就可以通过该对象提供的表 2.11 所示的属性来获取系统的配置信息。

表 2.11 Cofiguration 中的属性介绍

属　性	作　用
public float fontScale	获取当前用户设置的字体的缩放因子
public int keyboard	获取当前设备所关联的键盘类型
public Locale locale	获取用户当前的位置
public int mcc	获取移动信号的国家码
public int mnc	获取移动信号的网络码
public int orientation	获取系统屏幕的方向
public int touchscreen	获取系统触摸屏的触摸方式

◀ Android 2.5.1

2. onConfigurationChanged 方法

在 Android 应用中，经常会看到应用程序为适应手机屏幕的横竖屏切换，也切换了横竖屏显示方式。实现此功能需要对屏幕的横竖屏变化进行监听，可以通过重写 Activity 的 onConfigurationChanged(Configuration newConfig)方法实现监听。该方法是一个基于回调的事件处理方法：当系统设置发生变化时，该方法会被自动触发。

需要注意的是，为了让该 Activity 能监听到屏幕方向更改的事件，需要在配置该 Activity 时(Manifest.xml)指定 android:configChanges 属性，并将属性值设为 orientation|screenSize 时才能监听到系统屏幕改变的事件。除了该属性值外，还可以设置为 mcc、mnc、locale、touchscreen、keyboard、keyboardHidden、navigation、screenLayout、uiMode、smallestScreenSize、fontScale 等属性值。

示例 2.10 使用 Configuration 获取设备的配置信息。

本示例使用设备配置信息类 Configuration 获取设备的配置信息。运行效果，如图 2.16 所示。

字体缩放：1.0
当前Local：en_US
移动信号国家码：310
移动国家网络码:260
导航设备类型：2
屏幕方向：1
触摸屏触摸方式：3

图 2.16 运行效果图

(1) 创建布局文件，添加 TextView 控件。参考代码如下：

```
<TextView
        android:id="@+id/txtConfig"
        android:layout_width="match_parent"
        android:layout_height="wrap_content"/>
```

(2) 修改 MainActivity 中 onCreate()方法的代码，参考代码如下：

```
public class MainActivity extends AppCompatActivity {
    @Override
    protected void onCreate(Bundle savedInstanceState) {
        super.onCreate(savedInstanceState);
        setContentView(R.layout.activity_main);
        TextView text=findViewById(R.id.txtConfig);
        Configuration configuration=getResources().getConfiguration();
        txtConfig.setText(
        "字体缩放:"+configuration.fontScale+
        "\n当前 Local:"+configuration.locale+
        "\n移动信号国家码:"+configuration.mcc+
        "\n移动国家网络码:"+configuration.mnc+
        "\n导航设备类型:"+configuration.navigation+
        "\n屏幕方向:"+configuration.orientation+
        "\n触摸屏触摸方式:"+configuration.touchscreen);
    }
}
```

2.5.2 监听屏幕方向的改变

在 Android 中，一些应用程序可以在运行时随着用户的使用习惯调整屏幕的显示朝向，这种应用程序就是随系统设置而产生事件。上一小节中通过 Configuration 类获得屏幕的当前朝向，它对设计拥有横竖屏显示功能的程序作用非常大。但是，在使用时还需要结合 Activity 的 onConfigurationChanged()方法监听屏幕改变。

示例 2.11 监听屏幕方向的改变。

(1) 编写 XML 布局配置文件，在 RelativeLayout 布局中添加 ImageView 控件。代码如下：

```
<TextView
    android:text="监听屏幕方向改变"
    android:layout_width="match_parent"
    android:layout_height="wrap_content"/>
<Button
    android:layout_width="wrap_content"
    android:layout_height="wrap_content"
    android:text="屏幕中心的按钮"
    android:layout_centerVertical="true"
    android:layout_centerHorizontal="true"/>
```

(2) 编写 Activity 类，在 onConfigurationChanged()方法中添加代码。代码如下：

```
@Override
    public void onConfigurationChanged(Configuration newConfig) {
        super.onConfigurationChanged(newConfig);
        //判断屏幕朝向
        if(newConfig.orientation==Configuration.ORIENTATION_PORTRAIT){
            Toast.makeText(MainActivity.this, "竖屏显示",
            Toast.LENGTH_SHORT).show();
        }
        if(newConfig.orientation==Configuration.ORIENTATION_LANDSCAPE){
            Toast.makeText(MainActivity.this, "横屏显示",
            Toast.LENGTH_SHORT).show();
        }
}
```

(3) 修改 AndroidManifest.xml 文件，设置 Activity 可以监听屏幕方向改变的事件，代码如下：

```
<activity  android:configChanges="orientation|screenSize"
           android:name=".MainActivity"
           android:label="@string/app_name">
           <intent-filter>
               <action android:name="android.intent.action.MAIN"/>
               <category android:name="android.intent.category.LAUNCHER"/>
```

◀**Android 2.5.2**

```
            </intent-filter>
  </activity>
```

(4) 运行程序，在竖屏显示和屏幕旋转后横屏显示的效果中可以看出按钮显示在屏幕中心。这是因为屏幕使用相对布局，所以在屏幕旋转时，控件仍然保持一致的相对位置。

2.6 实践任务

◆ 任务 1 点餐界面设计

需求分析

用户输入姓名、性别、口味喜好及预算金额完成个性化点餐功能，系统根据用户输入的信息推荐菜品，显示符合客户的菜品供客户选择。点餐的界面效果如图 2.17 所示。

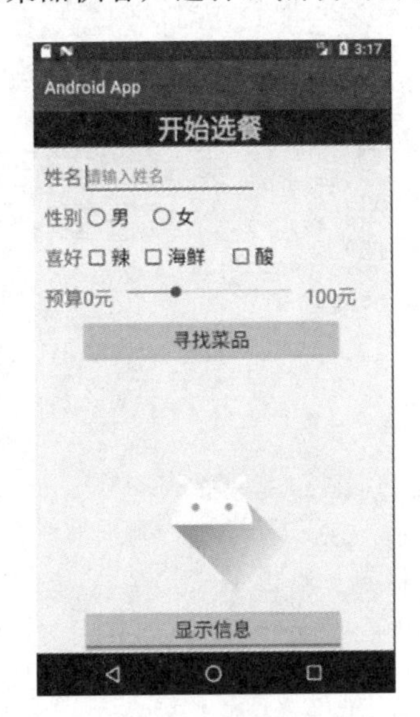

图 2.17 点餐界面效果

实现步骤

(1) 创建 FoodActivity 和布局文件。

(2) 在 strings.xml 文件中添加需要用到的字符串信息，代码如下：

```
<resources>
    <string name="app_name"> Android App</string>
    <string name="start_select_food"> 开始选餐</string>
    <string name="name"> 姓名</string>
    <string name="edit_text_input_hint_name"> 请输入姓名</string>
    <string name="sex"> 性别</string>
    <string name="male"> 男</string>
    <string name="female"> 女</string>
</resources>
```

（3）在布局文件中添加控件，代码如下：

```
<?xml version="1.0"encoding="utf-8"?>
<LinearLayout
    xmlns:android="http://schemas.android.com/apk/res/android"
    xmlns:tools="http://schemas.android.com/tools"
    android:layout_width="match_parent"
    android:layout_height="match_parent"
    android:orientation="vertical"
    tools:context=".FoodActivity">

    <TextView
        android:layout_width="match_parent"
        android:layout_height="wrap_content"
        android:layout_marginBottom="10dp"
        android:background="#0000FF"
        android:text="@string/start_select_food"
        android:textAlignment="center"
        android:textColor="#FFFF00"
        android:textSize="30sp"
        android:textStyle="bold"
        android:typeface="monospace"
        />

    <LinearLayout
        android:layout_width="match_parent"
        android:layout_height="0dp"
        android:layout_weight="1"
        android:orientation="vertical">

        <LinearLayout
            android:layout_width="match_parent"
            android:layout_height="45dp"
            android:layout_marginLeft="15dp"
            android:gravity="center_vertical"
            android:orientation="horizontal">

            <TextView
                android:layout_width="wrap_content"
                android:layout_height="wrap_content"
                android:text="@string/name"
                android:textSize="22sp"/>

            <EditText
                android:id="@+id/nameEditText"
```

```
            android:layout_width="200dp"
            android:layout_height="wrap_content"
            android:hint="@string/edit_text_input_hint_name"
            />

    </LinearLayout>

    <LinearLayout
        android:layout_width="match_parent"
        android:layout_height="45dp"
        android:layout_marginLeft="15dp"
        android:gravity="center_vertical"
        android:orientation="horizontal">

        <TextView
            android:layout_width="wrap_content"
            android:layout_height="wrap_content"
            android:text="@string/sex"
            android:textSize="22sp"/>

        <RadioGroup
            android:id="@+id/sexRadioGroup"
            android:layout_width="match_parent"
            android:layout_height="wrap_content"
            android:orientation="horizontal"
            >

            <RadioButton
                android:id="@+id/maleRadioButton"
                android:textSize="22sp"
                android:layout_width="75dp"
                android:layout_height="wrap_content"
                android:text="@string/male"/>

            <RadioButton
                android:id="@+id/femaleRadioButton"
                android:textSize="22sp"
                android:layout_width="75dp"
                android:layout_height="wrap_content"
                android:text="@string/female"/>
        </RadioGroup>

    </LinearLayout>
```

```
<LinearLayout
    android:layout_width="match_parent"
    android:layout_height="45dp"
    android:layout_marginLeft="15dp"
    android:gravity="center_vertical"
    android:orientation="horizontal">

    <TextView
        android:layout_width="wrap_content"
        android:layout_height="wrap_content"
        android:text="喜好"
        android:textSize="22sp"/>

    <LinearLayout
        android:orientation="horizontal"
        android:layout_width="match_parent"
        android:layout_height="wrap_content">
        <CheckBox
            android:id="@+id/hotCheckBox"
            android:text="辣"
            android:textSize="22sp"
            android:layout_width="65dp"
            android:layout_height="wrap_content"/>
        <CheckBox
            android:id="@+id/fishCheckBox"
            android:text="海鲜"
            android:textSize="22sp"
            android:layout_width="100dp"
            android:layout_height="wrap_content"/>
        <CheckBox
            android:id="@+id/sourCheckBox"
            android:text="酸"
            android:textSize="22sp"
            android:layout_width="65dp"
            android:layout_height="wrap_content"/>

    </LinearLayout>

</LinearLayout>
<LinearLayout
    android:layout_width="match_parent"
```

```
    android:layout_height="45dp"
    android:layout_marginLeft="15dp"
    android:gravity="center_vertical"
    android:orientation="horizontal">

    <TextView
        android:layout_width="wrap_content"
        android:layout_height="wrap_content"
        android:text="预算"
        android:textSize="22sp"/>

    <LinearLayout
        android:orientation="horizontal"
        android:layout_width="match_parent"
        android:layout_height="wrap_content">
        <TextView
            android:layout_width="wrap_content"
            android:layout_height="wrap_content"
            android:text="0元"
            android:textSize="22sp"/>
        <SeekBar
            android:id="@+id/seekBar"
            android:textSize="22sp"
            android:layout_width="220dp"
            android:max="100"
            android:layout_height="wrap_content"/>
        <TextView
            android:layout_width="wrap_content"
            android:layout_height="wrap_content"
            android:text="100元"
            android:textSize="22sp"/>

    </LinearLayout>

</LinearLayout>

<Button
    android:id="@+id/searchButton"
    android:layout_width="300dp"
    android:layout_height="50dp"
    android:text="寻找菜品"
    android:layout_gravity="center_horizontal"
    android:gravity="center_horizontal"
```

```
            android:textSize="22sp"/>


    </LinearLayout>

    <LinearLayout
        android:layout_width="match_parent"
        android:orientation="vertical"
        android:layout_height="0dp"
        android:layout_weight="1">

        <ImageView
            android:id="@+id/foodImageView"
            android:src="@drawable/ic_launcher_foreground"
            android:layout_width="match_parent"
            android:layout_height="0dp"
            android:layout_weight="3"/>
        <ToggleButton
            android:id="@+id/showToggleButton"
            android:textOff="下一个"
            android:textOn="显示信息"
            android:layout_gravity="center_horizontal"
            android:gravity="center_horizontal"
            android:textSize="22sp"
            android:layout_width="300dp"
            android:layout_height="50dp"/>
    </LinearLayout>
</LinearLayout>
```

◆ 任务2　实现查找菜品功能

需求分析

初始化系统中的菜品信息，当用户输入姓名、性别、喜好和设置好预算后，系统根据用户输入的信息查找出相应的菜品推荐给用户，用户根据系统推荐的菜品，来浏览菜品的信息和图片。整个操作过程如下：

(1) 用户输入姓名、性别、喜好，设置预算，如图 2.18 所示。

(2) 用户点击【寻找菜品】按钮后开始搜索，显示如图 2.19 所示的结果。

点击【显示信息】后输出菜品名称。

实现步骤

(1) 创建好 Food 和 Person 实体类。

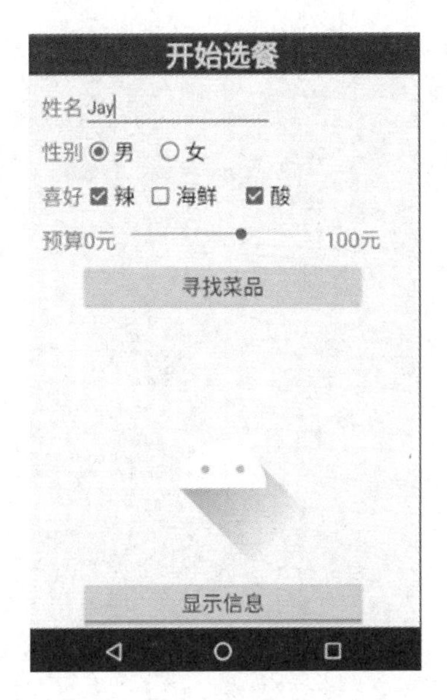

图 2.18　用户输入信息

图 2.19　显示寻找的菜品结果

Food 类的代码如下：

```
package com.qcxy.chapter2.model;
    public class Food {
    private String name;
    private int price;
    private int pic;
    private boolean hot;
    private boolean fish;
    private boolean sour;
    public Food(String name, int price, int pic, boolean hot, boolean fish, boolean sour)
    {
        this.name=name;
        this.price=price;
        this.pic=pic;
        this.hot=hot;
        this.fish=fish;
        this.sour=sour;
    }
    public String getName() {
        return name;
    }
    public void setName(String name) {
        this.name=name;
    }
    public int getPrice() {
        return price;
```

```
    }
    public void setPrice(int price) {
        this.price=price;
    }
    public int getPic() {
        return pic;
    }
    public void setPic(int pic) {
        this.pic=pic;
    }
    public boolean isHot() {
        return hot;
    }
    public void setHot(boolean hot) {
        this.hot=hot;
    }
    public boolean isFish() {
        return fish;
    }
    public void setFish(boolean fish) {
        this.fish=fish;
    }
    public boolean isSour() {
        return sour;
    }
    public void setSour(boolean sour) {
        this.sour=sour;
    }
    @Override
    public String toString() {
        return "Food{"+
                "name='"+name+'\''+
                ", price='"+price+'\''+
                ", pic="+pic+
                ", hot="+hot+
                ", fish="+fish+
                ", sour="+sour+
                '}';
    }
}
```

Person 类的代码如下：

```
packagecom.qcxy.chapter2.model;
public class Person {
```

```
    private String name;
    private String sex;
    private Food food;

    public String getName() {
        return name;
    }

    public void setName(String name) {
        this.name=name;
    }

    public String getSex() {
        return sex;
    }

    public void setSex(String sex) {
        this.sex=sex;
    }

    public Food getFood() {
        return food;
    }

    public void setFood(Food food) {
        this.food=food;
    }
}
```

（2）在FoodActivity中添加寻找菜品的功能，代码如下：

```
package com.qcxy.chapter2;

import androidx.appcompat.app.AppCompatActivity;
import android.os.Bundle;
import android.view.View;
import android.widget.Button;
import android.widget.CheckBox;
import android.widget.CompoundButton;
import android.widget.EditText;
import android.widget.ImageView;
import android.widget.RadioGroup;
import android.widget.SeekBar;
import android.widget.Toast;
```

```
import android.widget.ToggleButton;
import com.qcxy.chapter2.model.Food;
import com.qcxy.chapter2.model.Person;
import java.util.ArrayList;
import java.util.List;
public class FoodActivity extends AppCompatActivity {
    private EditText mNameEditText;
    private RadioGroup mSexRadioGroup;
    private CheckBox mHotCheckBox, mFishCheckBox, mSourCheckBox;
    private SeekBar mSeekBar;
    private Button mSearchButton;
    private ImageView mFoodImageView;
    private ToggleButton mToggleButton;
    private List<Food> mFoods;
    private Person mPerson;
    private List<Food> mFoodResult;
    private boolean mIsFish;
    private boolean mIsSour;
    private boolean mIsHot;
    private int mPrice;
    private int mCurrentIndex;
    @Override
    protected void onCreate(Bundle savedInstanceState) {
        super.onCreate(savedInstanceState);
        setContentView(R.layout.activity_food);
        //初始化控件
        findViews();
        //初始化数据
        initData();
        //为控件添加监听器,实现基本功能
        setListeners();
    }
    private void initData() {
        //new 出来一个空的食物 list
        mFoods=new ArrayList<> ();
        //初始化添加的所有数据
        mFoods.add(new Food("麻辣香锅", 55, R.drawable.malaxiangguo, true, false,
false));
        mFoods.add(new Food("水煮鱼", 48, R.drawable.shuizhuyu, true, true, false));
        mFoods.add(new Food("麻辣火锅", 80, R.drawable.malahuoguo, true, true, false));
        mFoods.add(new Food("清蒸鲈鱼", 68, R.drawable.qingzhengluyu, false, true,
false));
        mFoods.add(new Food("桂林米粉", 15, R.drawable.guilinmifen, false, false,
false));
```

```
        mFoods.add(new Food("上汤娃娃菜", 28, R.drawable.shangtangwawacai, false,
false, false));
        mFoods.add(new Food("红烧肉", 60, R.drawable.hongshaorou, false, false, false));
        mFoods.add(new Food("木须肉", 40, R.drawable.muxurou, false, false, false));
        mFoods.add(new Food("酸菜牛肉面", 35, R.drawable.suancainiuroumian, false,
false, true));
        mFoods.add(new Food("西芹炒百合", 38, R.drawable.xiqin, false, false, false));
        mFoods.add(new Food("酸辣汤", 40, R.drawable.suanlatang, true, false, true));
        mPerson=new Person();
        mFoodResult=new ArrayList<> ();
    }
    private void findViews() {
        mNameEditText=findViewById(R.id.nameEditText);
        mSexRadioGroup=findViewById(R.id.sexRadioGroup);
        mHotCheckBox=findViewById(R.id.hotCheckBox);
        mFishCheckBox=findViewById(R.id.fishCheckBox);
        mSourCheckBox=findViewById(R.id.sourCheckBox);
        mSeekBar=findViewById(R.id.seekBar);
        mSeekBar.setProgress(30);
        mSearchButton=findViewById(R.id.searchButton);
        mToggleButton=findViewById(R.id.showToggleButton);
        mToggleButton.setChecked(true);
        mFoodImageView=findViewById(R.id.foodImageView);
    }
    private void setListeners() {
        //设置单选框 listener
        mSexRadioGroup.setOnCheckedChangeListener(new RadioGroup.OnCheckedChangeListener
(){
            @Override
            public void onCheckedChanged(RadioGroup group, int checkedId) {
                switch (checkedId){
                    case R.id.maleRadioButton:
                        mPerson.setSex("男");
                        break;
                    case R.id.femaleRadioButton:
                        mPerson.setSex("女");
                        break;
                }
            }
        });
        //设置复选框 listener;
        mFishCheckBox.setOnCheckedChangeListener(new CompoundButton.OnCheckedChange
Listener() {
```

```
            @Override
            public void onCheckedChanged(CompoundButton buttonView, boolean isChecked) {
                mIsFish=isChecked;
            }
        });
        mSourCheckBox.setOnCheckedChangeListener(new CompoundButton.OnCheckedChange
Listener() {
            @Override
            public void onCheckedChanged(CompoundButton buttonView, boolean isChecked)
            {
                mIsSour=isChecked;
            }
        });
        mHotCheckBox.setOnCheckedChangeListener(new CompoundButton.OnCheckedChange
Listener() {
            @Override
            public void onCheckedChanged(CompoundButton buttonView, boolean isChecked)
{
                mIsHot=isChecked;
            }
        });
        mSeekBar.setOnSeekBarChangeListener(new SeekBar.OnSeekBarChangeListener() {
            @Override
            public void onProgressChanged(SeekBar seekBar, int progress, boolean
fromUser) {
            }
            @Override
            public void onStartTrackingTouch(SeekBar seekBar) {
            }
            @Override
            public void onStopTrackingTouch(SeekBar seekBar) {
                mPrice=seekBar.getProgress();
                Toast.makeText(FoodActivity.this, "价格：" + mPrice, Toast.LENGTH_
SHORT).show();
            }
        });
        mSearchButton.setOnClickListener(new View.OnClickListener() {
            @Override
            public void onClick(View v) {
                search();
            }
        });
        mToggleButton.setOnClickListener(new View.OnClickListener() {
```

```
            @Override
            public void onClick(View v) {
                if(mToggleButton.isChecked()){
                    //下一个菜
                    mCurrentIndex++;
                    if(mCurrentIndex <mFoodResult.size()){
                                   mFoodImageView. setImageResource ( mFoodResult. get
(mCurrentIndex).getPic());
                    } else {
                        Toast.makeText(FoodActivity.this, "没有啦", Toast.LENGTH_
SHORT).show();
                    }
                } else {
                    // 显示信息:菜的名称
                    if(mCurrentIndex <mFoodResult.size()){
                        Toast.makeText(FoodActivity.this, "菜名: "+mFoodResult.get
(mCurrentIndex).getName(), Toast.LENGTH_SHORT).show();
                    } else {
                        Toast.makeText(FoodActivity.this, "没有啦", Toast.LENGTH_
SHORT).show();
                    }
                }
            }
        });
    }
    // 查找菜品
    private void search() {
        // 结果列表每次都清空
        // 遍历所有菜
        // 如果符合条件,则加入结果列表中
        // 如果为空,先初始化
        if(mFoodResult==null){
            mFoodResult=new ArrayList<> ();
        };
        // 先清除之前的结果
        mFoodResult.clear();
        // 当前显示的是结果中的第几个菜
        mCurrentIndex=0;
        for (int index=0; index <mFoods.size(); index++) {
            Food food=mFoods.get(index);
            if(food!=null){
                // 价格要小于设定的价格
                // 是顾客选择的口味
```

```
                    if(food.getPrice() <mPrice &&
                            (food.isHot() ==mIsHot
                                    || food.isFish()==mIsFish
                                    || food.isSour()==mIsSour)
                    ){
                        mFoodResult.add(food);
                    }
                }
            }
            //先显示第一张图片
            if(mCurrentIndex <mFoodResult.size()){
            mFoodImageView.setImageResource(mFoodResult.get(mCurrentIndex).getPic());
            } else {
                mFoodImageView.setImageResource(R.drawable.ic_launcher_foreground);
            }
        }
    }
```

本章总结

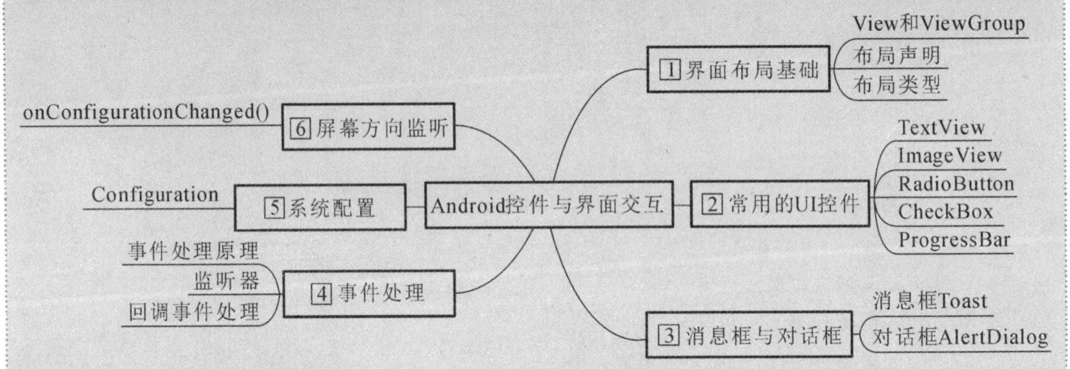

- Android控件与界面交互
  - 1 界面布局基础
    - View和ViewGroup
    - 布局声明
    - 布局类型
  - 2 常用的UI控件
    - TextView
    - ImageView
    - RadioButton
    - CheckBox
    - ProgressBar
  - 3 消息框与对话框
    - 消息框Toast
    - 对话框AlertDialog
  - 4 事件处理
    - 事件处理原理
    - 监听器
    - 回调事件处理
  - 5 系统配置
    - Configuration
  - 6 屏幕方向监听
    - onConfigurationChanged()

本章作业

一、选择题

1. 下列选项中，属于设置 TextView 中文本内容的属性的是（　　）。

A. android:textValue　　B. android:text

C. android:textColor　　D. android:textSize

2. 下面关于单选对话框的描述，正确的是（　　）。

A. 必须使用 dismiss()方法才能使单选对话框消失

B. 单选对话框中的确定按钮是通过 setPositiveButton()方法实现的

C. 可以调用 setIcon()方法显示内容区域的图标

D. 以上说法都不对

3. 下列选项中，属于设置 ImageView 控件显示图片资源的属性的是（　　）。

A. android:src　　B. android:background

C. android:img　　D. android:imgValue

4. 下列选项中，用于 EditText 控件中内容为空时显示提示文本信息的属性的是（　　）。

A. android:hint　　B. android:tint

C. android:password　　D. android:textColorHint

5. 下列选项中，属于设置 EditText 控件中输入的内容只能是数字的属性的是（　　）。

A. android:password　　B. android:hint

C. android:phoneNumber　　D. android:editable

6. 下列选项中，属于 Toast 显示提示信息时间的参数的是（　　）。

A. Toast.LENGTH_SHORT　　B. Toast.LENGTH_LONG

C. LENGTH_SHORT　　D. LENGTH_LONG

7. 下面关于 AlertDialog 对话框的描述，正确的是（　　）。

A. AlertDialog 对话框用于提示一些重要信息或者显示一些需要用户额外交互的内容

B. 可以调用 AlertDialog.Builder 的 create()方法创建 AlertDialog 对象

C. AlterDialog 一般包含标题、内容和按钮三个区域

D. AlertDialog 对话框的内容可以为简单文本、单选列表、多选列表

二、简答与编程题

1. 编写一个程序实现在界面中间显示“I Love Android”。

2. 编写一个简单的用户注册界面，包含用户名、密码以及注册按钮。

3. 简述 AlertDialog 对话框的创建过程。

4. 简述 ImageView 控件中的 android:background 属性和 android:src 属性的异同。

5. 简述实现 Button 按钮的单击事件的方式。

第3章 Android界面布局与高级控件

本章简介

本章介绍了 Android 中主要的布局，深入讲解了线性布局、相对布局、表格布局、帧布局和约束布局；使用 ListView 可以在布局中以列表的形式展示数据，通过 Adapter 可以将数据源的数据填充到 ListView 中显示，RecyclerView 组件是 ListView 的更高级、灵活版本，性能更好；最后还介绍了菜单的使用。通过本章的学习，学生能够设计出美观的 Android 界面并展示数据。

学习目标

1. 掌握 Android 中主要的布局
2. 掌握 ListView 控件的使用
3. 掌握 RecyclerView 的使用
4. 会使用菜单组件

实践任务

任务 1　设计应用管理器的界面

任务 2　展示应用程序的数据信息

3.1 Android 布局管理

3.1.1 LinearLayout 线性布局

LinearLayout 是一个视图组（ViewGroup），用于使所有子视图（视图组内的组件）在单个方向（垂直或水平）保持对齐。使用 android:orientation 属性指定其子视图的排列方向。

定义线性布局的标签格式如下：

```
<LinearLayout    xmlns:android="http://schemas.android.com/apk/res/android"
    android:layout_width="wrap_content"
    android:layout_height="wrap_content"
    android: orientation ="vertical">
    ……
  </LinearLayout>
```

LinearLayout 的所有子视图依次堆叠，因此无论子视图有多宽，设置 android:orientation＝“vertical”时，视图内的组件在垂直（上下）方向上排列，即每行均只有一个子视图；设置 android:orientation＝“horizontal”时，视图内的组件水平排列，水平列表将只有一行高（最高子视图的高度加上内边距）。LinearLayout 会考虑子视图之间的边距以及每个子视图的对齐方式（右对齐、居中对齐或左对齐）。

线性布局内的子视图使用布局权重调节所占空间的大小。LinearLayout 使用 android:layout_weight 属性为各个子视图分配权重。此属性会根据视图应在屏幕上占据的空间大小，向视图分配权重值。如果拥有更大的权重值，则视图便可展开，进而填充父视图中的任何剩余空间。子视图可指定权重值，然后系统会按照子视图所声明的权重值比例，为其分配视图组中的任何剩余空间。默认权重为零。

在线性布局中，让每个子视图在垂直布局中占相同大小的屏幕高度，必须将每个视图的 android:layout_height 设置为“0dp”；水平布局时，让每个子视图在水平方向上占用相同的宽度，必须将每个子视图的 android:layout_width 设置为“0dp”（针对水平布局）。然后，将每个视图的 android:layout_weight 设置为“1”。

示例 3.1 设置 3 个按钮平分水平空间。

布局文件的代码如下：

```
<?xml version="1.0"encoding="utf-8"?>
<LinearLayout xmlns:android="http://schemas.android.com/apk/res/android"
    xmlns:app="http://schemas.android.com/apk/res- auto"
    xmlns:tools= http://schemas.android.com/tools
    android:orientation="horizontal"
    android:layout_width="match_parent"
    android:layout_height="match_parent"
    tools:context=".LayoutDemoActivity">
```

Android 3.1 ▶ 

```
    <Button
        android:id="@+id/btn1"
        android:layout_width="0dp"
        android:layout_height="wrap_content"
        android:textSize="18sp"
        android:layout_weight="1"
        android:text="Button1"/>

    <Button
        android:id="@+id/btn2"
        android:layout_width="0dp"
        android:layout_height="wrap_content"
        android:textSize="18sp"
        android:layout_weight="1"
        android:text="Button2"/>

    <Button
        android:id="@+id/btn3"
        android:layout_width="0dp"
        android:layout_height="wrap_content"
        android:textSize="18sp"
        android:layout_weight="1"
        android:text="Button4"/>

</LinearLayout>
```

程序运行后界面显示如图 3.1 所示。

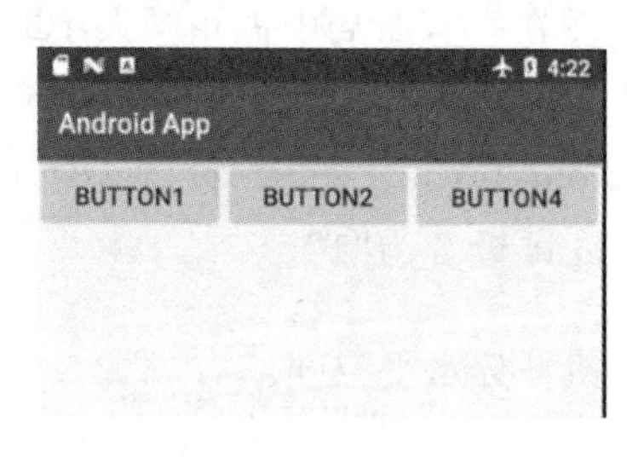

图 3.1　子视图平分空间

如果要让子元素使用大小不同的屏幕空间，可以为子视图分配不同的权重。例如，有三个文本字段，其中两个声明权重为 1，另一个未赋予权重，则没有权重的第三个文本字段将不会扩展，并且仅占据其内容所需的区域。另一方面，另外两个文本字段将以同等幅度进行扩展，以填充测量三个字段后仍剩余的空间。如果有三个文本字段，其中两个字段声明权重为 1，而为第三个字段赋予权重 2（而非 0），则现声明第三个字段比另外两个字段更为重要，因此，该字段将获得总剩余空间的一半，而其他两个字段均享余下的空间。

设计 SendMessage 的界面布局。

布局文件的代码如下：

```
<?xml version="1.0"encoding="utf-8"?>
<LinearLayout xmlns:android="http://schemas.android.com/apk/res/android"
    android:layout_width="match_parent"
    android:layout_height="match_parent"
    android:paddingLeft="16dp"
    android:paddingRight="16dp"
    android:orientation="vertical">
    <EditText
        android:layout_width="match_parent"
        android:layout_height="wrap_content"
        android:hint="to"/>
    <EditText
        android:layout_width="match_parent"
        android:layout_height="wrap_content"
        android:hint="subject"/>
    <EditText
        android:layout_width="match_parent"
        android:layout_height="0dp"
        android:layout_weight="1"
        android:gravity="top"
        android:hint="message"/>
    <Button
        android:layout_width="100dp"
        android:layout_height="wrap_content"
        android:layout_gravity="right"
        android:text="send"/>
</LinearLayout>
```

To字段、Subject行和Send按钮均仅占用各自所需的高度。此配置允许消息自身占用Activity的剩余高度，显示效果如图3.2所示。

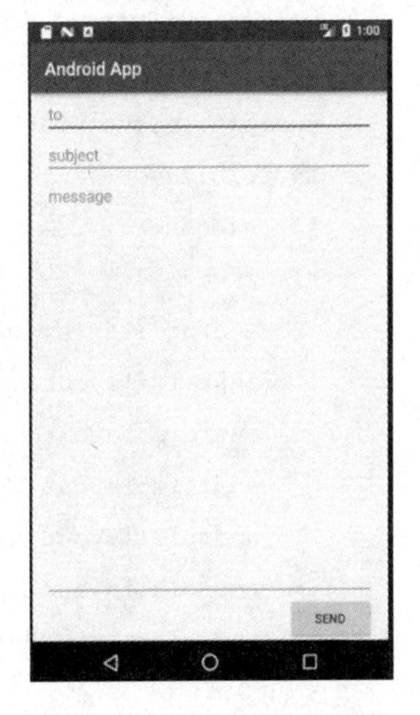

图3.2 SendMessage效果图

3.1.2 RelativeLayout相对布局

相对布局(RelativeLayout)是通过相对定位的方式指定子视图位置，即以其他控件或父容器为参照物，摆放控件位置。

定义相对布局的格式如下：

```
    <RelativeLayout
xmlns:android="http://schemas.android.com/apk/res/android"
属性="属性值"
    ……>

    </RelativeLayout>
```

为了更好地确定布局中控件的位置，相对布局提供了很多属性，在相对布局中的控件可以使用其属性控制其位置。具体如表 3.1 所示。

表 3.1　相对布局控件属性

控件属性	功能描述
android:layout_centerInParent	设置当前控件位于父布局的中央位置
android:layout_centerVertical	设置当前控件位于父布局的垂直居中位置
android:layout_centerHorizontal	设置当前控件位于父布局的水平居中位置
android:layout_above	设置当前控件位于某控件上方
android:layout_below	设置当前控件位于某控件下方
android:layout_toLeftOf	设置当前控件位于某控件左侧
android:layout_toRightOf	设置当前控件位于某控件右侧
android:layout_alignParentTop	设置当前控件是否与父控件顶端对齐
android:layout_alignParentLeft	设置当前控件是否与父控件左对齐
android:layout_alignParentRight	设置当前控件是否与父控件右对齐
android:layout_alignParentBottom	设置当前控件是否与父控件底端对齐
android:layout_alignTop	设置当前控件的上边界与某控件的上边界对齐
android:layout_alignBottom	设置当前控件的下边界与某控件的下边界对齐
android:layout_alignLeft	设置当前控件的左边界与某控件的左边界对齐
android:layout_alignRight	设置当前控件的右边界与某控件的右边界对齐

示例 3.3 相对布局的使用。

布局文件的代码如下：

```
<?xml version="1.0"encoding="utf-8"?>
<RelativeLayout xmlns:android="http://schemas.android.com/apk/res/android"
    xmlns:app="http://schemas.android.com/apk/res-auto"
    xmlns:tools="http://schemas.android.com/tools"
    android:layout_width="match_parent"
    android:layout_height="match_parent"
    tools:context=".LayoutDemo2Activity">
    <Button
        android:id="@+id/button"
        android:layout_width="wrap_content"
        android:layout_height="wrap_content"
        android:layout_alignParentTop="true"
        android:layout_marginTop="100dp"
        android:layout_marginLeft="50dp"
        android:text="Button1"/>
    <Button
        android:id="@+id/button2"
```

```
        android:layout_width="wrap_content"
        android:layout_height="wrap_content"
        android:layout_toRightOf="@+id/button"
        android:layout_below="@+id/button"
        android:layout_marginTop="15dp"
        android:text="Button2"/>

    <Button
        android:id="@+id/button3"
        android:layout_width="wrap_content"
        android:layout_height="wrap_content"
        android:layout_toRightOf="@+id/button2"
        android:layout_below="@+id/button2"
        android:layout_marginTop="15dp"
        android:text="Button3"/>

</RelativeLayout>
```

运行后，显示的效果如图 3.3 所示。

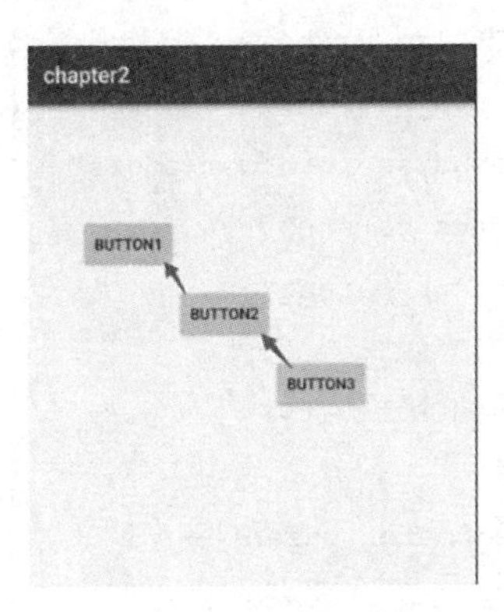

图 3.3　相对布局效果

◆ 3.1.3　TableLayout 表格布局

表格布局采用行、列的形式来管理控件，它不需要明确声明包含多少行、多少列，而是通过在 TableLayout 布局中添加 TableRow 布局来控制表格的行数，通过在 TableRow 布局中添加控件来控制表格的列数。

表格布局的定义如下：

```
<TableLayout xmlns:android="http://schemas.android.com/apk/res/android"
            属性="属性值">
             <TableRow>
                UI 控件
             </TableRow>
                ......
</TableLayout>
```

表格布局中的常用属性如表 3.2 所示。

表 3.2　表格布局常用属性

布局属性	功能描述
android:stretchColumns	设置该列被拉伸
android:shrinkColumns	设置该列被收缩
android:collapseColumns	设置该列被隐藏

表格布局中的控件属性如表 3.3 所示。

表 3.3　表格布局控件属性

控件属性	功能描述
android:layout_column	设置该单元显示位置
android:layout_span	设置该单元格占据几行，默认为 1 行

示例 3.4 表格布局的应用。

XML 布局文件的代码如下：

```
<?xml version="1.0"encoding="utf-8"?>
<TableLayout xmlns:android="http://schemas.android.com/apk/res/android"
    xmlns:app="http://schemas.android.com/apk/res- auto"
    xmlns:tools="http://schemas.android.com/tools"
    android:layout_width="match_parent"
    android:layout_height="match_parent"
    android:stretchColumns="1"
    tools:context=".TableLayoutActivity">
    <TableRow
        android:layout_width="match_parent"
        android:layout_height="match_parent">
        <Button
            android:id="@+id/button1"
            android:layout_width="wrap_content"
            android:layout_height="wrap_content"
            android:layout_column="0"
            android:text="Button1"/>
    </TableRow>

    <TableRow
        android:layout_width="match_parent"
        android:layout_height="match_parent">
        <Button
            android:id="@+id/button2"
            android:layout_width="wrap_content"
            android:layout_height="wrap_content"
```

```
            android:layout_column="1"
            android:text="Button2"/>
    </TableRow>

</TableLayout>
```

表格布局设计了两行，每行一个按钮。使用 android:stretchColumns="1"属性拉伸第二列，android:layout_column="0"属性表示显示在第一列中。需要注意的是，TableRow 不需要设置宽度和高度，其宽度一定是自动填充容器，高度根据内容改变。但对于 TableRow 的其他控件来说，我们是可以设置宽度和高度的。显示的界面效果如图 3.4 所示。

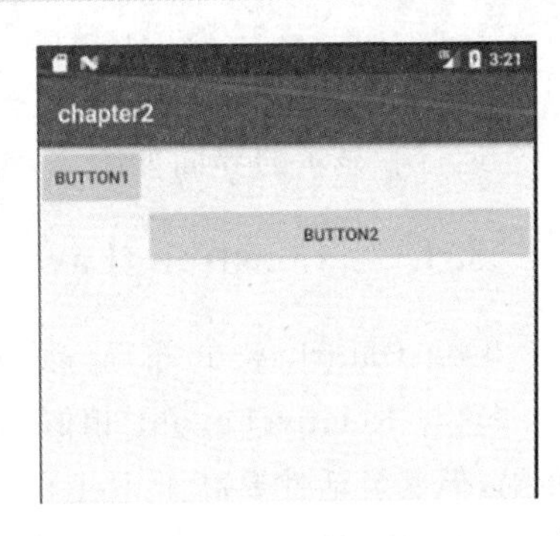

图 3.4　表格布局效果

3.1.4　FrameLayout 帧布局

帧布局是 Android 布局中最简单的一种，帧布局为每个加入其中的控件创建了一块空白区域。采用帧布局的方式设计界面时，只能在屏幕左上角显示一个控件；如果添加多个控件，这些控件会依次重叠在屏幕左上角显示，且会透明显示之前的文本。

帧布局的定义代码如下：

```
<FrameLayout xmlns:android="http://schemas.android.com/apk/res/android"
    属性 ="属性值">
</FrameLayout>
```

示例 3.5 帧布局的应用。

布局文件的代码如下：

```
<?xml version="1.0"encoding="utf-8"?>
<FrameLayout xmlns:android="http://schemas.android.com/apk/res/android"
    xmlns:app="http://schemas.android.com/apk/res- auto"
    xmlns:tools="http://schemas.android.com/tools"
    android:layout_width="match_parent"
    android:layout_height="match_parent"
    tools:context=".FrameLayoutActivity">

    <Button
        android:id="@+id/button0"
        android:layout_width="314dp"
        android:layout_height="315dp"
        android:text="Button1"/>
    <Button
        android:id="@+id/button1"
        android:layout_width="216dp"
        android:layout_height="140dp"
```

```
        android:text="Button2"/>
    <Button
        android:id="@+id/button2"
        android:layout_width="103dp"
        android:layout_height="wrap_content"
        android:text="Button3"/>
</FrameLayout>
```

运行后显示的界面如图 3.5 所示。

3.1.5 ConstraintLayout 约束布局

ConstraintLayout 布局方式使用扁平视图层次结构（无嵌套视图组）创建复杂的大型布局。它与 RelativeLayout 相似，其中所有的视图均根据同级视图与父布局之间的关系进行布局，但其灵活性要高于 RelativeLayout，并且更易于与 Android Studio 的布局编辑器配合使用。使用 ConstraintLayout 约束布局可以对视图进行可视化设计，还能减少其他布局中的布局嵌套，约束布局重在约束。如图 3.6 所示的效果，使用约束布局便能很好实现。

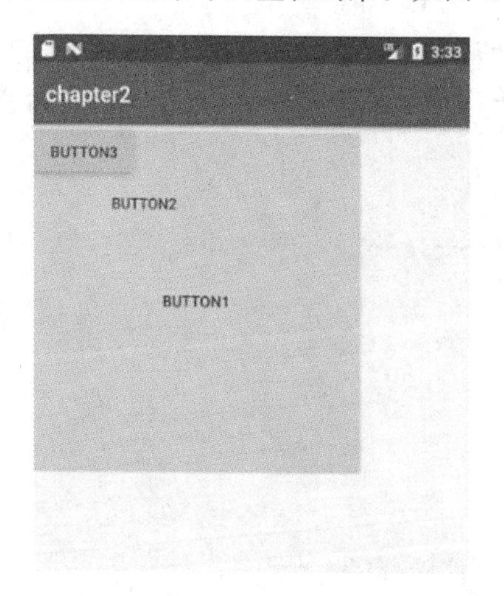

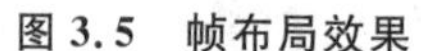

图 3.5　帧布局效果

图 3.6　约束布局的应用效果图

ConstraintLayout 的所有功能均可直接通过布局编辑器的可视化工具来使用，因为布局 API 和布局编辑器是专为彼此构建的。因此，完全可以使用 ConstraintLayout 通过拖放的形式（而非修改 XML）来构建布局。

ConstraintLayout 是 Android Studio 2.2 新添加的布局，它适合使用可视化的方式编写界面布局。可视化操作的背后仍然是使用 XML 代码实现的，只不过这些代码是 Android Studio 根据我们的操作自动生成的。

要在项目中使用 ConstraintLayout，需要按照以下步骤操作引入支持的库：

（1）确保 maven.google.com 代码库已在模块级 build.gradle 文件中声明：

```
repositories {
    google()
}
```

(2) 将该库作为依赖项添加到同一个 build.gradle 文件中，如以下示例所示。

```
dependencies {
    implementation 'com.android.support.constraint:constraint-layout:1.1.3'
}
```

注意：最新版本可能与示例中显示的不同。

(3) 在工具栏或同步通知中，点击 Sync Project with Gradle Files。

本书使用的开发工具版本会自动导入 ConstraintLayout 约束布局的支持库。布局中元素的定位主要有三种方式：

1. 父布局内居中或倾斜

在 ConstraintLayout 布局中，控件可以通过添加约束的方式确定该控件在父布局（ConstraintLayout）中的相对位置。当相同方向（横向或纵向）上，控件两边同时向 ConstraintLayout 添加约束，则控件在添加约束的方向上居中显示。父布局内居中效果如图 3.7 所示。

在约束是同向相反的情况下，默认控件是居中的，但是也像拔河一样，两个约束的力大小不等时，就会产生倾斜。横向或纵向的倾斜属性设置如表 3.4 所示，设置倾斜的效果如图 3.8 所示。

表 3.4　倾斜设置

属性名称	功能描述
layout_constraintHorizontal_bias	横向的倾斜
layout_constraintVertical_bias	纵向的倾斜

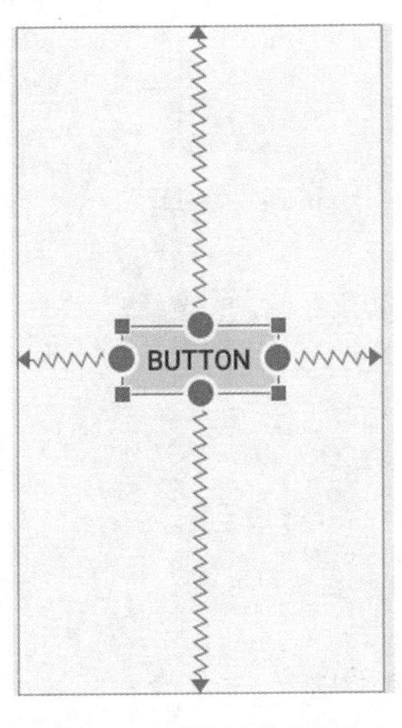

图 3.7　父布局内居中效果

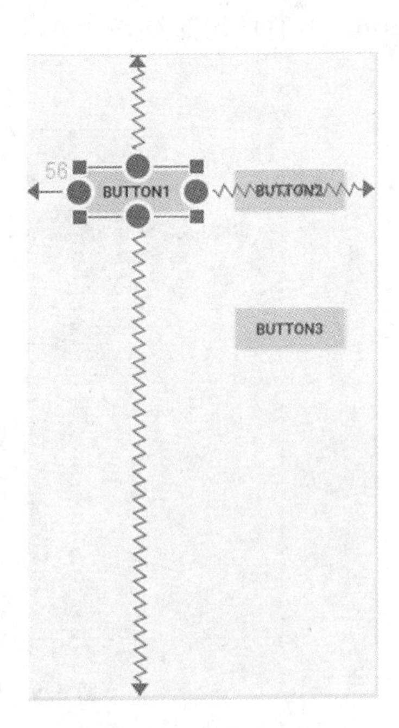

图 3.8　设计倾斜效果

2. 相对定位

相对定位是在 ConstraintLayout 中创建布局的基本构建方法之一。相对定位即一个控件相对于另一个控件进行定位。ConstraintLayout 布局中的控件可以在横向和纵向上以添加约束关系的方式进行相对定位，其中，横向边包括 Left、Start、Right、End，纵向边包括 Top、Bottom、Baseline（文本底部的基准线）。约束布局中相对定位关系的属性如表 3.5 所示。

表 3.5　约束布局中相对定位关系的属性

属性名称	功能描述
layout_constraintLeft_toLeftOf	控件的左边与另外一个控件的左边对齐
layout_constraintLeft_toRightOf	控件的左边与另外一个控件的右边对齐
layout_constraintRight_toLeftOf	控件的右边与另外一个控件的左边对齐
layout_constraintRight_toRightOf	控件的右边与另外一个控件的右边对齐
layout_constraintTop_toTopOf	控件的上边与另外一个控件的上边对齐
layout_constraintTop_toBottomOf	控件的上边与另外一个控件的底部对齐
layout_constraintBaseline_toBaselineOf	控件间的文本内容基准线对齐
layout_constraintStart_toEndOf	控件的起始边与另外一个控件的尾部对齐
layout_constraintStart_toStartOf	控件的起始边与另外一个控件的起始边对齐
layout_constraintEnd_toStartOf	控件的尾部与另外一个控件的起始边对齐
layout_constraintEnd_toEndOf	控件的尾部与另外一个控件的尾部对齐

例如在设计视图中，我们设计 3 个按钮相对于父容器的对齐方式，以及 Button2 控件的起始边与 Button1 控件的尾部对齐，Button3 控件的上边与 Botton2 控件的底部对齐，如图 3.9 所示。

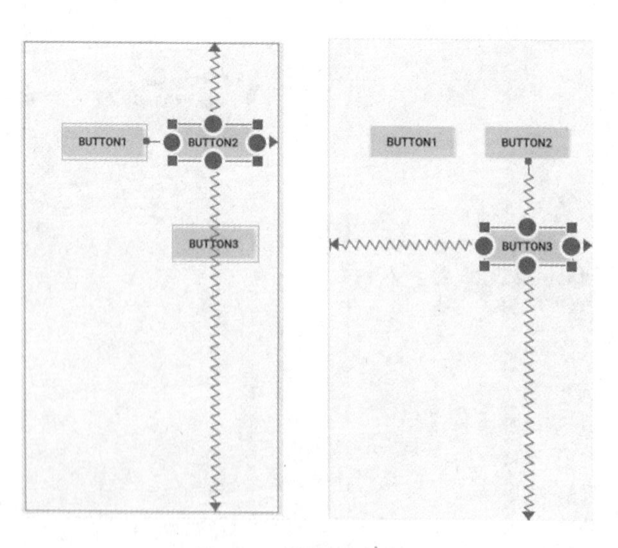

图 3.9　设置相对对齐

3. 链控制

Chain(链)是一种特殊的约束,使用链能够对一组水平或竖直方向互相关联的控件进行统一管理。一组控件通过一个双向的约束关系链接起来,就能形成一个Chain。链中的视图有多种分布方式,如图3.10所示。

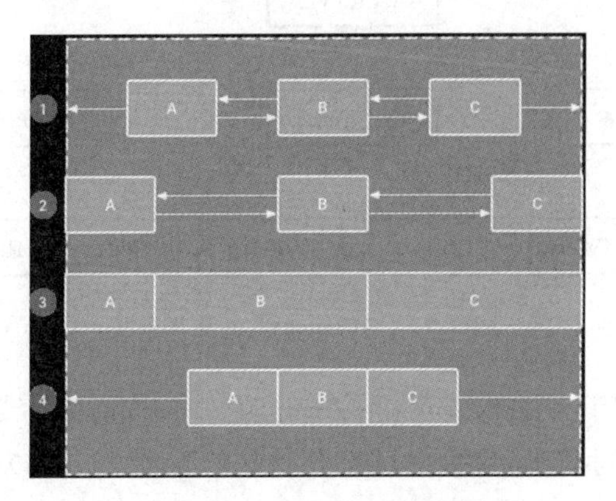

图3.10　每种链样式的示例

图3.10中链的样式有多种,其说明如下:

① Spread:视图是均匀分布的(在考虑外边距之后)。这是默认值。

② Spread inside:第一个和最后一个视图固定在链两端的约束边界上,其余视图均匀分布。

③ Weighted:当链设置为Spread或Spread inside时,可以通过将一个或多个视图设置为"match constraints"(0dp)来填充剩余空间。默认情况下,设置为"match constraints"的每个视图之间的空间均匀分布,但可以使用layout_constraintHorizontal_weight和layout_constraintVertical_weight属性为每个视图分配重要性权重。

④ Packed:视图打包在一起(在考虑外边距之后)。可以通过更改链的头视图偏差调整整条链的偏差(左/右或上/下)。

链的头视图(水平链中最左侧的视图以及垂直链中最顶部的视图)以XML格式定义链的样式。通过选择链中的任意视图,然后点击出现在该视图下方的链按钮,在Spread、Spread inside和Packed之间进行切换。

例如在设计视图中,将Button1、Button2、Button3三个按钮设计为一组水平链,然后选择链的头Button1设计顶端边缘对齐,设计的效果如图3.11所示。

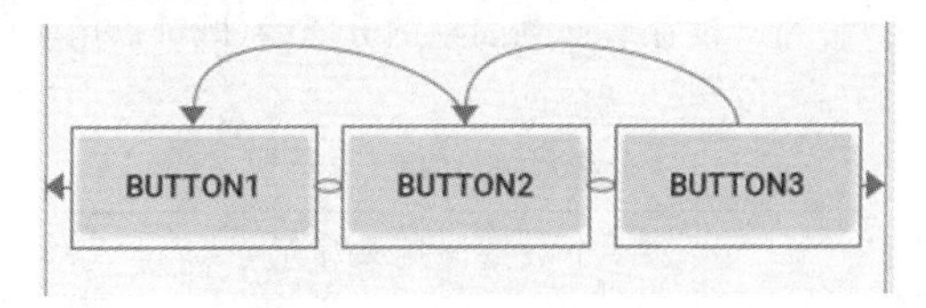

图3.11　水平链的使用

3.2　AdapterView及其子类

AdapterView是一个抽象基类,是Android中非常重要的一个组件,其派生的子类在用法上十分相似，只是显示的界面有所不同。AdapterView 和子类的关系如图 3.12 所示。

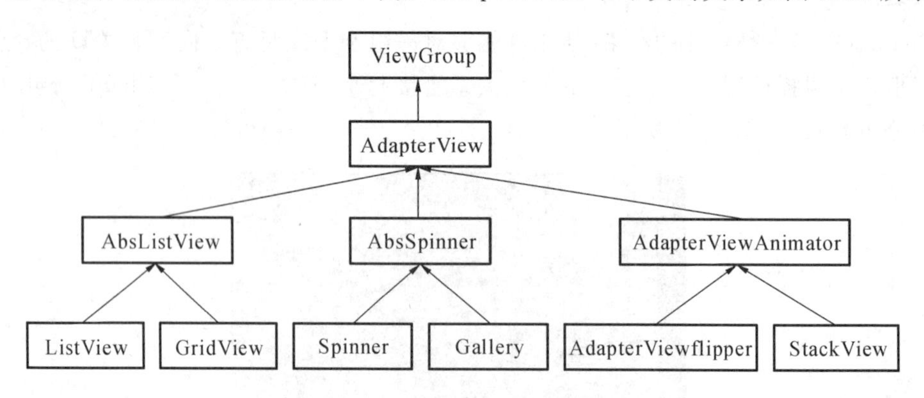

图 3.12 AdapterView 及其子类

可以看出，AdapterView 继承自 ViewGroup，它本质上也是容器。通过适配器 Adapter（后面内容会讲解）提供列表项，利用 AdapterView 的 setAdapter(Adapter)方法将列表项加入 AdapterView 容器中。

AdapterView 派生的三个类 AbsListView、AbsSpinner 和 AdapterViewAnimator 依然是抽象类，所以实际开发中使用的是它们的子类。下面分别来看这些子类。

◆ 3.2.1 ListView

ListView 是手机系统中使用非常广泛的一种组件，它以垂直列表的形式显示所有的列表项。生成列表视图有如下两种方式：

(1) 直接使用 ListView 进行创建。

(2) 创建一个继承 ListActivity 的 Activity（相当于该 Activity 显示的组件为 ListView）。

一旦在程序中获得 ListView，接下来就需要为 ListView 设置它要显示的列表项。ListView 通过 setAdapter(Adapter)方法为之提供 Adapter，并由 Adapter 提供要显示的内容。

先来看 AbsListView 提供的常用 XML 属性，如表 3.6 所示。

表 3.6 AbsListView 常用的 XML 属性

XML 属性	说　明
android:divider	设置 List 列表项的分隔线（既可以用颜色分割，也可以用 Drawable 分割）
android:dividerHeight	设置分隔线的高度
android:entries	指定一个数据源用来显示
android:footerDividersEnabled	是否在 footer view 之前绘制分隔线
android:headerDividersEnabled	是否在 header view 之后绘制分割线
android:drawSelectorOnTop	设置选中的列表项是否显示在上面
android:fastScrollEnabled	设置是否允许快速滚动
android:listSelector	指定被选中的列表项上绘制的 Drawable

◀ **Android 3.2.1**

续表

XML属性	说　明
android:scrollingCache	设置滚动时是否使用绘制缓存
android:textFilterEnabled	设置是否对列表项进行过滤，只有当Adapter中实现了Filter接口时才会起作用
android:transcriptMode	设置该组件的滚动模式

示例3.6 使用ListView展示课程列表信息，运行效果如图3.13所示。

图3.13　ListView显示课程

要实现界面，首先需要在布局文件中添加ListView组件，然后在values文件夹中添加一个新的courses.xml文件用于存储字符串数组，在ListView组件中通过android:entries="@array/course_name"指定字符串数组为ListView组件的数据源，将数组的内容显示到ListView中。values下的courses.xml中的代码如下：

```
<?xml version="1.0"encoding="utf-8"?>
<resources>
    <string-array name="course_name">
        <item> Java程序设计</item>
        <item> 计算机网络技术</item>
        <item> 数据结构与算法</item>
        <item> 计算机体系结构</item>
        <item> Android系统开发</item>
    </string-array>
</resources>
```

布局文件activity_course_list.xml的代码如下：

```
<?xml version="1.0"encoding="utf-8"?>
<androidx.constraintlayout.widget.ConstraintLayout
    xmlns:android="http://schemas.android.com/apk/res/android"
    xmlns:app="http://schemas.android.com/apk/res-auto"
    xmlns:tools="http://schemas.android.com/tools"
    android:layout_width="match_parent"
    android:layout_height="match_parent"
    tools:context=".CourseListActivity">

    <ListView
        android:paddingTop="20dp"
        android:layout_width="409dp"
```

```
        android:layout_height="729dp"
        android:divider="@color/colorPrimaryDark"
        android:dividerHeight="1dp"
        android:entries="@array/course_name"
        app:layout_constraintBottom_toBottomOf="parent"
        app:layout_constraintEnd_toEndOf="parent"
        app:layout_constraintStart_toStartOf="parent"
        app:layout_constraintTop_toTopOf="parent"/>

</androidx.constraintlayout.widget.ConstraintLayout>
```

使用 ListView 显示字符串数组的数据比较简单，这时 ListView 能显示的内容很少，如果想对 ListView 进行外观和行为的定制，就需要把 ListView 作为 AdapterView 来使用，然后通过 Adapter 控制每个列表项的外观和行为。

3.2.2 Adapter 接口及其实现类

数据适配器是数据与视图之间的桥梁，它类似于一个转换器，将复杂的数据转换成用户可以接受的方式进行呈现。Adapter 本身只是一个接口，它派生了两个子类：ListAdapter 和 SpinnerAdapter 类。具体的派生类及继承关系如图 3.14 所示。

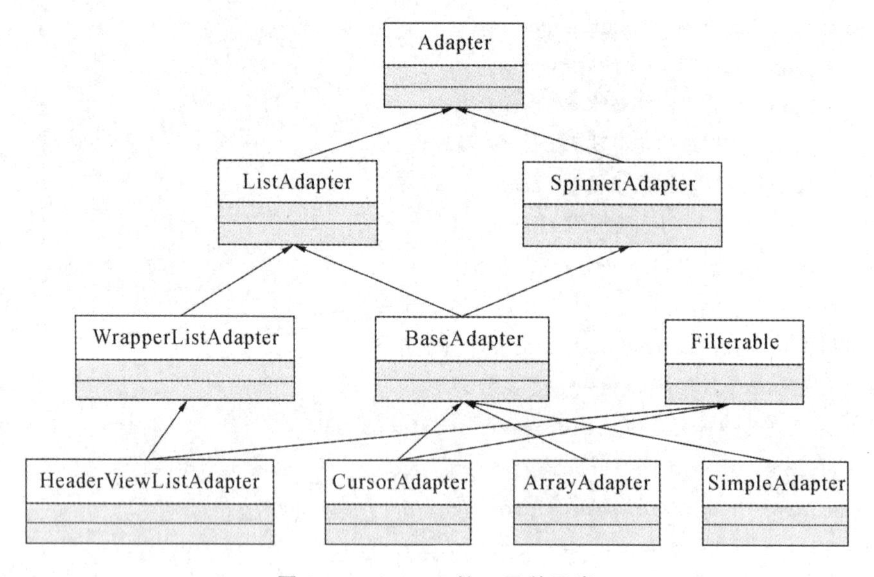

图 3.14 Adapter 接口及其子类

在图 3.14 中，BaseAdapter 继承了 ListAdapter 和 SpinnerAdapter 接口，因此 BaseAdapter 及其子类都可以为 AbsListView 或 AbsSpinner 提供列表项。

Adapter 常用的实现类如下：

1. BaseAdapter

BaseAdapter，顾名思义，是基本的适配器。它实际上是一个抽象类，通常在自定义适配器时会继承 BaseAdapter。BaseAdapter 中的方法如表 3.7 所示。

◀ **Android 3.2.2**

表 3.7 BaseAdapter 中的方法

方法名称	功能描述
public int getCount()	获取 Item 条目的总数
public Object getItem(int position)	根据 position(位置)获取某个 Item 的对象
public long getItemId(int position)	根据 position(位置)获取某个 Item 的 ID
public View getView(int position, View convertView, ViewGroup parent)	获取相应 position 对应的 Item 视图,position 是当前 Item 的位置,convertView 用于复用旧视图,parent 用于加载 XML 布局

2. ArrayAdapter

ArrayAdapter 通常用于将数组或 List 集合的多个值包装成多个列表项。创建 ArrayAdapter 并使用的代码如下:

```
public classListViewActivity1 extends AppCompatActivity {

    @Override
    protected void onCreate(Bundle savedInstanceState) {
        super.onCreate(savedInstanceState);
        setContentView(R.layout.activity_list_view1);
        ListView lvCourses=findViewById(R.id.lv_courses);
        String [] courses=new String[]{"计算机网络","数据结构","操作系统"};
        ArrayAdapter<String> adapter=new ArrayAdapter<String>(this, android.R.
layout.simple_expandable_list_item_1,courses);
        lvCourses.setAdapter(adapter);
    }
}
```

程序运行后的显示效果如图 3.15 所示。

图 3.15 Adapter 填充数据

ArrayAdapter 也是 BaseAdapter 的子类，用法与 SimpleAdapter 类似，开发者只需要在构造方法里面传入相应参数即可。ArrayAdapter 通常用于适配 TextView 控件。创建 ArrayAdapter 构造方法内的参数 android.R.layout.simple_expandable_list_item_1 为系统提供文件，该文件里面有一个 TextView 控件，该文件可以直接使用，源文件代码如下：

```
<?xml version="1.0"encoding="utf-8"?>
<TextView xmlns:android="http://schemas.android.com/apk/res/android"
    android:id="@android:id/text1"
    android:layout_width="match_parent"
    android:layout_height="?android:attr/listPreferredItemHeight"
    android:paddingStart="?android:attr/expandableListPreferredItemPaddingLeft"
    android:textAppearance="?android:attr/textAppearanceListItem"
    android:gravity="center_vertical"
    android:textAlignment="viewStart"
/>
```

3. SimpleAdapter

SimpleAdapter 是功能强大的 Adapter，将 List 集合的多个对象包装成多个列表项。SimpleAdapter 继承自 BaseAdapter，实现了 BaseAdapter 的四个抽象方法并进行封装。因此在使用 SimpleAdapter 进行数据适配时，只需要在构造方法中传入相应的参数即可。SimpleAdapter 构造方法的具体信息如下：

```
public SimpleAdapter(Context context, List<? extends Map<String, ?>> data, int
resource, String[] from, int[] to)
```

使用 SimpleAdapter 时有 5 个参数需要填写，其中后面 4 个非常关键：

第 1 个参数为上下文对象。

第 2 个参数：List<? extends Map<String，? >>data。它是一个 List 类型的集合对象，该集合中每个 Map 对象生成一个列表项。

第 3 个参数：int resource。该参数指定一个界面布局的 ID。例如，指定为 R.layout.simple_layout，即使用 app\src\main\res\layout\simple_layout.xml 文件作为列表项组件。

第 4 个参数：String[ ] from，决定提取 Map<String，? >对象中哪些 key 对象的 value 来生成列表项。

第 5 个参数：int[ ] to，决定填充哪些组件。

使用 SimpleAdapter 来获取列表项。

使用 SimpleAdapter，需要在 layout 目录下添加一个自定义的布局文件 list_item1_layout.xml 文件来设置 ListView 中每项的样式，代码如下：

```
<?xml version="1.0"encoding="utf-8"?>
<LinearLayout xmlns:android="http://schemas.android.com/apk/res/android"
    android:layout_width="match_parent"
    android:layout_height="match_parent"
```

```
    android:padding="10dp"
    android:orientation="horizontal">

    <ImageView
        android:id="@+id/img_course"
        android:layout_width="120dp"
        android:layout_height="150dp"/>

    <LinearLayout
        android:orientation="vertical"
        android:layout_marginLeft="10dp"
        android:layout_width="match_parent"
        android:layout_height="wrap_content"
        android:gravity="center_vertical">
        <TextView
            android:id="@+id/txtCourse"
            android:textSize="18sp"
            android:layout_width="wrap_content"
            android:layout_height="wrap_content"
            android:layout_marginTop="20dp"/>

        <TextView
            android:id="@+id/txtTimes"
            android:textSize="18sp"
            android:textColor="#ff2938"
            android:layout_width="wrap_content"
            android:layout_height="wrap_content"
            android:layout_marginTop="50dp"/>
    </LinearLayout>
</LinearLayout>
```

在Activity中获取ListView控件，创建SimpleAdapter，使用SimpleAdapter填充ListView，代码如下：

```
packagecom.qcxy.chapter2;

import androidx.appcompat.app.AppCompatActivity;

import android.os.Bundle;
import android.widget.ArrayAdapter;
import android.widget.ListView;
import android.widget.SimpleAdapter;
```

```
import java.util.ArrayList;
import java.util.HashMap;
import java.util.List;
import java.util.Map;

public class ListViewActivity1 extends AppCompatActivity {

    private String [] cname={"Java 编程基础","C 语言程序设计","JavaEE 开发"};
    private String [] ctimes={"64 学时","48 学时","96 学时"};
    private int [] img_book={R.drawable.book1,R.drawable.book2,R.drawable.book3};
    @Override
    protected void onCreate(Bundle savedInstanceState) {
        super.onCreate(savedInstanceState);
        setContentView(R.layout.activity_list_view1);
        ListView lvCourses=findViewById(R.id.lv_courses);
        //创建一个 List 集合,存储 Map 类型的元素
        List<Map<String,Object>>clists=new ArrayList<Map<String, Object>>();
        for (int i=0; i<cname.length; i++){
            Map<String,Object> listItem=new HashMap<>();
            listItem.put("cname",cname[i]);
            listItem.put("ctimes",ctimes[i]);
            listItem.put("img_book",img_book[i]);
            clists.add(listItem);
        }
        //创建 SimpleAdapter 对象
        SimpleAdapter adapter=new SimpleAdapter(this,clists,
                R.layout.list_item1_layout,
                new String[]{"img_book","cname","ctimes"},
                new int[]{R.id.img_course,R.id.txtCourse,R.id.txtTimes});

        lvCourses.setAdapter(adapter);

    }
}
```

以上程序运行的效果如图 3.16 所示。

在实际开发中，为了实现更为灵活的效果，我们一般采用 BaseAdapter，BaseAdapter 是最基础的 Adapter，具有全能性，不会像 ArrayAdapter 等封装好的类有那么多局限性。

示例 3.8 使用 BaseAdapter 重构选课页面。

创建 Activity 的布局文件，代码如下：

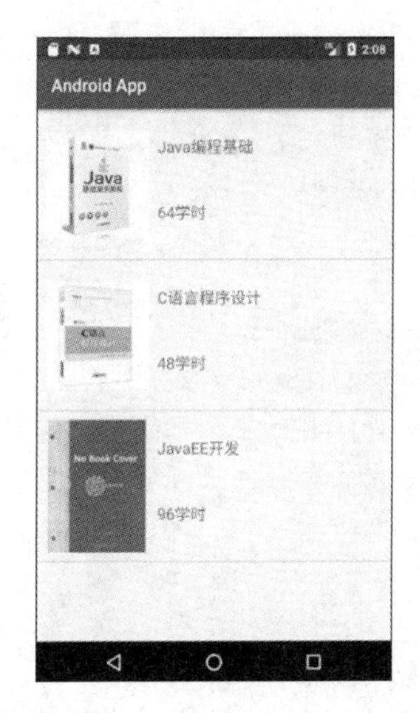

图 3.16　示例 3.7 的运行效果

```
<?xml version="1.0"encoding="utf-8"?>
<LinearLayout xmlns:android="http://schemas.android.com/apk/res/android"
    xmlns:app="http://schemas.android.com/apk/res-auto"
    xmlns:tools="http://schemas.android.com/tools"
    android:layout_width="match_parent"
    android:layout_height="match_parent"
    android:orientation="vertical"
    tools:context=".SelectCourseActivity">
    <TextView
        android:id="@+id/txtTitle"
        android:layout_width="match_parent"
        android:layout_height="wrap_content"
        android:text="选课"
        android:textSize="18sp"
        android:textColor="#FFFFFF"
        android:gravity="center_horizontal"
        android:background="@color/colorPrimaryDark"
        android:paddingVertical="8dp"/>

    <ListView
        android:id="@+id/lv_courses1"
        android:layout_width="match_parent"
        android:layout_height="wrap_content"/>
</LinearLayout>
```

创建 ListView 列表项的布局文件，代码如下：

```
<?xml version="1.0"encoding="utf-8"?>
<LinearLayout xmlns:android="http://schemas.android.com/apk/res/android"
```

```
    android:layout_width="match_parent"
    android:layout_height="match_parent"
    android:padding="10dp"
    android:orientation="horizontal">

    <ImageView
        android:id="@+id/img_course1"
        android:layout_width="120dp"
        android:layout_height="150dp"
        android:src="@drawable/img1"
        />

    <LinearLayout
        android:orientation="vertical"
        android:layout_marginLeft="10dp"
        android:layout_width="match_parent"
        android:layout_height="wrap_content"
        android:gravity="center_vertical">
        <TextView
            android:id="@+id/txtCourse1"
            android:textSize="18sp"
            android:layout_width="wrap_content"
            android:layout_height="wrap_content"
            android:layout_marginTop="20dp"
            android:text="课程"/>

        <TextView
            android:id="@+id/txtTimes1"
            android:textSize="18sp"
            android:textColor="#ff2938"
            android:layout_width="wrap_content"
            android:layout_height="wrap_content"
            android:layout_marginTop="20dp"
            android:text="学时"/>
        <Button
            android:id="@+id/btnSelect"
            android:layout_width="wrap_content"
            android:layout_height="wrap_content"
            android:text="选课"
            android:layout_marginTop="20dp"
            android:textSize="18sp"/>
    </LinearLayout>
</LinearLayout>
```

创建 MyAdapter 继承 BaseAdapter 类，并重写里面的抽象方法，代码如下：

```
packagecom.qcxy.chapter2.adapter;
import android.content.Context;
import android.view.View;
import android.view.ViewGroup;
import android.widget.BaseAdapter;
import android.widget.Button;
import android.widget.ImageView;
import android.widget.TextView;

import com.qcxy.chapter2.R;

import java.util.List;
import java.util.Map;

public class MyAdapter extends BaseAdapter {

    private List<Map<String,Object> > datas;
    private Context context;

    public MyAdapter(List<Map<String,Object> > datas,Context context){
        this.datas=datas;
        this.context=context;
    }

    @Override
    public int getCount() {
        //返回数据的总数
        return datas.size();
    }

    @Override
    public Object getItem(int position) {
        //返回对应位置的 item
        return datas.get(position);
    }

    @Override
    public long getItemId(int position) {
        //返回数据在 List 中的位置
        return position;
    }
```

```
    @Override
    public View getView(int position, View convertView, ViewGroup parent) {

        //将布局文件转换为 View
        View view=View.inflate(context, R.layout.list_item2_layout,null);
        TextView txtCourse=view.findViewById(R.id.txtCourse1);
        TextView txtTimes=view.findViewById(R.id.txtTimes1);
        Button btnSelect=view.findViewById(R.id.btnSelect);
        ImageView imgCourse=view.findViewById(R.id.img_course1);
        txtCourse.setText(datas.get(position).get("cname").toString());
        txtTimes.setText(datas.get(position).get("ctimes").toString());
        imgCourse.setImageResource((Integer)(datas.get(position).get("img_book")));
        return  view;

    }
}
```

在 Activity 类中使用 MyAdapter 填充 ListView，代码如下：

```
packagecom.qcxy.chapter2;

import androidx.appcompat.app.AppCompatActivity;

import android.os.Bundle;
import android.widget.ListView;
import android.widget.SimpleAdapter;

import com.qcxy.chapter2.adapter.MyAdapter;

import java.util.ArrayList;
import java.util.HashMap;
import java.util.List;
import java.util.Map;

public class SelectCourseActivity extends AppCompatActivity {
    private String [] cname={"Java 编程基础","C 语言程序设计","JavaEE 开发"};
    private String [] ctimes={"64 学时","48 学时","96 学时"};
    private int [] img_book={R.drawable.book1,R.drawable.book2,R.drawable.book3};
    @Override
    protected void onCreate(Bundle savedInstanceState) {
        super.onCreate(savedInstanceState);
        setContentView(R.layout.activity_select_course);

        ListView lvCourses=findViewById(R.id.lv_courses1);
        //创建一个 List 集合，存储 Map 类型的元素
```

```
        List<Map<String,Object>>clists=new ArrayList<Map<String, Object>>();
        for(int i=0; i<cname.length; i++){
            Map<String,Object> listItem=new HashMap<> ();
            listItem.put("cname",cname[i]);
            listItem.put("ctimes",ctimes[i]);
            listItem.put("img_book",img_book[i]);
            clists.add(listItem);
        }
        //创建 MyAdapter 的对象
        MyAdapter adapter=new MyAdapter(clists,this);
        //设置 ListView 的适配器
        lvCourses.setAdapter(adapter);
    }
}
```

上面程序的关键部分是 new BaseAdapter()之后的内容,扩展 BaseAdapter 需要重写以下 4 个方法:

(1) getCount():该方法的返回值控制该 Adapter 包含多少项。

(2) getItem();该方法的返回值决定第 position 处的列表项内容。

(3) getItemId():该方法的返回值决定第 position 处的列表项 ID。

(4) getView():该方法的返回值决定第 position 处的列表项组件。

4 个方法中最重要的是第 1 个和第 4 个方法。需要说明的是,虽然此处只是介绍了 ListView,但是也同样适用于 AdapterView 的其他子类,比如 GridView、Spinner 等。

通过 getView()方法加载 Item 布局时,每次加载都会使用 findViewById()方法找到 Item 布局中的各个控件,在每一次加载新的 Item 数据时都会进行控件寻找,这样也会产生耗时操作。

为了优化 ListView 减少耗时操作,可以将要加载的子 View 放在 ViewHolder 类中,当第一次创建 convertView 时将这些控件找出,在第二次重用 convertView 时就可直接通过 convertView 中的 getTag()方法获得这些控件。优化后的代码如下:

```
packagecom.qcxy.chapter2.adapter;


import android.content.Context;
import android.view.View;
import android.view.ViewGroup;
import android.widget.BaseAdapter;
import android.widget.Button;
import android.widget.ImageView;
import android.widget.TextView;
import android.widget.Toast;
import com.qcxy.chapter2.R;
import java.util.List;
import java.util.Map;
```

```
public class MyAdapter extends BaseAdapter {

    private List<Map<String,Object>>datas;
    private Context context;

    public MyAdapter(List<Map<String,Object>>datas,Context context){
        this.datas=datas;
        this.context=context;
    }

    @Override
    public int getCount() {
        //返回数据的总数
        return datas.size();
    }

    @Override
    public Object getItem(int position) {
        //返回对应位置的 item
        return datas.get(position);
    }

    @Override
    public long getItemId(int position) {
        //返回数据在 List 中的位置
        return position;
    }

    @Override
    public View getView(int position, View convertView, ViewGroup parent) {

        ViewHolder holder;
        if(convertView==null){
            //将布局文件转换为 View
            convertView=View.inflate(context, R.layout.list_item2_layout,null);
            //减少 findView
            holder=new ViewHolder();
            //初始化布局元素
            holder.imgCourse=convertView.findViewById(R.id.img_course1);
            holder.txtCourse=convertView.findViewById(R.id.txtCourse1);
            holder.txtTimes=convertView.findViewById(R.id.txtTimes1);
            holder.btnSelect=convertView.findViewById(R.id.btnSelect);
            holder.btnSelect.setOnClickListener(new View.OnClickListener() {
```

```
                @Override
                public void onClick(View v) {
                    Toast.makeText(context,"选课成功!",Toast.LENGTH_LONG).show();
                }
            });
            convertView.setTag(holder);
        }else {
            holder=(ViewHolder) convertView.getTag();
        }
        //将传入的数据绑定到 view 中
        holder.imgCourse.setImageResource((Integer)(datas.get(position).get("img_
book")));
        holder.txtCourse.setText(datas.get(position).get("cname").toString());
        holder.txtTimes.setText(datas.get(position).get("ctimes").toString());

        return convertView;
    }

    class ViewHolder{
        TextView txtCourse;
        TextView txtTimes;
        Button btnSelect;
        ImageView imgCourse;
    }
}
```

运行程序,单击【选课】按钮,显示效果如图 3.17 所示。

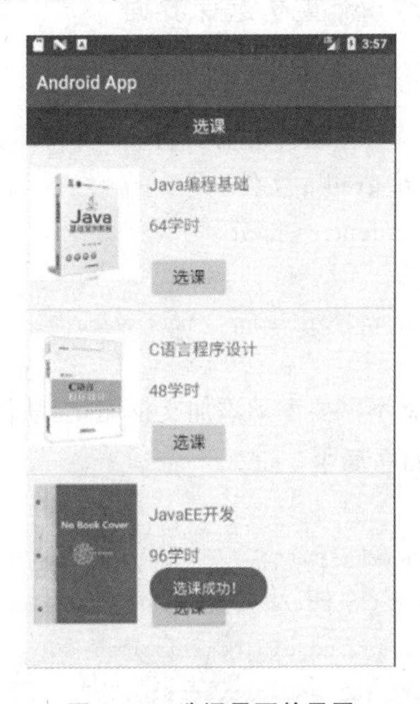

图 3.17　选课界面效果图

3.3 使用 RecyclerView 创建列表

Android 3.3.1

3.3.1 RecyclerView 介绍

如果应用 App 需要根据大型数据集（或频繁更改的数据）显示元素的滚动列表，我们可以使用 RecyclerView。RecyclerView 组件是 ListView 的更高级、灵活版本。

在 RecyclerView 模型中，有几个不同的组件协同作用来显示程序的数据。界面的总体容器是用于添加到布局中的 RecyclerView 对象。该 RecyclerView 会用提供的布局管理器中的视图来填充。使用某个标准布局管理器（例如 LinearLayoutManager），也可以实现自己的布局管理器。

列表中的视图由“视图持有者”对象表示。这些对象是扩展 RecyclerView. ViewHolder 定义的类的实例。每个视图持有者负责显示一个带有视图的项。例如，程序需要在列表显示音乐收藏，则每个视图持有者都可能代表一张专辑。RecyclerView 仅会创建所需数量的视图持有者来显示屏幕上的动态内容部分，以及一些 extra。当用户滚动浏览列表时，RecyclerView 会接收屏幕外的视图并将其重新绑定到屏幕上的数据。

视图持有者对象由适配器管理，程序通过扩展 RecyclerView. Adapter 创建适配器。适配器会根据需要创建视图持有者，还会将视图持有者绑定到相应数据。具体的操作是将视图持有者指定到某个位置并调用适配器的 onBindViewHolder() 方法。该方法使用视图持有者的位置，根据其列表位置确定内容应该是什么。

此 RecyclerView 模型会执行大量优化工作，因此我们可以不需要自己定 ViewHolder 来优化程序。当显示的项发生更改时，可以调用适当的 RecyclerView. Adapter. notify…() 方法通知适配器，然后适配器的内置代码仅会重新绑定受影响的项。

3.3.2 使用 RecyclerView 重构选课界面

1. 创建支持库

在低版本中使用 RecyclerView 组件时需要将 v7 支持库添加到项目中，过程如下：

(1) 打开应用模块的 build. gradle 文件。

(2) 将支持库添加到 dependencies 部分。

```
dependencies{
    implementation 'com.android.support:recyclerview-v7:29.0.0'
}
```

本书使用的 RecyclerView 不需要手动添加支持库，会默认导入。

2. 将 RecyclerView 添加到布局中

代码如下：

```
<?xml version="1.0"encoding="utf-8"?>
<LinearLayout xmlns:android="http://schemas.android.com/apk/res/android"
    xmlns:app="http://schemas.android.com/apk/res-auto"
    xmlns:tools="http://schemas.android.com/tools"
    android:layout_width="match_parent"
```

◀ Android 3.3.2

```
        android:layout_height="match_parent"
        tools:context=".RecyclerViewActivity">

        <androidx.recyclerview.widget.RecyclerView
            android:id="@+id/recyclerview"
            android:layout_width="match_parent"
            android:layout_height="wrap_content">

        </androidx.recyclerview.widget.RecyclerView>

    </LinearLayout>
```

3. 添加列表适配器

要将所有数据输入列表中，必须扩展 RecyclerView. Adapter 类。此对象会创建项的视图，并在原始项不再可见时用新数据项替换部分视图的内容，代码如下：

```
packagecom.qcxy.chapter2.adapter;

import android.content.Context;
import android.view.LayoutInflater;
import android.view.View;
import android.view.ViewGroup;
import android.widget.Button;
import android.widget.ImageView;
import android.widget.TextView;

import androidx.annotation.NonNull;
import androidx.recyclerview.widget.RecyclerView;

import com.qcxy.chapter2.R;

import java.util.List;
import java.util.Map;

public class MyRecyclerAdapter
    extendsRecyclerView.Adapter<MyRecyclerAdapter.MyViewHolder> {

    private Context context;
    private List<Map<String,Object> > datas;

    public MyRecyclerAdapter(Context context,List<Map<String,Object> > datas){
        this.context=context;
        this.datas=datas;
    }
```

```
    @NonNull
    @Override
    public MyViewHolder onCreateViewHolder(@NonNull ViewGroup parent, int viewType) {
        View view= LayoutInflater.from(context).inflate(R.layout.list_item2_layout,
parent,false);
        MyViewHolder holder=new MyViewHolder(view);
        return holder;
    }

    @Override
    public void onBindViewHolder(@NonNull MyViewHolder holder, int position) {
         holder.imgCourse.setImageResource((Integer)(datas.get(position).get("img_
book")));
        holder.txtCourse.setText(datas.get(position).get("cname").toString());
        holder.txtTimes.setText(datas.get(position).get("ctimes").toString());
    }

    @Override
    public int getItemCount() {
        return datas.size();
    }

    class MyViewHolder extends RecyclerView.ViewHolder{
        TextView txtCourse;
        TextView txtTimes;
        Button btnSelect;
        ImageView imgCourse;

        public MyViewHolder(@NonNull View itemView) {
            super(itemView);
            txtCourse=itemView.findViewById(R.id.txtCourse1);
            txtTimes=itemView.findViewById(R.id.txtTimes1);
            btnSelect=itemView.findViewById(R.id.btnSelect);
            imgCourse=itemView.findViewById(R.id.img_course1);
        }
    }

}
```

布局管理器会调用适配器的 onCreateViewHolder() 方法。该方法需要构造一个 RecyclerView.ViewHolder 并设置用于显示其内容的视图。ViewHolder 的类型必须与 Adapter 类签名中声明的类型一致。通常，它会通过扩充 XML 布局文件来设置视图。由于视图持有者尚未分配到任何特定数据，因此该方法实际上不会设置视图的内容。

布局管理器随时会将视图持有者绑定到相应数据。具体操作是调用适配器的onBindViewHolder()方法并将视图持有者的位置传入RecyclerView。onBindViewHolder()方法需要获取适当的数据，并使用它填充视图持有者的布局。如果列表需要更新，请对RecyclerView. Adapter对象调用通知方法，例如notifyItemChanged()。然后，布局管理器会重新绑定任何受影响的视图持有者，使其数据得到更新。

在布局中添加了RecyclerView组件之后，获取对象句柄，将其连接到布局管理器，并为要显示的数据附加适配器，Activity中的代码如下：

```
packagecom.qcxy.chapter2;

import androidx.appcompat.app.AppCompatActivity;
import androidx.recyclerview.widget.LinearLayoutManager;
import androidx.recyclerview.widget.RecyclerView;

import android.os.Bundle;

import com.qcxy.chapter2.adapter.MyRecyclerAdapter;

import java.util.ArrayList;
import java.util.HashMap;
import java.util.List;
import java.util.Map;

public class RecyclerViewActivity extends AppCompatActivity {
    private String [] cname={"Java编程基础","C语言程序设计","JavaEE开发"};
    private String [] ctimes={"64学时","48学时","96学时"};
    private int [] img_book = {R.drawable.book1,R.drawable.book2,R.drawable.book3};


    @Override
    protected void onCreate(Bundle savedInstanceState) {
        super.onCreate(savedInstanceState);
        setContentView(R.layout.activity_recycler_view);
        //创建一个List集合,存储Map类型的元素
        List<Map<String,Object> > clists=new ArrayList<Map<String, Object> > ();
        for (int i=0; i<cname.length; i++){
            Map<String,Object> listItem=new HashMap<> ();
            listItem.put("cname",cname[i]);
            listItem.put("ctimes",ctimes[i]);
            listItem.put("img_book",img_book[i]);
            clists.add(listItem);
        }
```

```
        RecyclerView recyclerView= findViewById(R.id.recyclerview);
        recyclerView.setLayoutManager(new LinearLayoutManager(this));
        MyRecyclerAdapter adapter=new MyRecyclerAdapter(this,clists);

        recyclerView.setAdapter(adapter);
    }
}
```

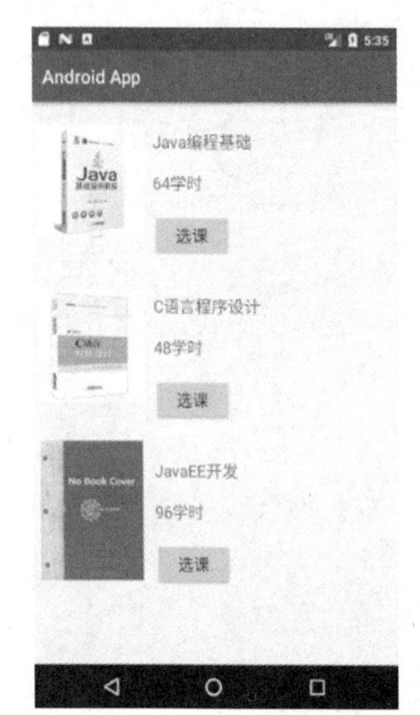

图 3.18　RecyclerView 显示数据

代码重构后，运行程序，显示效果如图 3.18 所示。

与 ListView 相比，RecyclerView 的优势为：

（1）展示效果：RecyclerView 控件可以通过 LayoutManager 类实现横向或竖向的列表效果、瀑布流效果和 GridView 效果，而 ListView 控件只能实现竖直的列表效果。

（2）适配器：RecyclerView 控件使用的是 RecyclerView. Adapter 适配器，该适配器将 BaseAdapter 中的 getView()方法拆分为 onCreateViewHolder()方法和 onBindViewHolder()方法，强制使用 ViewHolder 类，使代码编写规范化，避免了初学者写的代码性能不佳。

（3）复用效果：RecyclerView 控件复用 Item 对象的工作由该控件自己实现，而 ListView 控件复用 Item 对象的工作需要开发者通过 convertView 的 setTag()方法和 getTag()方法进行操作。

（4）动画效果：RecyclerView 控件可以通过 setItemAnimator()方法为 Item 添加动画效果，而 ListView 控件不可以通过该方法为 Item 添加动画效果。

3.4 菜单

Android 中的菜单(menu)在桌面应用中十分广泛，几乎所有的桌面应用都会使用到。Android 应用中的菜单分为三种：选项菜单(OptionMenu)、上下文菜单(ContextMenu)、弹出式菜单(PopupMenu)。本节依次介绍这些内容。

3.4.1 选项菜单和应用栏

从 Android 3.1 开始，Android 引入了全新的操作栏，扩展了很多功能，例如安置菜单选项、配置应用图标作为导航按钮等。

可显示在操作栏上的菜单称为选项菜单。选项菜单提供了一些选项，用户选择后可进行相应的操作。

一般为 Android 应用添加选项菜单的步骤如下。

（1）重写 Activity 的 onCreateOptionsMenu(Menu menu)方法，在该方法里调用 Menu 对象的方法添加菜单项。

（2）如果想要引用程序响应菜单项的单击事件，就要继续重写 Activity 的

◀ Android 3.4

onOptionsItemSelected(MenuItem mi)方法。

添加菜单项的方式与UI组件的使用方式一样，可以在代码中使用，也可以在XML布局文件中使用。Android推荐在XML中使用菜单，具体为在app\src\main\res文件夹中创建名称为menu的文件夹，创建完成之后在menu文件夹中新建根标签为menu的布局文件。

下面来分析Menu的组成结构。

Menu接口是一个父接口，该接口下实现了两个子接口：

- SubMenu：代表一个子菜单，可包含多个MenuItem(形成菜单项)。
- ContextMenu：代表一个上下文菜单，可包含多个MenuItem(形成菜单项)。

Menu接口定义了add()方法用于添加菜单项，addSubMenu()方法用于添加子菜单项。这里有好几个重载方法可供选择，使用时可根据需求选择。SubMenu继承自Menu，它额外提供了setHeaderIcon、setHeaderTitle、setHeaderView方法。

示例3.9 选项菜单的使用。

(1) 在项目的res/menu目录内创建XML文件，并使用以下元素构建菜单，代码如下：

```
<?xml version="1.0"encoding="utf-8"?>
<menu xmlns:android="http://schemas.android.com/apk/res/android"
      xmlns:app="http://schemas.android.com/apk/res-auto">

    <item
        android:icon="@android:drawable/ic_menu_add"
        android:id="@+id/menu_manage"
        android:title="manage"
        app:showAsAction="ifRoom">
        <menu>
            <item android:id="@+id/create_new"
                android:title="create_new"/>
            <item android:id="@+id/open"
                android:title="open"/>
        </menu>
    </item>

    <item
        android:icon="@android:drawable/ic_menu_agenda"
        android:id="@+id/menu_agenda"
        android:title="agenda"
        />

    <item
        android:icon="@android:drawable/ic_dialog_email"
        android:id="@+id/menu_email"
```

```
        android:title="email"
        app:showAsAction="ifRoom"/>

    <item
        android:icon="@android:drawable/ic_menu_help"
        android:id="@+id/menu_help"
        android:title="help"
        app:showAsAction="ifRoom"/>

</menu>
```

（2）在 Activity 中使用菜单，代码如下：

```
packagecom.qcxy.chapter2;

import androidx.annotation.NonNull;
import androidx.appcompat.app.AppCompatActivity;
import android.os.Bundle;
import android.util.Log;
import android.view.Menu;
import android.view.MenuInflater;
import android.view.MenuItem;
import android.widget.Toast;

public class MenuActivity extends AppCompatActivity {

    final String TAG=MenuActivity.class.getName();
    @Override
    protected void onCreate(Bundle savedInstanceState) {
        super.onCreate(savedInstanceState);
        setContentView(R.layout.activity_menu);
    }

    @Override
    public boolean onCreateOptionsMenu(Menu menu) {
        MenuInflater inflater=getMenuInflater();
        inflater.inflate(R.menu.basemenu, menu);
        return super.onCreateOptionsMenu(menu);
    }

    @Override
    public boolean onOptionsItemSelected(@NonNull MenuItem item) {
        switch (item.getItemId()){
            case R.id.menu_agenda:
                Log.d(TAG, "onOptionsItemSelected: agenda");
```

```
                return true;
            case R.id.menu_email:
                Log.d(TAG, "onOptionsItemSelected: email");
                return true;
            case R.id.menu_manage:
                Log.d(TAG, "onOptionsItemSelected: manage");
                return true;
            case R.id.menu_help:
                Log.d(TAG, "onOptionsItemSelected: help");
                return true;
            default:
                Log.d(TAG, "onOptionsItemSelected: default");
                return super.onOptionsItemSelected(item);
        }
    }
}
```

运行程序,效果如图 3.19 所示。

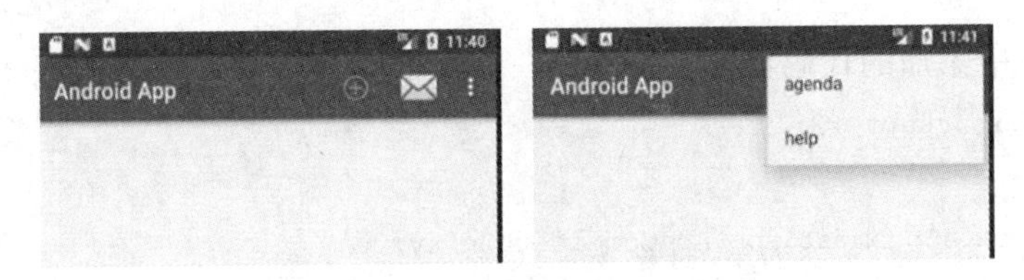

图 3.19 选项菜单的效果

3.4.2 上下文菜单

上下文菜单 ContextMenu 继承自 Menu,开发上下文菜单与开发选项菜单基本类似,区别在于:开发上下文菜单是重写 onCreateContextMenu(ContextMenu menu, View source, ContextMenu. ContextMenuInfo menuInfo)方法,其中 source 参数代表触发上下文菜单的组件。

开发上下文菜单的步骤如下:

(1) 重写 Activity 的 onCreateContextMenu(…)方法。

(2) 调用 Activity 的 registerForContextMenu(View view)方法为 view 注册上下文菜单。

(3) 如果想实现单击事件,需要重写 onContextItemSelected(MenuItem mi)方法。

与 SubMenu 子菜单相似,ContextMenu 也提供了 setHeaderIcon 与 setHeaderTitle 方法为 ContextMenu 设置图标和标题。

上下文菜单需长按注册的组件才能出现,这一点和选项菜单不同。

示例 3.10 上下文菜单的使用。

给 ListView 添加上下文菜单,长按屏幕后出现效果如图 3.20 所示。

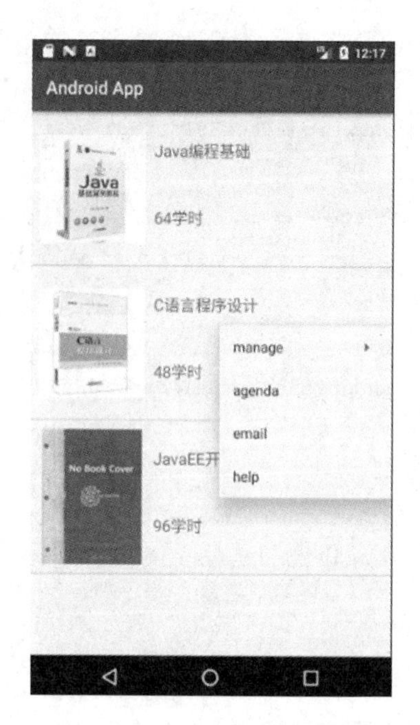

图 3.20　上下文菜单的效果

在 Activity 中添加的代码如下：

```
packagecom.qcxy.chapter2;

import androidx.appcompat.app.AppCompatActivity;

import android.os.Bundle;
import android.util.Log;
import android.view.ContextMenu;
import android.view.MenuInflater;
import android.view.MenuItem;
import android.view.View;
import android.widget.AdapterView;
import android.widget.ArrayAdapter;
import android.widget.ListView;
import android.widget.SimpleAdapter;

import java.util.ArrayList;
import java.util.HashMap;
import java.util.List;
import java.util.Map;

public class ListViewActivity1 extends AppCompatActivity {

    final String TAG=ListViewActivity1.class.getName();
```

```
    private String [] cname={"Java 编程基础","C 语言程序设计","JavaEE 开发"};
    private String [] ctimes={"64 学时","48 学时","96 学时"};
    private int [] img_book = {R.drawable.book1,R.drawable.book2,R.drawable.book3};
    @Override
    protected void onCreate(Bundle savedInstanceState) {
        super.onCreate(savedInstanceState);
        setContentView(R.layout.activity_list_view1);
        ListView lvCourses=  findViewById(R.id.lv_courses);
        //创建一个 List 集合,存储 Map 类型的元素
        List<Map<String,Object> > clists=new ArrayList<Map<String, Object> > ();
        for (int i=0; i<cname.length; i++){
            Map<String,Object> listItem=new HashMap<> ();
            listItem.put("cname",cname[i]);
            listItem.put("ctimes",ctimes[i]);
            listItem.put("img_book",img_book[i]);
            clists.add(listItem);
        }
        //创建 SimpleAdapter 对象
        SimpleAdapter adapter=new SimpleAdapter(this,clists,
                R.layout.list_item1_layout,
                new String[]{"img_book","cname","ctimes"},
                new int[]{R.id.img_course,R.id.txtCourse,R.id.txtTimes});

        lvCourses.setAdapter(adapter);

        registerForContextMenu(lvCourses);
    }

    @Override
    public void onCreateContextMenu(ContextMenu menu, View v,
                                    ContextMenu.ContextMenuInfo menuInfo) {
        super.onCreateContextMenu(menu, v, menuInfo);
        MenuInflater inflater=getMenuInflater();
        inflater.inflate(R.menu.basemenu, menu);
    }

    @Override
    public boolean onContextItemSelected(MenuItem item) {
        AdapterView.AdapterContextMenuInfo info=(AdapterView.AdapterContextMenuInfo)
item.getMenuInfo();
        switch (item.getItemId()){
            case R.id.menu_agenda:
                Log.d(TAG, "onOptionsItemSelected: agenda");
```

```
                return true;
            case R.id.menu_email:
                Log.d(TAG, "onOptionsItemSelected: email");
                return true;
            case R.id.menu_manage:
                Log.d(TAG, "onOptionsItemSelected: manage");
                return true;
            case R.id.menu_help:
                Log.d(TAG, "onOptionsItemSelected: help");
                return true;
            default:
                Log.d(TAG, "onOptionsItemSelected: default");
                return super.onOptionsItemSelected(item);
        }
    }

}
```

3.4.3 弹出式菜单

默认情况下，弹出式菜单(PopupMenu)会在指定组件的上方或下方弹出。PopupMenu可增加多个菜单项，并可为菜单项增加子菜单。

使用 PopupMenu 的步骤与前两种 Menu 不同，步骤如下：

(1) 调用 newPopupMenu(Context context, View anchor)创建下拉菜单，anchor 代表要激发弹出菜单的组件。

(2) 调用 MenuInflater 的 inflate()方法将菜单资源填充到 PopupMenu 中。

(3) 调用 PopupMenu 的 show()方法显示弹出式菜单。

前两种菜单创建时非常相似，只有弹出式菜单创建时比较特殊。在实际开发中这三种菜单会经常使用。

示例 3.11 弹出式菜单的使用。

(1) 在 XML 中添加一个按钮，代码如下：

```
<?xml version="1.0"encoding="utf-8"?>
<LinearLayout xmlns:android="http://schemas.android.com/apk/res/android"
    xmlns:app="http://schemas.android.com/apk/res-auto"
    xmlns:tools="http://schemas.android.com/tools"
    android:layout_width="match_parent"
    android:layout_height="match_parent"
    tools:context=".MenuActivity">

    <Button
        android:id="@+id/btnShowMenu"
```

```
        android:layout_width="match_parent"
        android:layout_height="wrap_content"
        android:textSize="18sp"
        android:text="弹出菜单"
        android:onClick="showPopup"/>
</LinearLayout>
```

(2) 在 Activity 中添加代码：

```
public void showPopup(View v) {
        PopupMenu popup=new PopupMenu(this, v);
        MenuInflater inflater=popup.getMenuInflater();
        inflater.inflate(R.menu.basemenu, popup.getMenu());
        popup.show();
}
```

运行程序，效果如图 3.21 所示。

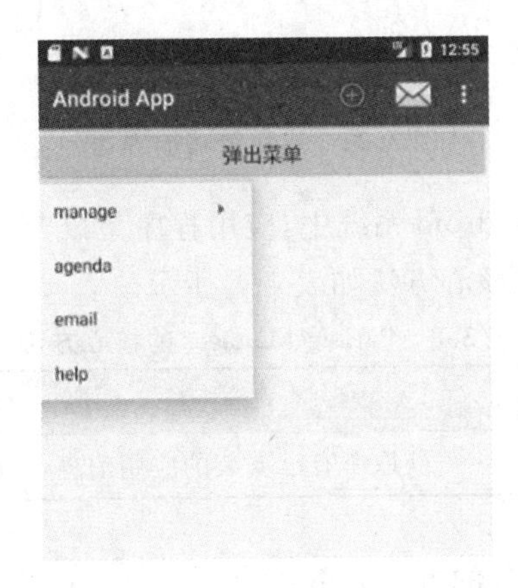

图 3.21　弹出式菜单的效果

3.5　实践任务

1. 需求分析

开发一个应用管理器，该程序可以查看、卸载、检索手机上所有的用户应用程序，是一个得力的手机小助手。在程序界面上显示所有的用户应用 App(第三方应用)，显示信息包括图标、应用名、版本、大小，点击某一行，将运行该行应用，列表加载或刷新时会出现环形进度条。程序的效果如图 3.22 所示。

2. 技术分析

PackageManager 是获取应用信息的核心类，通过它可以获取所有已安装的应用信息，每个应用信息都是一个 PackageInfo 对象，可以直接得到包名、版本等信息，应用名、图标等信息需要通过 PackageInfo. applicationInfo 对象的相应方法获取，计算应用大小和安装时间时要注意转化成用户可读的格式。

Android 3.5▶

图 3.22　应用管理器界面

（1）PackageManager。Android 系统中，应用程序是以“包”来管理的，所以管理应用的对象叫 PackageManager，它的核心方法如表 3.8 所示。

表 3.8　PackageManager 的核心方法

方法名称	说　明
getInstalledPackages()	获取所有已安装的应用信息，返回值为 List<PackageInfo>

获取 PackageManager 对象的方法如下：

```
PackageManager pm=context.getPackageManager();
```

（2）PackageInfo。PackageInfo 封装了应用程序包的主要信息，如包名、版本等，它的常用属性如表 3.9 所示。

表 3.9　PackageInfo 的常用属性

名　称	说　明
packageName	包名
versionName	版本名
versionCode	版本号
firstInstallTime	第一次安装时间
lastUpdateTime	最近一次安装（升级）时间
applicationInfo	ApplicationInfo

（3）ApplicationInfo。通过 ApplicationInfo 类可以获取清单文件中的<application>下的信息，它的常用属性如表 3.10 所示。

表 3.10 ApplicationInfo 的常用属性

名　称	说　明
loadLabel()	获取应用的标题
loadIcon()	获取应用的图标
publicSourceDir	应用的安装路径

(4) 如何获取应用大小。通过 publicSourceDir 获取安装文件夹的字节数，再转换成 MB。

(5) 如何获取安装日期。通过 packageInfo. firstInstallTime 获取安装日期(毫秒数)，再通过 SimpleDateFormat 将其转换成可读的日期格式。

◆ 任务1 设计应用管理器的界面

(1) 新建项目 AppManager，导入项目资源，创建包含 ListView 的布局文件。

Activity 的布局文件：

```
<?xml version="1.0"encoding="utf-8"?>
<RelativeLayout
    xmlns:android="http://schemas.android.com/apk/res/android"
    android:layout_width="match_parent"
    android:layout_height="match_parent">
    <!--listview 的标签-->
    <ListView
        android:id="@+id/lv_main"
        android:layout_width="match_parent"
        android:layout_height="wrap_content"
        android:listSelector="@drawable/item_selector"/>

</RelativeLayout>
```

(2) 创建 ListView 每项的布局文件，布局代码：

```
<?xml version="1.0"encoding="utf-8"?>
<RelativeLayout
    xmlns:android="http://schemas.android.com/apk/res/android"
    android:layout_width="match_parent"
    android:layout_height="match_parent"
    android:descendantFocusability="blocksDescendants"
    >

    <!--行布局-->
    <RelativeLayout
        android:id="@+id/box"

        android:layout_width="match_parent"
```

```
    android:layout_height="wrap_content"
    android:layout_marginLeft="5dp"
    android:layout_marginTop="5dp"
    android:layout_marginRight="5dp"
    android:padding="5dp"
    >

    <ImageView
        android:id="@+id/logo"
        android:layout_width="70dp"
        android:layout_height="70dp"
        android:src="@drawable/icon_music"
        android:layout_centerVertical="true"/>

    <Button
        android:id="@+id/btn"
        android:layout_width="70dp"
        android:layout_height="40dp"
        android:text="卸载"
        android:textColor="#fff"
        android:textSize="18sp"
        android:layout_alignParentRight="true"
        android:layout_centerVertical="true"
        android:background="@drawable/btn_selector"
        />

    <!--文字说明的部分-->
  <LinearLayout
      android:id="@+id/textbox"
      android:layout_width="match_parent"
      android:layout_height="80dp"
      android:layout_toRightOf="@id/logo"
      android:layout_toLeftOf="@id/btn"
      android:orientation="vertical">

      <TextView
          android:id="@+id/title"
          android:layout_width="wrap_content"
          android:layout_height="wrap_content"
          android:text="appname"
          android:textSize="18sp"
          android:layout_marginTop="3dp"/>
```

```
        <TextView
            android:id="@+id/version"
            android:layout_width="wrap_content"
            android:layout_height="wrap_content"
            android:text="version: 1.0"
            android:textSize="16sp"
            android:textColor="#999"
            android:layout_marginTop="6dp"/>

        <TextView
            android:id="@+id/size"
            android:layout_width="wrap_content"
            android:layout_height="wrap_content"
            android:text="size: 10.00M"
            android:textSize="16sp"
            android:textColor="#999"
            android:layout_marginTop="6dp"/>
        </LinearLayout>
    </RelativeLayout>
</RelativeLayout>
```

◆ 任务 2　展示应用程序的数据信息

(1) 新建实体类 AppInfo 类，封装手机应用的信息，代码如下：

```
package com.qcxy.appmanager;

import android.graphics.drawable.Drawable;

/**
 * 应用信息的实体类
 */
public class AppInfo {

    /** 包名 */
    public String packageName;
    /** 版本名 */
    public String versionName;
    /** 版本号 */
    public int versionCode;
    /** 第一次安装时间 */
    public long insTime;
    /** 更新时间 */
    public long updTime;
```

```
    /** 程序名 */
    public String appName;
    /** 图标 */
    public Drawable icon;
    /** 字节大小 */
    public long byteSize;
    /** 大小 */
    public String size;

    @Override
    public String toString() {
        return "\nAppInfo{"+
                "packageName='"+packageName+'\''+
                ", versionName='"+versionName+'\''+
                ", versionCode="+versionCode+
                ", insTime="+Utils.getTime(insTime)+
                ", updTime="+Utils.getTime(updTime)+
                ", appName='"+appName+'\''+
                ", icon="+icon+
                ", byteSize="+byteSize+
                ", size='"+size+'\''+
                '}';
    }
}
```

（2）新建工具类 Utils，获取应用信息的集合。代码如下：

```
package com.qcxy.appmanager;

import android.content.Context;
import android.content.pm.PackageInfo;
import android.content.pm.PackageManager;
import android.util.Log;
import java.io.File;
import java.text.DecimalFormat;
import java.text.SimpleDateFormat;
import java.util.ArrayList;
import java.util.Date;
import java.util.List;

/**
 * 工具类
 */
public class Utils {
```

```
    public static List<AppInfo> getAppList(Context context){
        //返回值集合
        List<AppInfo> list=new ArrayList<AppInfo> ();
        //实例化包管理器
        PackageManager pm=context.getPackageManager();
        //获取所有已经安装的应用信息
        List<PackageInfo> pList=pm.getInstalledPackages(0);
        //遍历集合
        for(int i=0; i<pList.size(); i++){
            PackageInfo packageInfo=pList.get(i);//拿到元素
            //填充实体类
            AppInfo app=new AppInfo();
            app.packageName=packageInfo.packageName;
            app.versionName=packageInfo.versionName;
            app.versionCode=packageInfo.versionCode;
            app.insTime=packageInfo.firstInstallTime;
            app.updTime=packageInfo.lastUpdateTime;
            //获取应用名
            app.appName=(String) packageInfo.applicationInfo.loadLabel(pm);
            //获取图标
            app.icon=packageInfo.applicationInfo.loadIcon(pm);
            //计算程序的大小
            String dir=packageInfo.applicationInfo.publicSourceDir;
            long byteSize=new File(dir).length();
            app.byteSize=byteSize;//实际大小
            app.size=getSize(byteSize);//格式化好的大小

            list.add(app);
        }
        return list;
    }

    public static String getSize(long size){
        return new DecimalFormat("0.##").format(size*1.0/(1024*1024));
    }

    public static String getTime(long millis){
        Date date=new Date(millis);
        SimpleDateFormat sdf=new SimpleDateFormat("yyyy-MM-dd HH:mm:ss");
        return sdf.format(date);
    }
}
```

（3）创建数据适配器 MyAdapter 类，代码如下：

```
packagecom.qcxy.appmanager;

import android.content.Context;
import android.view.LayoutInflater;
import android.view.View;
import android.view.ViewGroup;
import android.widget.BaseAdapter;
import android.widget.Button;
import android.widget.ImageView;
import android.widget.TextView;
import java.util.List;


public class MyAdapter extends BaseAdapter {

    List<AppInfo> list;
    LayoutInflater inflater;


    public MyAdapter(Context context) {
        this.inflater=LayoutInflater.from(context);
    }

    public void setList(List<AppInfo> list) {
        this.list=list;
    }

    @Override
    public int getCount() {
        return list.size();
    }

    @Override
    public Object getItem(int position) {
        return list.get(position);
    }

    @Override
    public long getItemId(int position) {
        return position;
    }
```

```
    @Override
    public View getView(final int position, View convertView, ViewGroup parent) {
        ViewHolder holder=null;

        if(convertView==null) {
            convertView=inflater.inflate(R.layout.item, null);
            holder=new ViewHolder();
            holder.logo=(ImageView) convertView.findViewById(R.id.logo);
            holder.title=(TextView) convertView.findViewById(R.id.title);
            holder.version=(TextView) convertView.findViewById(R.id.version);
            holder.size=(TextView) convertView.findViewById(R.id.size);
            holder.btn=(Button) convertView.findViewById(R.id.btn);
            convertView.setTag(holder);
        }else{
            holder=(ViewHolder) convertView.getTag();
        }

        AppInfo app=list.get(position);
        holder.logo.setImageDrawable(app.icon);
        holder.title.setText(app.appName);
        holder.version.setText(app.versionName+""+Utils.getTime(app.insTime));
        holder.size.setText(app.size+"M"+""+Utils.getTime(app.updTime));


        return convertView;
    }

    public class ViewHolder{
        ImageView logo;
        TextView title;
        TextView version;
        TextView size;
        Button btn;
    }
}
```

（4）在 Activity 中，展示数据和实现功能。

```
public classMainActivity extends AppCompatActivity {
    ListView lv;
    List<AppInfo> list;
    MyAdapter adapter;
```

```
    @Override
    protected void onCreate(Bundle savedInstanceState) {
        super.onCreate(savedInstanceState);
        setContentView(R.layout.activity_main);
        //获取 ListView
        lv=(ListView) findViewById(R.id.lv_main);
        //数据源
        list=Utils.getAppList(this);
        //适配器
        adapter=new MyAdapter(this);
        adapter.setList(list);
        //关联
        lv.setAdapter(adapter);

    }
}
```

本章总结

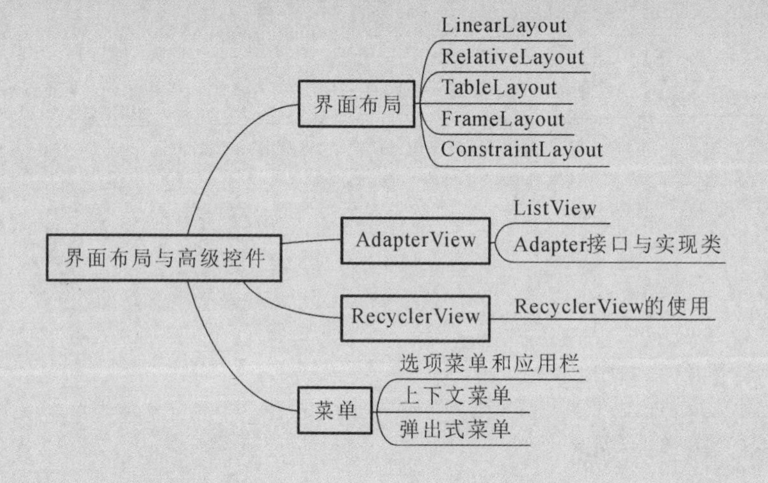

本章作业

一、选择题

1. 下列选项中，属于 RelativeLayout 布局中添加 view 控件的方法的是(　　)。

A. addView()　　B. setLayout()　　C. addRule()　　D. setContentView()

2. 下列选项中，属于设置布局高度的属性的是(　　)。

A. android:id　　B. android:layout_weight

C. android:layout_height　　D. android:padding

3. 下列选项中，属于线性布局的标签的是(　　)。

A. <RelativeLayout>　　B. <LinearLayout>

C. <ConstraintLayout>　　D. <FrameLayout>

4. 下列选项中，属于 Chain 的样式的是(　　)。

A. Spread Chain　　B. Packed Chain

C. Weighted　　D. Chain Spread Inside Chain

5. 下列选项中，属于 ConstraintLayout 布局新特性的是(　　)。

A. 相对定位　　B. 居中定位和倾斜　　C. 列表显示　　D. Chain

6. 下列选项中，属于 ListView 适配器的是(　　)。

A. BaseAdapter　　B. SimpleAdapter　　C. Adapter　　D. ArrayAdapter

7. 下列选项中，属于 RecyclerView 控件显示效果的是(　　)。

A. 竖向列表效果　　B. 瀑布流效果　　C. GridView 效果　　D. 横向列表效果

8. 下面关于 SimpleAdapter 的描述，正确的是(　　)。

A. SimpleAdapter 是抽象类

B. SimpleAdapter 数据适配器

C. ListView 显示数据时不可以使用 simpleAdapter 来显示

D. SimpleAdapter 开发中用不到

9. 下面关于 ListView 的描述，错误的是(　　)。

A. ListView 以列表的形式展示数据内容

B. ListView 的条目之间显示分割线

C. ListView 能够根据列表的高度自适应屏幕显示

D. ListView 必须实现滚动条的显示，才能实现滑动功能

二、简答与编程题

1. 使用 XML 布局文件的方式，在 RelativeLayout 中居中显示“I Love Android”。

2. 简述相对布局中 android:layout_alignRight 与 android:layout_toRightOf 属性的区别。

3. 编写一个程序实现两个 Button 水平显示，Button1 占屏幕的 2/3，Button2 占屏幕的 1/3。

4. 简述优化 ListView 加载数据的方法。

5. 简述 ListView 与 RecyclerView 的区别。

6. 列举 Android 中常用的布局，并简述它们的特点。

第4章 Activity组件

本章简介

本章主要介绍 Activity 的相关知识，包括 Activity 的生命周期，如何创建、开启和关闭单个 Activity，Intent 和 IntentFilter、Activity 之间的跳转与数据传递，Activity 的启动模式，以及 Fragment 的使用。在 Android 程序中用到最多的就是 Activity 以及 Activity 之间的数据传递，以及 Fragment 和 Activity 之间的通信方式，这些知识在手机或平板开发中经常使用，需要开发者熟练掌握并应用到实际的项目当中。

学习目标

1. 了解 Activity 的生命周期
2. 理解 Activity 中的任务栈
3. 掌握 Activity 的启动模式
4. 掌握 Intent 的使用
5. 掌握 Fragment 的创建和使用
6. 理解 Fragment 的传值

实践任务

任务1　完成学生信息查询功能

4.1 Activity 基础

4.1.1 认识 Activity

在应用程序中，Activity 就像一个界面管理员，用户在界面上的操作都是通过 Activity 来管理的。移动应用体验与桌面体验的不同之处在于，用户与应用的互动并不总是在同一位置开始，而是经常以不确定的方式开始。例如：如果从主屏幕打开电子邮件应用，可能会看到电子邮件列表；如果通过社交媒体应用启动电子邮件应用，则可能会直接进入电子邮件应用的邮件撰写界面。Activity 类的目的就是促进这种范式的实现。当一个应用调用另一个应用时，调用方应用会调用另一个应用中的 Activity，而不是整个应用。通过这种方式，Activity 充当了应用与用户互动的入口点。

Activity 用于提供可视化用户界面并与用户交互，它是最常用的组件。Activity 是应用程序的显示层，显示可视化的用户界面，并接收与用户交互所产生的界面事件。一个 Activity 展现一个可视化用户界面，如果需要多个可视化用户界面，该 Android 应用会包含多个 Activity，尽管多个 Activity 在一起工作，但每个 Activity 是相对独立的，每个 Activity 都继承自 Activity 类。

Activity 的显示内容由 View(视图)组件的对象提供，通过前面的章节内容可以发现，这些组件定义在 res/layout 下的 XML 文件中。View 组件的对象包括文本框、多选框、单选框、按钮、菜单等。通过 Activity 将指定的 View 显示出来，调用 Activity 的 setContentView()方法，例如 setContentView(R. layout. activity_main)方法。

4.1.2 创建和配置 Activity

Activity 直接或间接继承了 Context、ContextWrapper、ContextThemeWrapper 等基类，如图 4.1 所示。

在使用 Activity 时，需要开发者继承 Activity 基类。在不同的应用场景下，可以选择继承 Activity 的子类。例如界面中只包括列表，则可以继承 ListActivity；若界面需要实现标签页效果，则要继承 TabActivity。

当一个 Activity 类被定义出来之后，这个 Activity 类何时被实例化，它所包含的方法何时被调用，都是由 Android 系统决定的。开发者只负责实现相应的方法创建出需要的 Activity 即可。

1. 创建 Activity

创建一个 Activity 需要实现一个或多个方法，其中最基本的方法是 onCreate(Bundle status)方法，它将会在 Activity 被创建时回调，然后通过 setContentView(View view)方法显示要展示的布局文件。

创建一个 Activity 的具体步骤：

(1) 定义一个类继承自 android. app. Activity 或其子类。操作如图 4.2 所示。

(2) 在 res/layout 目录下创建一个 XML 文件，用于创建 Activity 的布局，如图 4.3 所示。

Android 4.1▶

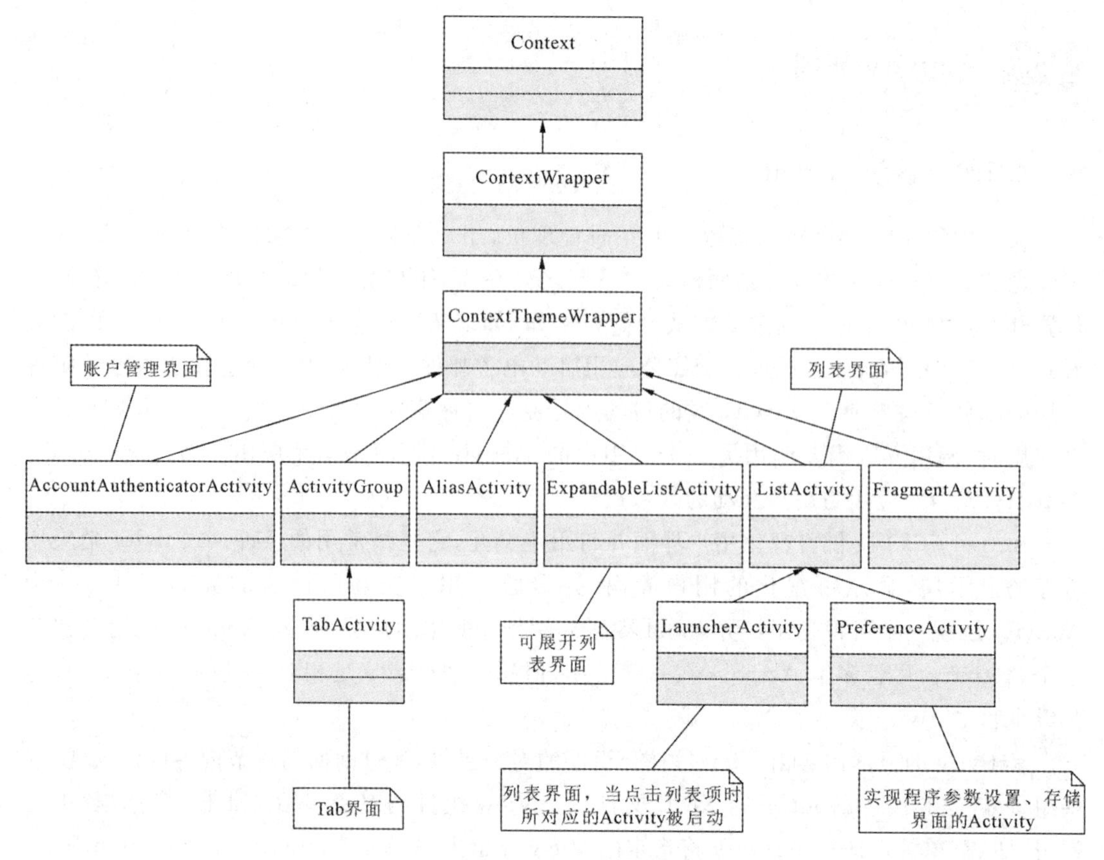

图 4.1 Activity 类图

图 4.2 创建 MyActivity

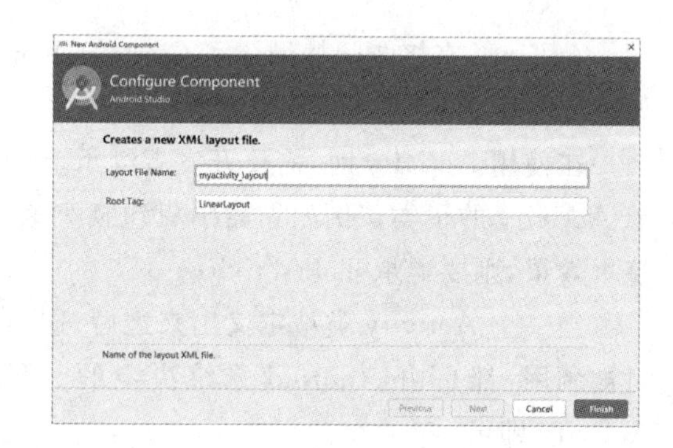

图 4.3 创建布局文件

创建布局文件后，添加如下代码：

```
<?xml version="1.0"encoding="utf-8"?>
<LinearLayout xmlns:android="http://schemas.android.com/apk/res/android"
    android:layout_width="match_parent"
    android:layout_height="match_parent">
    <TextView
        android:layout_width="match_parent"
```

```
        android:layout_height="wrap_content"
        android:text="MyActivity"/>
</LinearLayout>
```

（3）在 app/manifests 目录下的 AndroidManifest.xml 清单文件中注册 MyActivity。在 AndroidManifest.xml 文件的<application></application>标签中配置 Activity：

```
<application
    android:allowBackup="true"
    android:icon="@mipmap/ic_launcher"
    android:label="@string/app_name"
    android:roundIcon="@mipmap/ic_launcher_round"
    android:supportsRtl="true"
    android:theme="@style/AppTheme">
    <activity android:name=".MainActivity">
        <intent-filter>
            <action android:name="android.intent.action.MAIN"/>
            <category android:name="android.intent.category.LAUNCHER"/>
        </intent-filter>
    </activity>
    <!--注册 Activity-->
    <activity android:name=".MyActivity">

    </activity>
</application>
```

（4）重写 Activity 的 onCreate()方法，并在该方法中使用 setContentView()加载指定的布局文件。

```
public classMyActivity extends Activity {
    @Override
    protected void onCreate(@Nullable Bundle savedInstanceState) {
        super.onCreate(savedInstanceState);
        setContentView(R.layout.myactivity_layout);
    }
}
```

通过以上步骤，MyActivity 就创建完毕，但是运行后不会直接启动，目前默认启动 MainActivity 作为入口，这是因为 Android Studio 自动在 AndroidManifest.xml 文件中配置了启动 MainActivity。

2. 配置 Activity

所有的 Activity 必须在 AndroidManifest.xml 清单文件中配置才可以使用，而在 Android Studio 中是自动配置完成的，但是有时自动配置完成的属性并不能满足需求。配置 Activity 时常用的属性如表 4.1 所示。

表 4.1 配置 Activity 常用的属性

属　性	说　明
name	指定 Activity 的类名
icon	指定 Activity 对应的图标
label	指定 Activity 的标签
exported	指定该 Activity 是否允许被其他应用调用
launchMode	指定 Activity 的启动模式

除了上面几个属性之外，Activity 中还可以设置一个或多个<intent-filter…/>元素，该元素用于指定该 Activity 相应的 Intent。

3. Activity 的启动与关闭

在一个 Android 应用程序中通常会有多个 Activity，每个 Activity 都是可以被其他 Activity 启动的，但程序只有一个 Activity 作为入口，即程序启动时只会启动作为入口的 Activity，其他 Activity 会被已经启动的 Activity 启动。

Activity 被启动的方式有以下两种。

(1) startActivity(Intent intent)：启动其他 Activity。

(2) startActivityForResult(Intent intent, int requestCode)：以指定的请求码(requestCode)启动新 Activity，并且原来的 Activity 会获取新启动的 Activity 返回的结果(需重写 onActivityResult(…)方法)。

关闭 Activity 也有两种方式。

(1) finish()：关闭当前 Activity。

(2) finishActivity(int requestCode)：结束以 startActivityForResult(Intent intent, int requestCode)方法启动的 Activity。

示例 4.1 开启和关闭 MyActivity。

(1) 在 MainActivity 布局文件中添加启动按钮：

```
<?xml version="1.0"encoding="utf-8"?>
<LinearLayout xmlns:android="http://schemas.android.com/apk/res/android"
    xmlns:app="http://schemas.android.com/apk/res-auto"
    xmlns:tools="http://schemas.android.com/tools"
    android:layout_width="match_parent"
    android:layout_height="match_parent"
    tools:context=".MainActivity">

   <Button
        android:id="@+id/btnStart"
        android:layout_width="match_parent"
        android:layout_height="wrap_content"
        android:textSize="18sp"
        android:text="启动 MyActivity"/>
</LinearLayout>
```

（2）在 MyActivity 布局文件中添加关闭按钮：

```
<?xml version="1.0"encoding="utf-8"?>
<LinearLayout xmlns:android="http://schemas.android.com/apk/res/android"
    android:layout_width="match_parent"
    android:layout_height="match_parent"
    android:orientation="vertical">
    <TextView
        android:layout_width="match_parent"
        android:layout_height="wrap_content"
        android:textSize="18sp"
        android:text="MyActivity"/>
    <Button
        android:id="@+id/btnClose"
        android:layout_width="match_parent"
        android:layout_height="wrap_content"
        android:textSize="18sp"
        android:text="关闭 MyActivity"/>
</LinearLayout>
```

（3）在 MainActivity 中添加按钮事件操作启动 MyActivity，代码中的 Intent 对象为意图，可以直接通过名称开启指定的目标组件，后面会详细讲解。

```
public classMainActivity extends AppCompatActivity implements View.OnClickListener {
    @Override
    protected void onCreate(Bundle savedInstanceState) {
        super.onCreate(savedInstanceState);
        setContentView(R.layout.activity_main);
        //设置事件监听器
        findViewById(R.id.btnStart).setOnClickListener(this);
    }

    @Override
    public void onClick(View v) {
        //创建 intent
        Intent intent=new Intent(MainActivity.this,MyActivity.class);
        //启动 MyActivity
        startActivity(intent);
    }
}
```

（4）在 MyActivity 中添加关闭操作代码：

```
public class MyActivity extends Activity implements View.OnClickListener {
    @Override
    protected void onCreate(@Nullable Bundle savedInstanceState) {
        super.onCreate(savedInstanceState);
```

```
        setContentView(R.layout.myactivity_layout);
        //设置点击监听器
        findViewById(R.id.btnClose).setOnClickListener(this);
    }
    @Override
    public void onClick(View v) {
        finish(); //关闭 Activity
    }
}
```

运行程序后，进入 MainActivity，如图 4.4 所示。

点击【启动 MYACTIVITY】按钮，启动 MyActivity 界面，如图 4.5 所示。

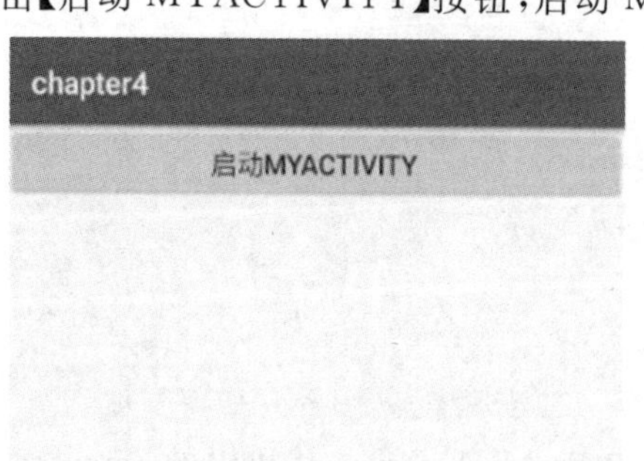

图 4.4　MainActivity 界面

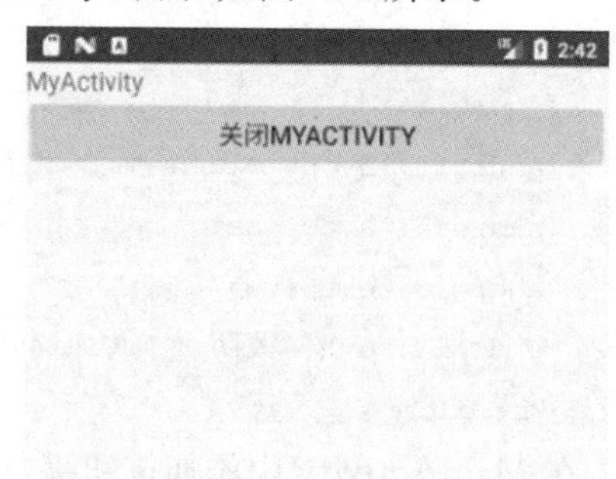

图 4.5　MyActivity 界面

点击【关闭 MYACTIVITY】按钮后，该界面关闭，界面回到了 MainActivity。

4.2　Activity 的生命周期

4.2.1　Activity 的生命周期

当用户浏览、退出和返回应用程序时，应用程序中的 Activity 实例会在其生命周期的不同状态间转换。Activity 类还提供许多回调方法，这些回调方法会让 Activity 知晓某个状态已经更改，例如系统正在创建、停止或恢复某个 Activity，或者正在销毁该 Activity 所在的进程。

当一个 Android 应用运行时，Android 系统以 Activity 栈的形式管理应用中的全部 Activity，随着不同应用的切换或者设备内存的变化，每个 Activity 都可能从活动状态变为非活动状态，也可能从非活动状态变为活动状态。这个变化过程就涉及 Activity 的部分甚至全部生命周期。

Activity 的生命周期分为 4 种状态，分别是：

（1）运行状态：当 Activity 在屏幕最前端的时候，它是有焦点的、可见的，可以供用户点击、长按等操作。

（2）暂停状态：在一些情况下，最上层的 Activity 没有完全覆盖屏幕，这时候被覆盖的 Activity 仍然对用户可见并且存活。但当内存不足时，这个暂停状态的 Activity 可能会被销毁。

◀ Android 4.2

（3）停止状态：当 Activity 完全不可见时，它就处于停止状态，但仍然保留着当前状态和成员信息。当系统内存不足时，这个 Activity 就很容易被销毁。

（4）销毁状态：该 Activity 结束，被清理出内存或所在的进程结束。

为了让初学者更好地理解 Activity 的 4 种状态以及不同状态的使用方法，Google 公司提供了 Activity 生命周期模型，如图 4.6 所示。

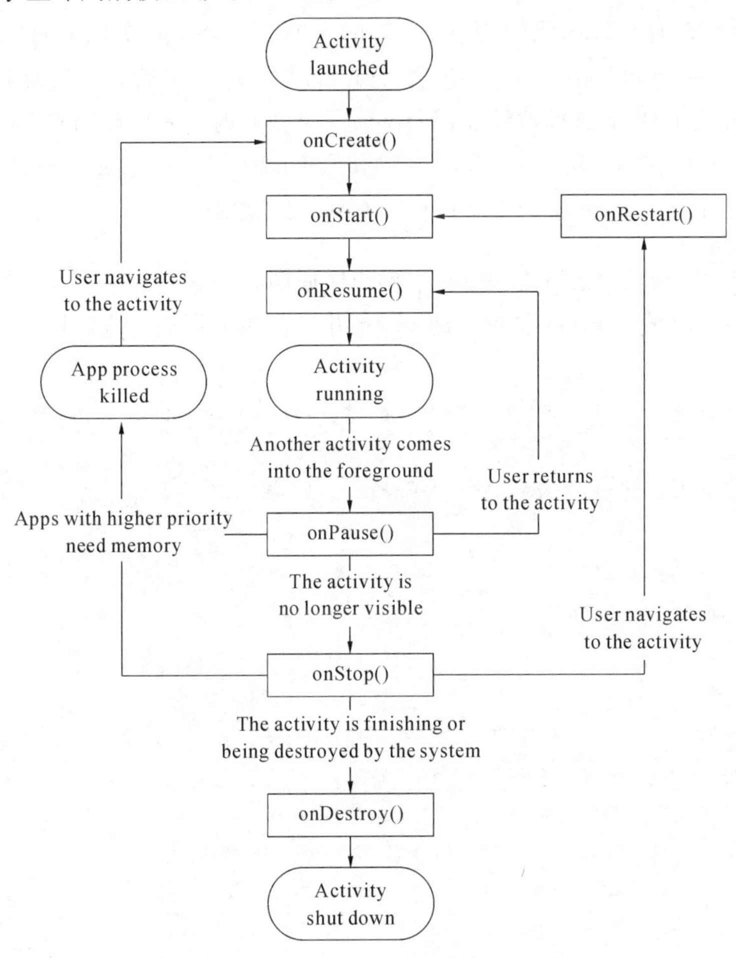

图 4.6　Activity 生命周期模型

从图 4.6 可以看出，Activity 的生命周期包含如表 4.2 所示的方法。

表 4.2　Activity 生命周期包含的方法

方　法	作　用
onCreate(Bundle savedStatus)	创建 Activity 时被回调，只会被回调一次
onStart()	启动 Activity 时被回调
onRestart()	重启 Activity 时被回调
onResume()	恢复 Activity 时被回调，onStart()方法之后一定回调该方法
onPause()	暂停 Activity 时被回调
onStop()	停止 Activity 时被回调
onDestroy()	销毁 Activity 时被回调

在实际开发中使用 Activity 时并不是上面每个方法都要覆盖重写，根据实际需要选择重写指定的方法即可。比如前面的很多实例中，一般情况下只需要重写 onCreate(Bundle savedStatus)方法，该方法用于对 Activity 的初始化。

Activity 的这些方法的执行流程如下：

第一次运行程序时调用的生命周期方法为：onCreate( )—>onStart( )—>onResume( )。

退出程序时调用的生命周期方法为：onPause( )—>onStop( )—>onDestory( )。

当 Activity 执行到 onPause( )方法、Activity 失去焦点时，重新回到前台会执行 onResume( )方法，如果此进程被销毁，Activity 重新执行时会先执行 onCreate( )方法。

当执行到 onStop( )方法、Activity 不可见时，再次回到前台会执行 onRestart( )方法，如果此时进程被销毁，Activity 会重新执行 onCreate( )方法。

示例 4.2 使用日志查看 Activity 的声明周期。

(1) 对示例 4.1 进行修改，在 MainActivity 中重写生命周期对应的回调方法，并加上日志输出，代码如下：

```
public class MainActivity extends AppCompatActivity implements View.OnClickListener {

    private static final String TAG="MainActivity";
    /* *
     * 在 Activity 创建时调用
     * @param savedInstanceState
     * /
    @Override
    protected void onCreate(Bundle savedInstanceState) {
        super.onCreate(savedInstanceState);
        setContentView(R.layout.activity_main);
        findViewById(R.id.btnStart).setOnClickListener(this);
        Log.i(TAG, "onCreate: ");
    }

    /* *
     * 在 Activity 即将可见时调用
     * /
    @Override
    protected void onStart() {
        super.onStart();
        Log.i(TAG, "onStart: ");
    }

    /* *
     * 在 Activity 获取焦点开始与用户交互时调用
     * /
    @Override
```

```
protected void onResume() {
    super.onResume();
    Log.i(TAG, "onResume: ");
}
/* *
 * 当前 Activity 被其他 Activity 覆盖或者锁屏时调用
 * /
@Override
protected void onPause() {
    super.onPause();
    Log.i(TAG, "onPause: ");
}

/* *
 * Activity 对用户不可见时调用
 * /
@Override
protected void onStop() {
    super.onStop();
    Log.i(TAG, "onStop: ");
}

/* *
 * Activity 销毁时调用
 * /
@Override
protected void onDestroy() {
    super.onDestroy();
    Log.i(TAG, "onDestroy: ");
}

/* *
 * Activity 从停止状态再次启动时调用
 * /
@Override
protected void onRestart() {
    super.onRestart();
    Log.i(TAG, "onRestart: ");
}

@Override
public void onClick(View v) {
    Intent intent=new Intent(MainActivity.this,MyActivity.class);
```

```
        startActivity(intent);
    }
}
```

（2）对示例 4.1 进行修改，在 MyActivity 中重写生命周期对应的回调方法，并加上日志输出，代码如下：

```
public class MyActivity extends Activity implements View.OnClickListener {
    private static final String TAG="MyActivity";
    @Override
    protected void onCreate(@Nullable Bundle savedInstanceState) {
        super.onCreate(savedInstanceState);
        setContentView(R.layout.myactivity_layout);
        //设置点击监听器
        findViewById(R.id.btnClose).setOnClickListener(this);
        Log.i(TAG, "onCreate: ");
    }
    /**
     * 在 Activity 即将可见时调用
     */
    @Override
    protected void onStart() {
        super.onStart();
        Log.i(TAG, "onStart: ");
    }
    /**
     * 在 Activity 获取焦点开始与用户交互时调用
     */
    @Override
    protected void onResume() {
        super.onResume();
        Log.i(TAG, "onResume: ");
    }
    /**
     * 当前 Activity 被其他 Activity 覆盖或者锁屏时调用
     */
    @Override
    protected void onPause() {
        super.onPause();
        Log.i(TAG, "onPause: ");
    }
    /**
     * Activity 对用户不可见时调用
     */
```

```
    @Override
    protected void onStop() {
        super.onStop();
        Log.i(TAG, "onStop: ");
    }
    /* *
     * Activity 销毁时调用
     * /
    @Override
    protected void onDestroy() {
        super.onDestroy();
        Log.i(TAG, "onDestroy: ");
    }
    /* *
     * Activity 从停止状态再次启动时调用
     * /
    @Override
    protected void onRestart() {
        super.onRestart();
        Log.i(TAG, "onRestart: ");
    }
    @Override
    public void onClick(View v) {
        finish(); //关闭 Activity
    }
}
```

运行程序，启动 MainActiviy，从日志输出可以看出执行顺序为 onCreate－＞onStart－＞onResume，如图 4.7 所示。

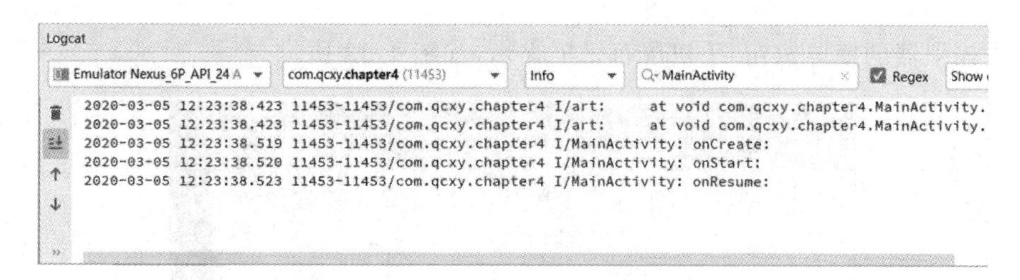

图 4.7　启动 MainActivity 的日志输出

点击返回键时，输出的日志中方法执行顺序为 onPause－＞onStop－onDestroy，如图 4.8所示。

```
2020-03-05 12:30:58.646 11890-11890/com.qcxy.chapter4 I/MainActivity: onPause:
2020-03-05 12:30:59.322 11890-11890/com.qcxy.chapter4 I/MainActivity: onStop:
2020-03-05 12:30:59.323 11890-11890/com.qcxy.chapter4 I/MainActivity: onDestroy:
```

图 4.8　退出 MainActivity 的日志输出(1)

如果在 MainActivity 中启动 MyActivity 时，显示 MyActivity，输出日志显示先执行 MainActivity 的 onPause，然后再启动 MyActivity，执行 MyActivity 的 onCreate－＞onStart－＞onResume 方法，最后执行 MainActivity 的 onStop 方法，如图 4.9 所示。

```
2020-03-05 12:34:38.713 12187-12187/com.qcxy.chapter4 I/MainActivity: onPause:
2020-03-05 12:34:38.748 12187-12187/com.qcxy.chapter4 I/MyActivity: onCreate:
2020-03-05 12:34:38.749 12187-12187/com.qcxy.chapter4 I/MyActivity: onStart:
2020-03-05 12:34:38.752 12187-12187/com.qcxy.chapter4 I/MyActivity: onResume:
2020-03-05 12:34:39.421 12187-12187/com.qcxy.chapter4 I/MainActivity: onStop:
```

图 4.9　启动 MyActivity 的日志输出

从 MyActivity 点击返回键，回到 MainActivity 界面，日志输出显示，先执行 MyActivity 的 onPause 方法，然后执行 MianActivity 的 onRestart－＞onStart－＞onResume 方法，接着 MyActivity 执行 onStop 和 onDestroy 方法，如图 4.10 所示。

```
2020-03-05 12:37:43.285 12187-12187/com.qcxy.chapter4 I/MyActivity: onPause:
2020-03-05 12:37:43.297 12187-12187/com.qcxy.chapter4 I/MainActivity: onRestart:
2020-03-05 12:37:43.297 12187-12187/com.qcxy.chapter4 I/MainActivity: onStart:
2020-03-05 12:37:43.298 12187-12187/com.qcxy.chapter4 I/MainActivity: onResume:
2020-03-05 12:37:43.821 12187-12187/com.qcxy.chapter4 I/MyActivity: onStop:
2020-03-05 12:37:43.821 12187-12187/com.qcxy.chapter4 I/MyActivity: onDestroy:
```

图 4.10　从 MyActivity 返回 MainActivity 的日志输出

从 MainActivity 退出时，输出日志如图 4.11 所示。

```
2020-03-05 12:39:04.799 12187-12187/com.qcxy.chapter4 I/MainActivity: onPause:
2020-03-05 12:39:05.448 12187-12187/com.qcxy.chapter4 I/MainActivity: onStop:
2020-03-05 12:39:05.449 12187-12187/com.qcxy.chapter4 I/MainActivity: onDestroy:
```

图 4.11　退出 MainActivity 的日志输出(2)

再次运行程序进入 MainActivity，输出日志如图 4.12 所示。

```
2020-03-05 12:41:38.887 12351-12351/com.qcxy.chapter4 I/MainActivity: onCreate:
2020-03-05 12:41:38.888 12351-12351/com.qcxy.chapter4 I/MainActivity: onStart:
2020-03-05 12:41:38.891 12351-12351/com.qcxy.chapter4 I/MainActivity: onResume:
```

图 4.12　重新进入程序的日志输出

点击模拟器的横屏按钮，手机屏幕横屏显示，如图 4.13 所示。

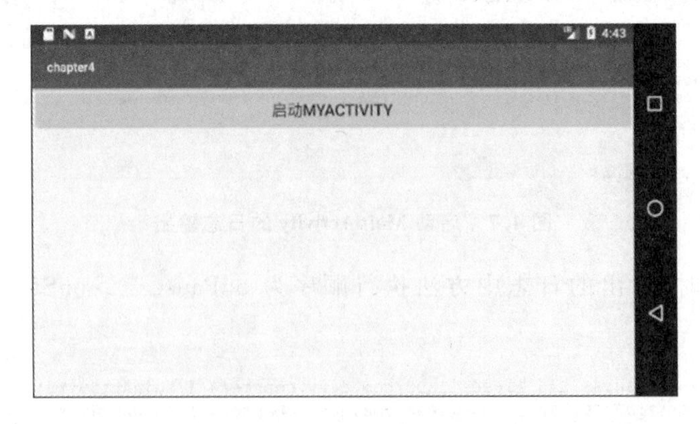

图 4.13　手机横屏界面

输出日志显示 MainActivity 销毁后会重新创建，如图 4.14 所示。

```
2020-03-05 12:42:42.867 12351-12351/com.qcxy.chapter4 I/MainActivity: onPause:
2020-03-05 12:42:42.985 12351-12351/com.qcxy.chapter4 I/MainActivity: onStop:
2020-03-05 12:42:42.986 12351-12351/com.qcxy.chapter4 I/MainActivity: onDestroy:
2020-03-05 12:42:43.026 12351-12351/com.qcxy.chapter4 I/MainActivity: onCreate:
2020-03-05 12:42:43.026 12351-12351/com.qcxy.chapter4 I/MainActivity: onStart:
2020-03-05 12:42:43.029 12351-12351/com.qcxy.chapter4 I/MainActivity: onResume:
```

图 4.14　横屏切换的日志输出

当手机横竖屏切换时，Activity 的生命周期可能会销毁重建。如果不希望横竖屏切换时生命周期销毁重建，可以设置对应 Activity 的 android:configChanges 属性，具体代码如下：

```
android:configChanges="orientation|keyboardHidden|screenSize"
```

如果希望某个界面不随手机的晃动而切换横竖屏，可以参考如下设置：

```
android:screenOrientation="portrait"//竖屏
android:screenOrientation="landscape"//横屏
```

说明：横竖屏切换时的生命周期：

手机横竖屏切换时，系统会根据 AndroidManifest.xml 文件中 Activity 的 configChanges 属性值的不同而调用相应的生命周期方法。

没有设置 configChanges 属性的值时，当由竖屏切换横屏时，调用的方法依次是 onPause()、onStop()、onDestory()、onCreate()、onStart()和 onResume()。

设置 configChanges 属性：

<activity android:name=".MainActivity"
android:configChanges="orientation|keyboardHidden">

打开程序时同样会调用 onCreate()—> onStart()—>onResume()方法，但是当进行横竖屏切换时不会再执行其他的生命周期方法。

如果希望某一个界面一直处于竖屏或者横屏状态，不随手机的晃动而改变，可以在清单文件中通过设置 Activity 的 screenOrientation 属性完成。

竖屏：android:screenOrientation="portrait"

横屏：android:screenOrientation="landscape"

4.2.2　生命周期的回调方法

Activity 从一种状态变到另一种状态时会经过一系列 Activity 类的方法。各种状态对应的回调方法如下：

(1) onCreate(Bundle savedInstanceState)：该方法在 Activity 的实例被 Android 系统创建后第一个被调用。

通常在该方法中设置显示屏幕的布局、初始化数据、设置控件被点击的事件响应代码。该方法在 Activity 的整个生命周期中只应发生一次。

(2) onStart()：在 Activity 可见时执行。

当 Activity 进入"已开始"状态时，系统会调用此回调方法。onStart()的调用使 Activity 对用户可见，因为应用会为 Activity 进入前台并支持交互做准备。例如，应用通过此方法来初始化维护界面的代码。当 Activity 进入"已开始"状态时，与 Activity 生命周期相关联的所有具有生命周期感知能力的组件都将收到 ON_START 事件。onStart() 方法会非常快速地完成，并且与“已创建”状态一样，Activity 不会一直处于“已开始”状态。一旦此回调结束，Activity 便会进入“已恢复”状态，系统将调用 onResume() 方法。

(3) onResume()：Activity 获取焦点时执行。

Activity 会在进入“已恢复”状态时来到前台，然后系统调用 onResume() 回调方法。这是应用与用户交互的状态。应用会一直保持这种状态，直到某些事件发生，让焦点远离应用。此类事件包括接到来电、用户导航到另一个 Activity，或设备屏幕关闭。

当 Activity 进入“已恢复”状态时，与 Activity 生命周期相关联的所有具有生命周期感知能力的组件都将收到 ON_RESUME 事件。这时，生命周期组件可以启动任何需要在组件可见，且位于前台时运行的功能，例如启动摄像头预览。

当发生中断事件时，Activity 进入“已暂停”状态，系统调用 onPause() 回调方法。

如果 Activity 从“已暂停”状态返回“已恢复”状态，系统将再次调用 onResume() 方法。因此，我们应实现 onResume()，以初始化在 onPause() 期间释放的组件，并执行每次 Activity 进入“已恢复”状态时必须完成的任何其他初始化操作。

(4) onPause()：Activity 失去焦点时执行。

系统将此方法视为用户正在离开 Activity 的第一个标志(尽管这并不总是意味着活动正在遭到销毁)；此方法表示 Activity 不再位于前台(尽管如果用户处于多窗口模式，Activity 仍然可见)。

(5) onStop()：用户不可见 Activity 进入后台时执行。

如果 Activity 不再对用户可见，则说明其已进入“已停止”状态，因此系统将调用 onStop() 回调方法。举例而言，如果新启动的 Activity 覆盖整个屏幕，就可能会发生这种情况。如果系统已结束运行并即将终止，系统还可以调用 onStop()。

(6) onDestroy()：Activity 销毁时执行。

销毁 Ativity 之前，系统会先调用 onDestroy()。系统调用此回调方法的原因是 Activity 正在结束(由于用户彻底关闭 Activity 或由于系统为 Activity 调用 finish())，或者由于配置变更(例如设备旋转或多窗口模式)，系统暂时销毁 Activity。当 Activity 进入“已销毁”状态时，与 Activity 生命周期相关联的所有具有生命周期感知能力的组件都将收到 ON_DESTROY 事件。此时，生命周期组件可以在 Activity 遭到销毁之前清理所需的任何数据。

(7) onRestart()：回到最上边的界面，再次可见时执行。

当一个 Activity 启动另一个 Activity 时，它们都会经历生命周期转换。第一个 Activity 停止运行并进入“已暂停”或“已停止”状态，同时创建另一个 Activity。如果这些 Activity 共享保存到磁盘或其他位置的数据，则必须明确，第一个 Activity 在创建第二个 Activity 之前并未完全停止。相反，启动第二个 Activity 的过程与停止第一个 Activity 的过程重叠。

生命周期回调的顺序已有明确定义，特别是当两个 Activity 在同一个进程(应用)中，并且其中一个要启动另一个时。以下是 Activity A 启动 Activity B 时的操作发生顺序：

(1) Activity A 的 onPause() 方法执行。

(2) Activity B 的 onCreate()、onStart() 和 onResume() 方法依次执行。(Activity B 现在具有用户焦点。)

(3) 如果 Activity A 在屏幕上不再可见,则其 onStop() 方法执行。

编写程序时可以利用这种可预测的生命周期回调顺序管理从一个 Activity 到另一个 Activity 的信息转换。

4.3 Intent 的使用

4.3.1 Intent

Intent 是一个消息传递对象,Intent 被称为意图,是程序中各组件进行交互的一种重要方式,它不仅可以指定当前组件要执行的动作,还可以在不同组件之间进行数据传递。

1. Intent 的基本作用

尽管 Intent 可以通过多种方式促进组件之间的通信,但其基本作用主要包括以下三个:

(1) 启动 Activity。Activity 表示应用中的一个屏幕。通过将 Intent 传递给 startActivity(),可以启动新的 Activity 实例。Intent 用于描述要启动的 Activity,并携带任何必要的数据。如果希望在 Activity 完成后收到结果,请调用 startActivityForResult()。在 Activity 的 onActivityResult() 回调中,Activity 将结果作为单独的 Intent 对象接收。

(2) 启动服务。Service 是一个不使用用户界面而在后台执行操作的组件。使用 Android 5.0(API 级别 21)及更高版本时可以启动包含 JobScheduler 的服务。对于 Android 5.0(API 级别 21)之前的版本,可以使用 Service 类的方法来启动服务。通过将 Intent 传递给 startService(),可以启动服务执行一次性操作(例如,下载文件)。Intent 用于描述要启动的服务,并携带任何必要的数据。如果服务旨在使用客户端-服务器接口,则通过将 Intent 传递给 bindService(),可以从其他组件绑定到此服务。

(3) 传递广播。广播是任何应用均可接收的消息。系统将针对系统事件(例如,系统启动或设备开始充电时)传递各种广播。通过将 Intent 传递给 sendBroadcast() 或 sendOrderedBroadcast(),可以将广播传递给其他应用。

2. 使用 Intent 的方式

Android 中使用 Intent 的方式有两种,分别为显式 Intent 和隐式 Intent。

(1) 显式 Intent:通过提供目标应用的软件包名称或完全限定的组件类名来指定可处理 Intent 的应用。通常,会在自己的应用中使用显式 Intent 来启动组件,这是因为已经知道要启动的 Activity 或服务的类名。代码如下:

```
Intent intent=new Intent(this, SecondActivity.class);
startActivity(intent);
```

以上代码创建一个 Intent 对象,其中第 1 个参数为 Context 表示当前的 Activity 对象,第 2 个参数表示要启动的目标 Activity。调用 Activity 的 startActivity 方法启动目标组件。

(2) 隐式 Intent :不会指定特定的组件,而是声明要执行的常规操作,从而允许其他应用中的组件来处理。例如,在地图上向用户显示位置,则可以使用隐式 Intent,请求另一具有此功能的应用在地图上显示指定的位置。

使用隐式 Intent 需要先配置 action 动作,当代码中的 action 与该 action 相匹配时启动该组件。

Android 4.3▶

```
<activity android:name="com.qcxy.Activity02">
    <intent-filter>
        <action android:name="com.qcxy.START_ACTIVITY"/>
        <category android:name="android.intent.category.DEFAULT"/>
    </intent-filter>
</activity>
```

在代码中设置 action 动作，当与清单文件中的 action 相匹配时启动目标组件。

```
Intent intent=new Intent();
intent.setAction("com.qcxy.START_ACTIVITY ");
startActivity(intent);
```

总之，使用显式意图可以直接通过名称开启指定的目标组件，隐式意图需要指定 action 和 category 等属性，系统根据这些信息进行分析后寻找目标 Activity。

4.3.2 IntentFilter

当收到隐式 Intent 以启动 Activity 时，系统会根据以下三个方面将该 Intent 与 Intent 过滤器进行比较，搜索该 Intent 的最佳 Activity，匹配属性有 action、data、category，需要这三个属性都匹配成功才能唤起相应的组件。

(1) action：操作。

要指定接受的 Intent 操作，Intent 过滤器既可以不声明任何 <action>元素，也可以声明多个此类元素，如下例所示：

```
<intent-filter>
    <action android:name="android.intent.action.EDIT"/>
    <action android:name="android.intent.action.VIEW"/>
    …
</intent-filter>
```

只要 Intent 携带的 action 与其中一个<intent-filter>标签中 action 的声明相同，action 属性就匹配成功。一定要注意：在清单文件中为 Activity 添加<intent-filter>标签时，必须添加 action 属性，否则隐式 Intent 无法开启该 Activity。

(2) data：数据(URI 和数据类型)。

数据匹配会将 Intent 中的 URI 和 MIME 类型与 filter 中指定的 URI 和 MIME 类型进行比较。隐式 Intent 携带的 data 数据只要与 IntentFilter 中的任意一个 data 声明相同，data 属性就匹配成功。

```
<intent-filter>
<data android:mimeType="video/mpeg"android:scheme="http… "/>
    <data android:mimeType="audio/mpeg"android:scheme="http… "/>
    …
</intent-filter>
```

(3) category：类别。Intent 过滤器既可以不声明任何<category>元素，也可以声明多个此类元素，如下例所示：

```
<intent-filter>
    <category android:name="android.intent.category.DEFAULT"/>
```

```
        <category android:name="android.intent.category.BROWSABLE"/>
        ...
    </intent-filter>
```

IntentFilter 中罗列的 category 属性数量必须大于或者等于隐式 Intent 携带的 category 属性数量时，category 属性才能匹配成功。如果一个隐式 Intent 没有设置 category 属性，那么它可以与任何一个 IntentFilter（过滤器）的 category 匹配。使用 category 时要注意：Android 会自动将 CATEGORY _ DEFAULT 类别传递给 startActivity（）和 startActivityForResult() 的所有隐式 Intent。如需 Activity 接收隐式 Intent，则必须将“android. intent. category. DEFAULT”的类别包括在其 Intent 过滤器中。

4.4 Activity 之间的数据传递

4.4.1 Activity 之间交换数据

在实际开发中，一个 Activity 启动另一个 Activity 时经常需要传输数据过去。在 Activity 之间交换数据很简单，使用 Intent 即可。在启动新的 Activity 时，利用 Intent 提供的多种方法将数据传递过去。常用的方法如表 4.3 所示。

表 4.3 传递数据时用到的方法

方 法	作 用
putExtras(Bundle data)	向 Intent 中放入需要携带的数据包
getExtras()	取出 Intent 所携带的数据包
putExtra(String name, Xxx value)	向 Intent 中放入 key-value 形式的数据
getXxxExtra(String name)	按 key 取出 Intent 中指定类型的数据
putXxx(String key, Xxx data)	向 Bundle 中放入各种类型的数据
getXxx(String key)	从 Bundle 中取出各种类型的数据
putSerializable(String key, Serializable data)	向 Bundle 中放入一个可序列化的对象
getSerializable(String key, Serializable data)	从 Bundle 中取出一个可序列化的对象

Intent 主要通过 Bundle 对象来携带数据。

示例 4.3 注册用户并在另一个 Activity 中显示注册信息。

运行程序的效果如图 4.15 所示。

图 4.15 注册信息并显示

（1）创建注册 RegisterActivity 的布局文件和类。

RegisterActivity 的布局文件代码如下：

```
<?xml version="1.0"encoding="utf-8"?>
<LinearLayout xmlns:android="http://schemas.android.com/apk/res/android"
    xmlns:app="http://schemas.android.com/apk/res-auto"
    xmlns:tools="http://schemas.android.com/tools"
    android:layout_width="match_parent"
    android:layout_height="match_parent"
    android:orientation="vertical"
    tools:context=".RegisterActivity">
    <RelativeLayout
        android:layout_width="match_parent"
        android:layout_height="wrap_content">
        <TextView
            android:id="@+id/tv_nickname"
            android:layout_width="wrap_content"
            android:layout_height="wrap_content"
            android:layout_centerVertical="true"
            android:text="昵称:"
            android:textSize="18sp"/>
        <EditText
            android:id="@+id/et_nickname"
            android:layout_width="match_parent"
            android:layout_height="wrap_content"
            android:layout_marginLeft="5dp"
            android:layout_toRightOf="@id/tv_nickname"
            android:textSize="18sp"/>
    </RelativeLayout>
    <RelativeLayout
        android:layout_width="match_parent"
        android:layout_height="wrap_content">
        <TextView
            android:id="@+id/tv_phone"
            android:layout_width="wrap_content"
            android:layout_height="wrap_content"
            android:layout_centerVertical="true"
            android:text="电话:"
            android:textSize="18sp"/>
        <EditText
            android:id="@+id/et_phone"
            android:layout_width="match_parent"
            android:layout_height="wrap_content"
            android:layout_marginLeft="5dp"
```

```
            android:layout_toRightOf="@id/tv_phone"
            android:textSize="18sp"/>
    </RelativeLayout>
    <Button
        android:id="@+id/btnReg"
        android:layout_width="match_parent"
        android:layout_height="wrap_content"
        android:text="注册"
        android:textSize="18sp"/>
</LinearLayout>
```

RegisterActivity 类中获取注册信息，传递给显示用户信息的 Activity，代码如下：

```
public class RegisterActivity extends AppCompatActivity implements View.
OnClickListener {
    @Override
    protected void onCreate(Bundle savedInstanceState) {
        super.onCreate(savedInstanceState);
        setContentView(R.layout.activity_register);
        findViewById(R.id.btnReg).setOnClickListener(this);
    }
    @Override
    public void onClick(View v) {
        switch (v.getId()){
            case R.id.btnReg:
                //获取文本编辑框中的值
                EditText et_user=findViewById(R.id.et_nickname);
                String username=et_user.getText().toString().trim();
                EditText et_phone=findViewById(R.id.et_phone);
                String phone=et_phone.getText().toString().trim();
                //创建 bundle 对象
                Bundle bundle=new Bundle();
                bundle.putString("username",username);
                bundle.putString("phone",phone);
                //创建意图
                Intent intent = new Intent(RegisterActivity.this,UserInfoActivity.
class);
                //存放 bundle
                intent.putExtras(bundle);
                //启动新的 Activity
                startActivity(intent);
                break;
        }
    }
}
```

（2）创建 UserInfoActivity 的布局文件，获取注册信息并显示。

activity_user_info 布局文件的代码如下：

```
<?xml version="1.0"encoding="utf-8"?>
<androidx.constraintlayout.widget.ConstraintLayout xmlns:android="http://schemas.android.com/apk/res/android"
    xmlns:app="http://schemas.android.com/apk/res-auto"
    xmlns:tools="http://schemas.android.com/tools"
    android:layout_width="match_parent"
    android:layout_height="match_parent"
    tools:context=".UserInfoActivity">

    <TextView
        android:id="@+id/txtUserInfo"
        android:layout_width="wrap_content"
        android:layout_height="wrap_content"
        android:layout_marginTop="96dp"
        android:textSize="18sp"
        android:gravity="left"
        app:layout_constraintEnd_toEndOf="parent"
        app:layout_constraintHorizontal_bias="0.448"
        app:layout_constraintStart_toStartOf="parent"
        app:layout_constraintTop_toTopOf="parent"/>

</androidx.constraintlayout.widget.ConstraintLayout>
```

UserInfoActivity 类的代码如下：

```
public classUserInfoActivity extends AppCompatActivity {

    @Override
    protected void onCreate(Bundle savedInstanceState) {
        super.onCreate(savedInstanceState);
        setContentView(R.layout.activity_user_info);

        Intent intent=getIntent();
        Bundle bundle=intent.getExtras();
        String username=bundle.getString("username");
        String phone=bundle.getString("phone");
        TextView txtUserInfo=findViewById(R.id.txtUserInfo);
        txtUserInfo.setText("昵称:"+username+ "\n电话:"+phone);
    }
}
```

4.4.2 数据回传

启动另一个 Activity 不一定是单向操作，也可以启动另一个 Activity 并接收返回的结果。要接收结果，请调用 startActivityForResult()(而非 startActivity())。例如，有的应用可启动相机应用并接收拍摄的照片作为结果；或者启动“联系人”应用以便用户选择联系人，并且可以接收联系人详细信息作为结果。当然，响应的 Activity 必须设计为有返回结果。当它这样做时，它会作为另一 Intent 对象发送结果。在开始的 Activity 中需要在 onActivityResult() 回调中接收它。

> **注意**：当调用 startActivityForResult()时，可以使用显式或隐式 Intent。当启动自己的某个 Activity 以接收结果时，需要使用显式 Intent 确保可收到预期结果。

示例 4.4 打开联系人界面获取选中的联系人电话。

(1) 创建打开联系人的界面，添加按钮，代码如下：

```
<?xml version="1.0"encoding="utf-8"?>
<LinearLayout xmlns:android="http://schemas.android.com/apk/res/android"
    xmlns:app="http://schemas.android.com/apk/res-auto"
    xmlns:tools="http://schemas.android.com/tools"
    android:orientation="vertical"
    android:layout_width="match_parent"
    android:layout_height="match_parent"
    tools:context=".ResultActivity">
    <Button
        android:id="@+id/btnResult"
        android:layout_width="match_parent"
        android:layout_height="wrap_content"
        android:text="打开联系人获取电话"
        android:textSize="18sp"/>
    <TextView
        android:id="@+id/txtPhone"
        android:layout_width="match_parent"
        android:layout_height="wrap_content"
        android:textSize="18sp"/>
</LinearLayout>
```

(2) 在 Activity 中获取启动联系人并获取回传数据。

```
package com.qcxy.chapter4;
import androidx.appcompat.app.AppCompatActivity;
import android.content.Intent;
import android.database.Cursor;
public class ResultActivity extends AppCompatActivity implements View.OnClickListener
{
    private static final String TAG="ResultActivity";
    @Override
    protected void onCreate(Bundle savedInstanceState) {
        super.onCreate(savedInstanceState);
        setContentView(R.layout.activity_result);
```

```
        findViewById(R.id.btnResult).setOnClickListener(this);
    }
    @Override
    public void onClick(View v) {
        pickContact();
    }
    static final int PICK_CONTACT_REQUEST=1;// The request code
    private void pickContact() {
        Intent pickContactIntent=new Intent(Intent.ACTION_PICK, Uri.parse("content://
contacts"));
         pickContactIntent.setType(ContactsContract.CommonDataKinds.Phone.CONTENT_
TYPE); // Show user only contacts w/ phone numbers
        startActivityForResult(pickContactIntent, PICK_CONTACT_REQUEST);
    }
    @Override
    protected void onActivityResult(int requestCode, int resultCode, Intent data) {
        // Check which request we're responding to
        if (requestCode==PICK_CONTACT_REQUEST) {
            // Make sure the request was successful
            if (resultCode==RESULT_OK) {
                Uri contacturi=data.getData();
                //如果需要别的信息,就在这里添加参数
                String[] projection={ContactsContract.CommonDataKinds.Phone.NUMBER};
                Cursor cursor=getContentResolver()
                        .query(contacturi, projection, null, null, null);
                //将游标移动到第一行
                cursor.moveToFirst();
                //返回列名对应的列的索引值
                 int column=cursor.getColumnIndex(ContactsContract.CommonDataKinds.
Phone.NUMBER);
                //返回当前行指定列的值,这里就是电话
                String number=cursor.getString(column);
                TextView tv_phone=findViewById(R.id.txtPhone);
                tv_phone.setText(number);
                Log.d(TAG, "onActivityResult: "+number);
            }
        }
    }
}
```

运行程序效果如图 4.16 所示。

点击【打开联系人获取电话】按钮，界面如图 4.17 所示。

双击选中添加过的联系人信息，该界面关闭，电话显示在开始界面上，如图 4.18 所示。

图 4.16　打开联系人

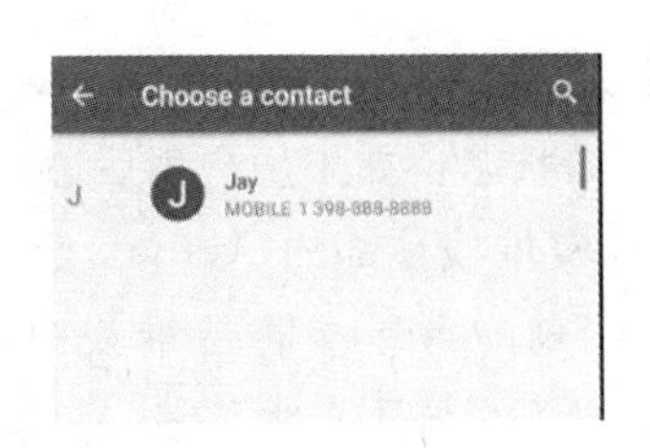

图 4.17　选择联系人

图 4.18　获取联系人电话

4.5　Activity 的启动模式

4.5.1　Android 中的任务栈

任务是用户在执行某项工作时与之互动的一系列 Activity 的集合。这些 Activity 按照每个 Activity 打开的顺序排列在一个返回堆栈中。例如，电子邮件应用可能由一个 Activity 来显示新邮件列表。当用户选择一封邮件时，系统会打开一个新的 Activity 来显示该邮件。这个新的 Activity 会添加到返回堆栈中。如果用户按返回按钮，这个新的 Activity 即会完成并从堆栈中退出。

在当前 Activity 启动另一个 Activity 时，新的 Activity 将被推送到堆栈顶部并获得焦点。上一个 Activity 仍保留在堆栈中，但会停止。当 Activity 停止时，系统会保留其界面的当前状态。当用户按返回按钮时，当前 Activity 会从堆栈顶部退出(该 Activity 销毁)，上一个 Activity 会恢复(界面会恢复到上一个状态)。堆栈中的 Activity 永远不会重新排列，只会入栈和出栈，在当前 Activity 启动时被送入堆栈，在用户使用返回按钮离开时从堆栈中退出。因此，返回堆栈按照"后进先出"的数据结构运作。图 4.19 借助一个时间轴直观地显示了这种行为。该时间轴显示了 Activity 之间的进展以及每个时间点的当前返回堆栈。

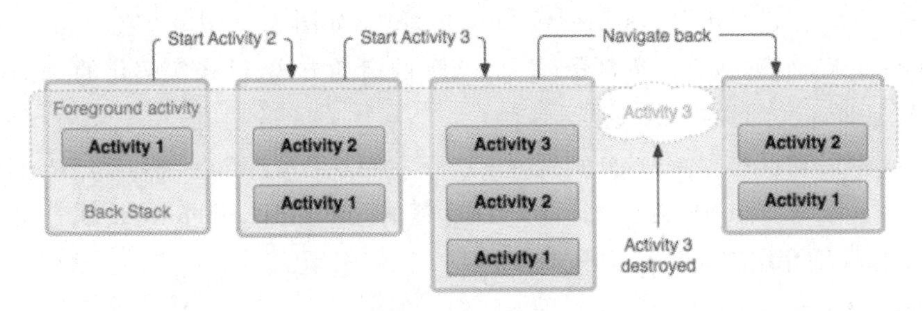

图 4.19　任务栈的时间轴

如果用户继续按返回按钮，则堆栈中的 Activity 会逐个退出，以显示前一个 Activity，直到用户返回到主屏幕(或任务开始时运行的 Activity)。移除堆栈中的所有 Activity 后，该任务将不复存在。

Activity 和任务的默认行为总结如下：

(1) 当 Activity A 启动 Activity B 时，Activity A 会停止，但系统会保留其状态(例如滚

Android 4.5 ▶

动位置和输入表单中的文本）。如果用户在 Activity B 中按返回按钮，系统会恢复 Activity A 及其状态。

(2) 当用户通过按主屏幕按钮离开任务时，当前 Activity 会停止，其任务会转到后台。系统会保留任务中每个 Activity 的状态。如果用户稍后通过点按该任务的启动器图标来恢复该任务，该任务会进入前台并恢复堆栈顶部的 Activity。

(3) 如果用户按返回按钮，当前 Activity 将从堆栈中退出并销毁。堆栈中的上一个 Activity 将恢复。Activity 被销毁后，系统不会保留该 Activity 的状态。

(4) Activity 可以多次实例化，甚至可以从其他任务对其进行实例化。

4.5.2 Activity 的 4 种启动模式

在实际开发中，应根据需求为每个 Activity 指定恰当的启动模式。通过启动模式定义 Activity 的新实例如何与当前任务关联，在清单文件中声明 Activity 时，可以使用 <activity>元素的 launchMode 属性指定 Activity 应该如何与任务关联。lanuchMode 属性支持 4 种属性值，如表 4.4 所示。

表 4.4 Activity 启动模式

属 性 值	作 用
standard	标准模式，不配置时默认这种启动模式
singleTop	栈顶单例模式
singleTask	栈内单例模式
singleInstance	全局单例模式

前面介绍过，Android 系统采用任务栈(Task)的方式来管理 Activity 的实例，当启动一个应用时，Android 就会为之创建一个任务栈。先启动的 Activity 压在栈底，后启动的 Activity 放在栈顶，通过启动模式可以控制 Activity 在任务栈中的加载方式。

Android 系统中的任务栈，类似于一个容器，用于管理所有的 Activity 实例。在存放 Activity 时，满足“先进后出”(first-in/last-out)的原则，如图 4.20 所示。

Activity 的启动模式，就是负责管理 Activity 的启动方式、已经实例化的 Activity，并控制 Activity 与 Task 之间的加载关系。

Activity 的启动模式有 4 种，分别是 standard、singleTop、singleTask 和 singleInstance。在 AndroidManifest.xml 中，通过<activity>标签的 android:launchMode 属性可以设置启动模式。下面详细介绍这 4 种启动模式。

1. standard 模式

standard 模式是默认的启动模式，当一个 Activity 在清单文件中没有配置 launchMode 属性时默认就是 standard 模式启动。在这种模式下，每次启动目标 Activity 时，Android 总会为目标 Activity 创建一个新的实例，并将该实例放入当前 Task 栈中(还是原来的 Task 栈，并没有启动新的 Task)，如图 4.21 所示。

2. singleTop 模式

这种模式与 standard 模式很相似，不同点是：当要启动的目标 Activity 已经位于栈顶时，系统不会重新创建新的目标 Activity 实例，而是直接复用栈顶已经创建好的 Activity。

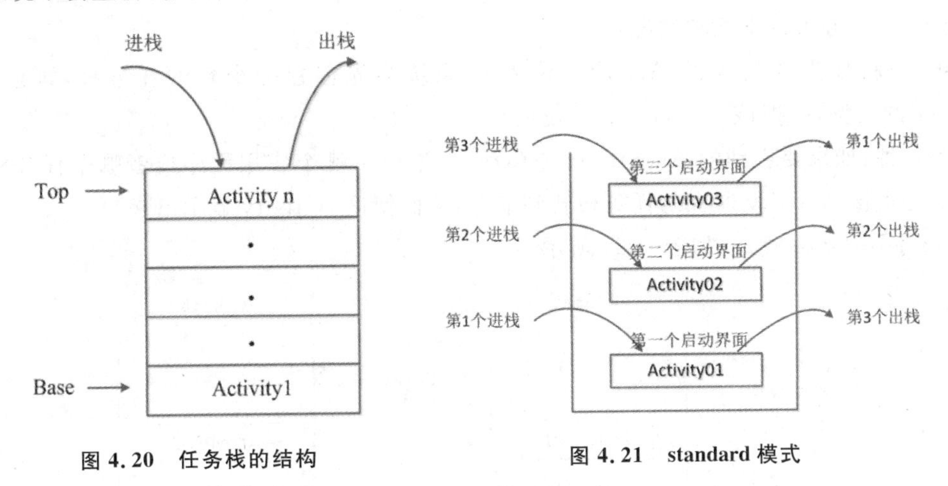

图 4.20　任务栈的结构　　　　图 4.21　standard 模式

不过要注意的是，如果要启动的目标 Activity 不是位于栈顶，那么系统将会重新实例化目标 Activity，并将其加入 Task 栈中，这时 singleTop 模式与 standard 模式完全一样，如图 4.22 所示。

3. singleTask 模式

当一个 Activity 采用 singleTask 启动模式后，整个 Android 应用中只有一个该 Activity 实例。只是系统对它的处理方式稍显复杂，首先检查应用中是否有该 Activity 的实例存在，如果没有，则新建一个目标 Activity 实例；如果已有目标 Activity 存在，则会把该目标 Activity 置于栈顶，在其上面的 Activity 会全部出栈，如图 4.23 所示。

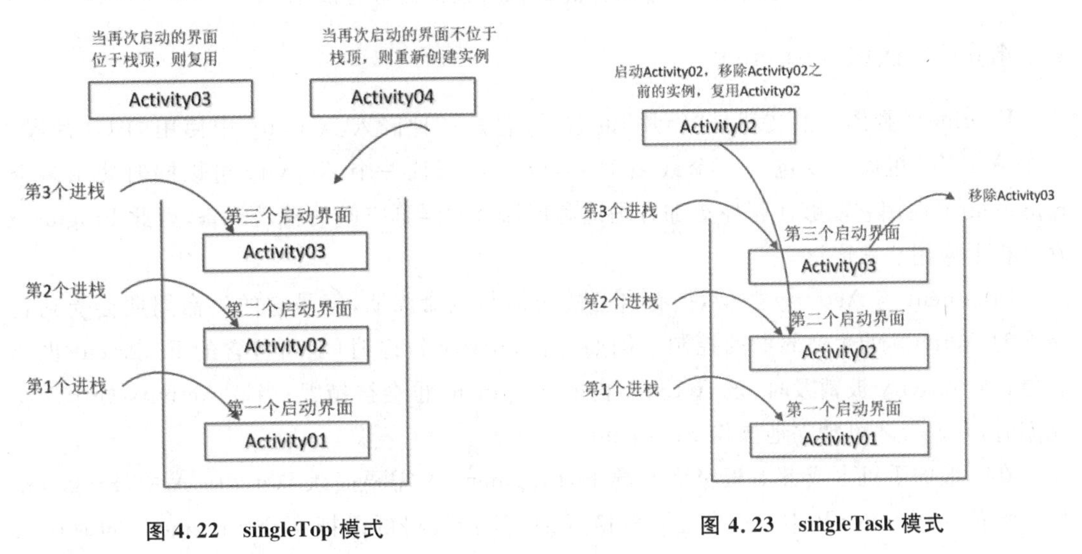

图 4.22　singleTop 模式　　　　图 4.23　singleTask 模式

4. singleInstance 模式

在程序开发中，如果需要 Activity 在整个系统中都只有一个实例，这时就需要用到 singleInstance 模式。不同于上述三种模式，指定为 singleInstance 模式的 Activity 会启动一个新的任务栈来管理这个 Activity。

singleInstance 模式加载 Activity 时，无论从哪个任务栈中启动该 Activity，只会创建一个 Activity 实例，并且会使用一个全新的任务栈来装载该 Activity 实例。采用这种模式启动 Activity 会分为以下两种情况：

第一种：如果要启动的 Activity 不存在，系统会先创建一个新的任务栈，再创建该 Activity 的实例，并把该 Activity 加入栈顶。

第二种：如果要启动的 Activity 已经存在，无论位于哪个应用程序或者哪个任务栈中，系统都会把该 Activity 所在的任务栈转到前台，从而使该 Activity 显示出来。

singleInstance 模式，如图 4.24 所示。

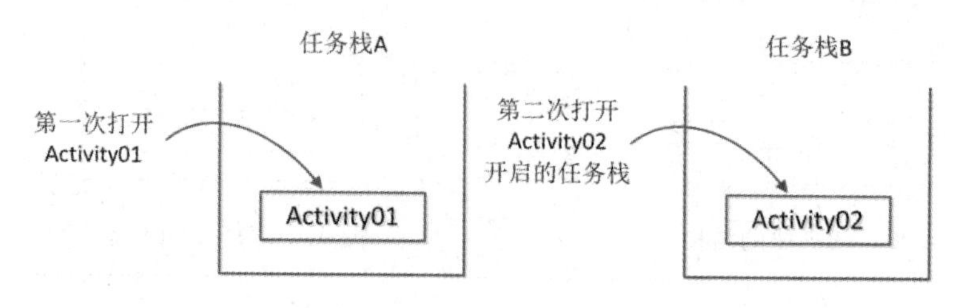

图 4.24　singleInstance 模式

4.6 Fragment

屏幕大小差距过大有可能会让同样的界面在视觉效果上有较大的差异，比如一些界面在手机上看起来非常美观，但在平板电脑上看起来就可能会有控件被过分拉长、元素之间空隙过大等情况。在开发 Android 应用时，我们需要兼顾手机和平板的开发。自从 Android 3.0 版本引入 Fragment 概念后，就可以让界面在平板上更好地展示。

4.6.1　认识 Fragment

Fragment 翻译为中文就是“碎片”的意思，它是一种嵌入 Activity 中使用的 UI 片段。一个 Activity 里面可以包含一个或多个 Fragment，而且一个 Activity 可以同时展示多个 Fragment。使用它能够让程序更加合理地利用拥有大屏幕空间的移动设备，因此 Fragment 在平板上应用非常广泛。

Fragment 与 Activity 类似，拥有自己的布局与生命周期，但是它的生命周期会受到它所在的 Activity 的生命周期的控制。例如：当 Activity 暂停时，它所包含的 Fragment 也会暂停；当 Activity 被销毁时，该 Activity 内的 Fragment 也会被销毁；当该 Activity 处于活动状态时，开发者才可独立地操作 Fragment。

在一般的手机上或者平板竖屏情况下，Fragment A 需要嵌入 Activity A 中，Fragment B 需要嵌入 Activity B 中；如果在平板横屏的情况下，则可以把两个 Fragment 同时嵌入 Activity A 中，这样布局上既节约了空间，也会更美观，如图 4.25 所示。

Fragment 表示 FragmentActivity 中的行为或界面的一部分。程序可以在一个 Activity 中组合多个片段，从而构建多窗格界面，并在多个 Activity 中重复使用某个片段。应用程序可以将片段视为 Activity 的模块化组成部分，它具有自己的生命周期，能接收自己的输入事件，并且还可以在 Activity 运行时添加或移除片段，这有点像可以在不同 Activity 中重复使用的“子 Activity”。Fragment 必须始终托管在 Activity 中，其生命周期直接受宿

◀ Android 4.6

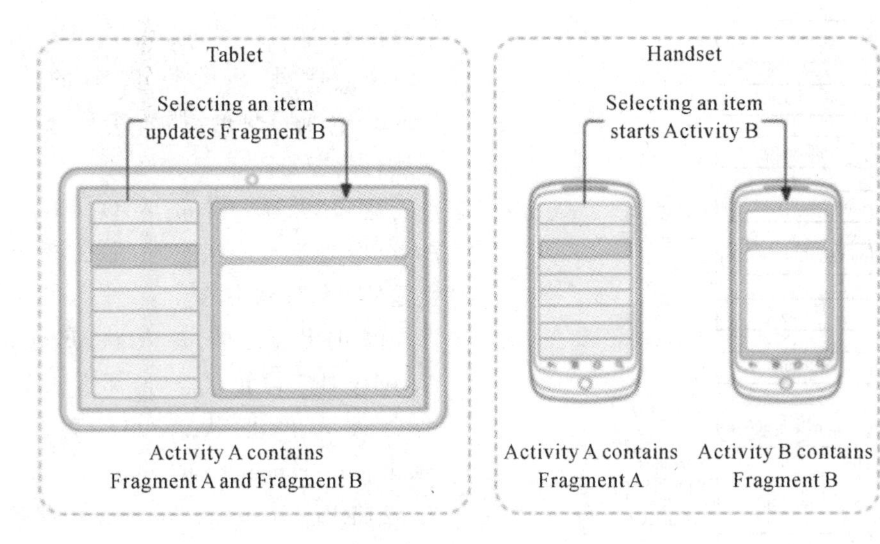

图 4.25 适应不同屏幕

主 Activity 生命周期的影响。

Android 系统中提供了 3 个内置的 Fragment 供开发者使用。

(1) DialogFragment：对话框式的 Fragment，显示浮动对话框。可以把 DialogFragment 加入 Activity 管理的 Fragment 返回栈中，使用户操作能返回到这个 DialogFragment。

(2) ListFragment：显示一个列表控件，类似于 ListActivity，提供了很多管理列表的方法，例如 onListItemClick()方法和 setListAdapter()方法等。

(3) PreferenceFragment：显示一个由 Preference 对象组成的列表，类似于 PreferenceActivity，主要用来创建设置界面。

◆ 4.6.2 Fragment 的生命周期

Fragment 代表 Activity 的子模块，是 Activity 界面的一部分或一种行为。与 Activity 一样，Fragment 也有自己的生命周期，如图 4.26 所示。

图 4.26 展示了 Fragment 生命周期中被回调的所有方法。

① onCreate(Bundle saveStatus)：创建 Fragment 时被回调，该方法只会被回调一次。

② onCreateView()：每次创建、绘制该 Fragment 的 View 组件时回调该方法，Fragment 将会显示该方法返回的 View 组件。

③ onActivityCreated()：当 Fragment 所在的 Activity 被启动完成后回调该方法。

④ onStart()：启动 Fragment 时回调该方法。

⑤ onResume()：恢复 Fragment 时被回调，在 onStart()方法后一定会回调该方法。

⑥ onPause()：暂停 Fragment 时被回调。

⑦ onDestroyView()：销毁该 Fragment 所包含的 View 组件时被回调。

⑧ onDestroy()：销毁该 Fragment 时被回调。

⑨ onDetach()：将该 Fragment 从宿主 Activity 中删除、替换完成时回调该方法，在 onDestroy()方法后一定会回调 onDetach()方法，且只会被回调一次。

前面介绍了 Activity 的生命周期有三种状态，分别是运行状态、暂停状态和停止状态。Fragment 与 Activity 非常相似，其生命周期也会经历这几种状态。

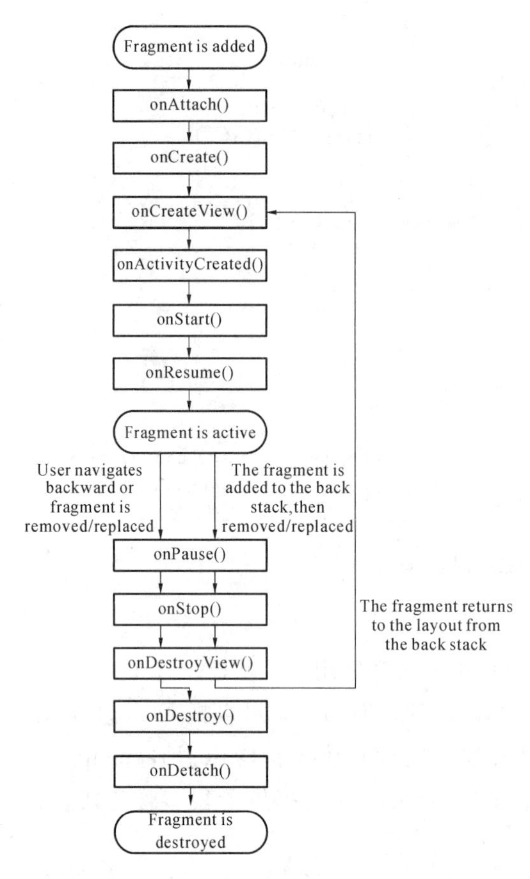

图 4.26　Fragment 的生命周期

运行状态：当嵌入该 Fragment 的 Activity 是处于运行状态的，并且该 Fragment 是可见的，那么该 Fragment 是处于运行状态的。

暂停状态：当嵌入该 Fragment 的 Activity 处于暂停状态时，那么该 Fragment 也是处于暂停状态的。

停止状态：当嵌入该 Fragment 的 Activity 处于停止状态时，那么该 Fragment 也会进入停止状态。或者通过调用 FragmentTransation 的 remove( )、replace( )方法将 Fragment 从 Activity 中移除。

Fragment 必须是依存于 Activity 而存在的，因此 Activity 的生命周期会直接影响到 Fragment 的生命周期。它们生命周期的对比如图 4.27 所示。

可以看到 Fragment 比 Activity 多了几个生命周期回调方法：

onAttach（Activity）：当 Fragment 与 Activity 发生关联时调用。

onCreateView（LayoutInflater，ViewGroup，Bundle）：创建该 Fragment 的视图（加载布局）时调用。

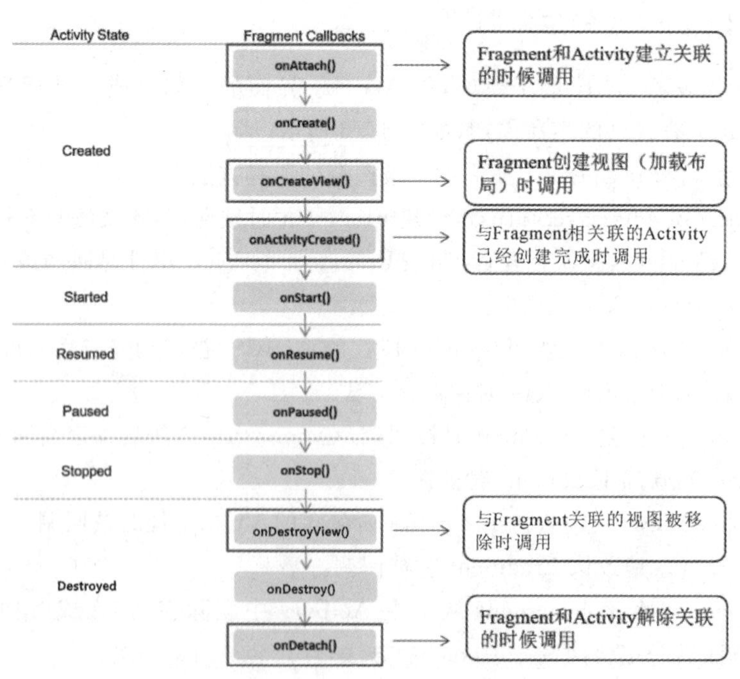

图 4.27　Fragment 和 Activity 生命周期的对比图

onActivityCreated(Bundle)：当 Activity(与 Fragment 相关联)的 onCreate 方法返回时调用。

onDestoryView()：与 onCreateView 相对应，当与该 Fragment 关联的视图被移除时调用。

onDetach()：与 onAttach 相对应，当 Fragment 与 Activity 的关联被取消时调用。

4.6.3 Fragment 的加载

Fragment 的创建与 Activity 的创建类似，要创建一个 Fragment 必须要创建一个类继承自 Fragment。Android 系统提供了两个 Fragment 类，分别是 android. app. Fragment 和 android. support. v4. app. Fragment。继承前者只能兼容 Android 4.0 以上的系统，继承后者可以兼容更低的版本。

动态添加碎片主要分为如下 5 步：

(1) 创建待添加的碎片实例。

(2) 获取到 FragmentManager，在活动中可以通过直接调用 getFragmentManager()方法得到。

(3) 开启一个事务，通过调用 beginTransaction()方法开启。

(4) 向容器内加入碎片，一般使用 replace()方法实现，需要传入容器的 ID 和待添加的碎片实例。

(5) 提交事务，调用 commit()方法来完成。

1. 创建 Fragment

与创建 Activity 类似，开发者实现的 Fragment 必须继承 Fragment 基类。接下来实现 Fragment 与实现 Activity 非常相似，它们都需要实现与 Activity 类似的回调方法，例如 onCreate()、onCreateView()、onStart()、onResume()、onPause()、onStop() 等。

对于大部分 Fragment 而言，通常都会重写 onCreate()、onCreateView() 和 onPause() 这三个方法，实际开发中也可以根据需要重写 Fragment 的任意回调方法。

2. Fragment 与 Activity

在 Activity 中显示 Fragment 则必须将 Fragment 添加到 Activity 中。将 Fragment 添加到 Activity 中有如下两种方式：

第一种方式：在布局文件中添加。在布局文件中使用<fragment …/>元素添加 Fragment，其中<fragment…/>的 android:name 属性必须指定 Fragment 的实现类。

示例 4.5 静态加载 Fragment 的案例。

实现步骤如下：

(1) 创建 Fragment 的布局文件代码：

```
<?xml version="1.0"encoding="utf-8"?>
<LinearLayout xmlns:android="http://schemas.android.com/apk/res/android"
    android:background="#FFFF00"
    android:layout_width="match_parent"
    android:layout_height="match_parent">
```

```
    <TextView
        android:id="@+id/txt"
        android:layout_width="match_parent"
        android:layout_height="match_parent"
        android:text="Static Fragment"
        android:gravity="center_horizontal"
        android:textSize="20sp"/>

</LinearLayout>
```

（2）创建 StaticFragment 继承 Fragment 的代码：

```
public class StaticFragment extends Fragment {

    @Nullable
    @Override
    public View onCreateView(@NonNull LayoutInflater inflater, @Nullable ViewGroup
container, @Nullable Bundle savedInstanceState) {
        View view=inflater.inflate(R.layout.static_fragment_layout,container,false);
        return view;
    }
}
```

（3）创建 Activity 的布局文件，在布局文件中添加 fragment 标签，其 name 指定 Fragment 类：

```
<?xml version="1.0"encoding="utf-8"?>
<RelativeLayout
    xmlns:android="http://schemas.android.com/apk/res/android"
    xmlns:app="http://schemas.android.com/apk/res-auto"
    xmlns:tools="http://schemas.android.com/tools"
    android:layout_width="match_parent"
    android:layout_height="match_parent"
    tools:context=".StaticFragmentActivity">

    <fragment
        android:id="@+id/static_frag"
        android:layout_width="300dp"
        android:layout_height="300dp"
        android:layout_centerInParent="true"
        android:name="com.qcxy.chapter4.StaticFragment"/>

</RelativeLayout>
```

（4）创建 Activity 类：

```
public class StaticFragmentActivity extends AppCompatActivity {

    @Override
```

```
    protected void onCreate(Bundle savedInstanceState) {
        super.onCreate(savedInstanceState);
        setContentView(R.layout.activity_static_fragment);
    }
}
```

程序运行结果如图 4.28 所示。

第二种方式:在 Java 代码中添加。在 Java 代码中通过 FragmentTransaction 对象的 relpace()或 add()方法来替换或添加 Fragment。

在第二种方式中,Activity 的 getFragmentManager()方法返回 FragmentManager,通过调用 FragmentManager 的 beginTransaction()方法获取 FragmentTransaction 对象。

示例 4.6 动态添加 Fragment,点击【NEW CONTENT】按钮,在按钮下方添加一个 Fragment,效果如图 4.29 所示。

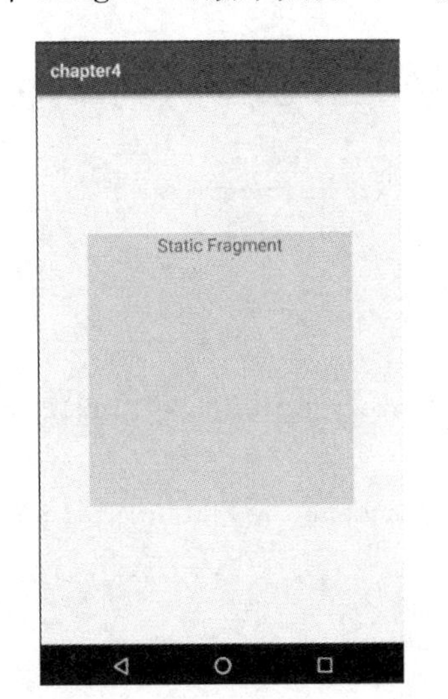

图 4.28 静态加载 Fragment

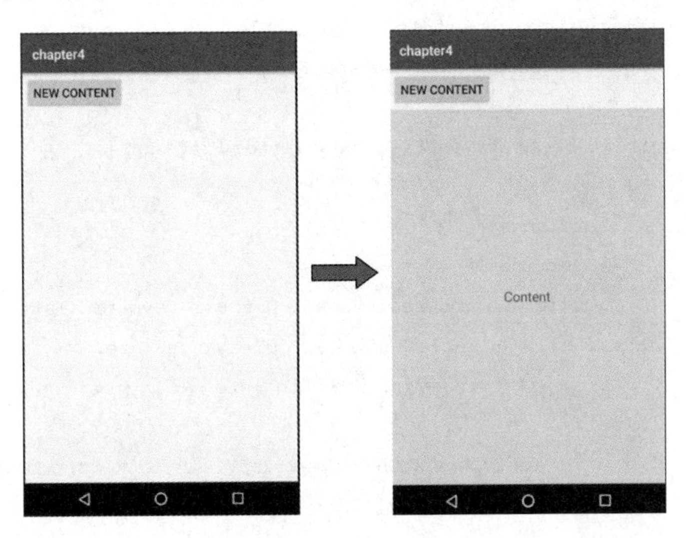

图 4.29 动态添加 Fragment

实现步骤如下:

(1) 创建 Fragment 的布局文件,代码如下:

```
<?xml version="1.0"encoding="utf-8"?>
<RelativeLayout
    xmlns:android="http://schemas.android.com/apk/res/android"
    android:layout_width="match_parent"
    android:layout_height="match_parent"
    android:background="#FFFF00">

    <TextView
        android:id="@+id/txtCnt"
        android:layout_width="match_parent"
        android:layout_height="match_parent"
        android:text="Content"
        android:gravity="center"
```

```
        android:textSize="20sp"/>

</RelativeLayout>
```

（2）创建 ContentFragment 继承 Fragment，代码如下：

```
packagecom.qcxy.chapter4;

import android.os.Bundle;
import android.view.LayoutInflater;
import android.view.View;
import android.view.ViewGroup;
import android.widget.TextView;

import androidx.annotation.NonNull;
import androidx.annotation.Nullable;
import androidx.fragment.app.Fragment;

public class ContentFragment extends Fragment {

    @Nullable
    @Override
    public View onCreateView(@NonNull LayoutInflater inflater, @Nullable ViewGroup
container, @Nullable Bundle savedInstanceState) {
        View view=inflater.inflate(R.layout.content_fragment_layout, container,
false);
//        TextView txtCnt=view.findViewById(R.id.txtCnt);
//        txtCnt.setText("");
        return view;
    }
}
```

（3）创建 ContentActivity，添加一个按钮，点击按钮将 Fragment 添加到按钮下方区域。Activity 的布局文件 activity_content.xml 的代码如下：

```
<?xml version="1.0"encoding="utf-8"?>
<LinearLayout
    xmlns:android="http://schemas.android.com/apk/res/android"
    xmlns:app="http://schemas.android.com/apk/res-auto"
    xmlns:tools="http://schemas.android.com/tools"
    android:layout_width="match_parent"
    android:layout_height="match_parent"
    android:orientation="vertical"
    tools:context=".ContentActivity">

    <LinearLayout
        android:id="@+id/cntTop"
```

```
        android:layout_width="match_parent"
        android:layout_height="wrap_content"
        android:padding="5dp"
        android:orientation="horizontal">

        <Button
            android:id="@+id/btn1"
            android:layout_width="wrap_content"
            android:layout_height="wrap_content"
            android:text="New Content"
            android:textSize="18sp"/>
    </LinearLayout>

    <LinearLayout
        android:id="@+id/mainCnt"
        android:layout_width="match_parent"
        android:layout_height="match_parent"
        android:orientation="horizontal">

    </LinearLayout>

</LinearLayout>
```

（4）ConentActivity 的代码如下：

```
package com.qcxy.chapter4;
import androidx.appcompat.app.AppCompatActivity;
import android.os.Bundle;import android.view.View;
import android.widget.Button;
public class ContentActivity extends AppCompatActivity {
    @Override
    protected void onCreate(Bundle savedInstanceState) {
        super.onCreate(savedInstanceState);
        setContentView(R.layout.activity_content);
        Button btnNew=findViewById(R.id.btn1);
        btnNew.setOnClickListener(new View.OnClickListener() {
            @Override
            public void onClick(View v) {
                //1.Container,2.Fragment,3.Fragment- > Container
                ContentFragment contentFragment=new ContentFragment();
                getSupportFragmentManager()
                        .beginTransaction()
                        .add(R.id.mainCnt,contentFragment)
                        .commit();
            }
```

```
        });
    }
}
```

3. Fragment 管理与 Fragment 事务

前面介绍了 Activity 与 Fragment 交互相关的内容，其实 Activity 管理 Fragment 主要依靠 FragmentManager。

FragmentManager 的功能：

（1）使用 findFragmentById()或 findFragmentByTag()方法来获取指定 Fragment。

（2）调用 popBackStack()方法将 Fragment 从后台栈中弹出（模拟用户按下 Back 按键）。

（3）调用 addOnBackStackChangeListener()注册一个监听器，用于监听后台栈的变化。如果需要添加、删除、替换 Fragment，则需要借助 FragmentTransaction 对象，该对象代表 Activity 对 Fragment 执行的多个改变。

FragmentTransaction 也被翻译为 Fragment 事务。与数据库事务类似的是，数据库事务代表了对底层数组的多个更新操作；而 Fragment 事务则代表了 Activity 对 Fragment 执行的多个改变操作。

每个 FragmentTransaction 可以包含多个对 Fragment 的修改，比如包含调用多个 add()、replace()和 remove()操作，最后调用 commit()提交事务即可。

按下 Back 键程序会直接退出，如果想模仿类似于返回栈的效果，按下 Back 键回到上一个 Fragment，这时需要在调用 commit()之前，调用 addToBackStack()将事务添加到 Back 栈，该栈由 Activity 负责管理，允许用户按 Back 按键返回到前一个 Fragment 状态。代码如下：

```
// 创建一个新的 Fragment 并打开事务
Fragment newFragment=new ExampleFragment();
FragmentTransaction transaction =
getFragmentManager().beginTransaction();
// 替换该界面中 fragment_container 容器内的 Fragment
transaction.replace(R.id.fragment_container, newFragment);
//将事务添加到 Back 栈，允许用户按 Back 按键返回到替换 Fragment 之前的状态
transaction.addToBackStack(null);
// 提交事务
transaction.commit();
```

在上面的示例代码中，newFragment 替换了当前界面布局中 ID 为 fragment_container 的容器内的 Fragment。由于程序调用了 addToBackStack()，将该 replace 操作添加到了 Back 栈中，因此用户可以通过按下 Back 按键返回替换之前的状态。

4.7 Fragment 与 Activity 之间的传值

Fragment 与 Activity 都各自存在于一个独立的类中，它们之间并没有明显的方式进行直接通信。但是，在实际的开发过程当中，经常需要在 Activity 中获取 Fragment 实例或者

在 Fragment 中获取 Activity 实例。

为了实现 Fragment 和 Activity 之间的通信，FragmentManager 提供了一个 findFragmentById()的方法，专门用于从布局文件中获取 Fragment 的实例。该方法有一个参数，它代表 Fragment 在 Activty 布局中的 ID。

例如在布局文件中指定 SecondFragment 的 ID 为 R. id. second_fragment，这时就可以使用 getFragmentManager ( ). findFragmentById (R. id. second _ fragment) 方法得到 SecondFragment 的实例。代码如下：

```
SecondFragment secondFragment = getFragmentManager ( ). findFragmentById ( R. id. second_
fragment);
```

在 Fragment 中获取 Activity 实例对象，可以通过在 Fragment 中调用 getActivity()方法来获取到与当前 Fragment 相关联的 Activity 实例对象。

例如在 MainActivity 中添加了 SecondFragment，那么就可以通过在 Fragment 中调用 getActivity()获取 MainActivity 实例对象。代码如下：

```
MainActivity activity=(MainActivity) getActivity();
```

获取到 Activity 中的实例对象以后，就可以调用该 Activity 中的方法了。而且当 Fragment 需要使用 Context 对象时，也可以使用该方法。

Activity 与 Fragment 互相传递数据的情况，可以按照以下三种方式进行。

(1) Activity 向 Fragment 传递数据：在 Activity 中创建 Bundle 数据包，并调用 Fragment 的 setArguments(Bundle bundle)方法即可将 Bundle 数据包传给 Fragment。

(2) Fragment 向 Activity 传递数据或 Activity 需要在 Fragment 运行中进行实时通信：在 Fragment 中定义一个内部回调接口，再让包含该 Fragment 的 Activity 实现该回调接口，这样 Fragment 即可调用该回调方法将数据传给 Activity。

(3) 通过广播的方式。

示例 4.7 Activity 向 Fragment 传递数据。在上一个示例中创建多个 Button，点击不同的 Button 将不同的数据传递给 Fragment，显示在 Fragment 中，效果如图 4.30 所示。

图 4.30　点击不同的按钮传递不同的数据给 Fragment

修改 ContentActivity，代码如下：

```
package com.qcxy.chapter4;
import androidx.appcompat.app.AppCompatActivity;
import androidx.fragment.app.Fragment;
import androidx.fragment.app.FragmentTransaction;
import android.os.Bundle;
import android.view.View;
import android.widget.Button;
import java.util.ArrayList;
import java.util.List;

public class ContentActivity extends AppCompatActivity implements View.OnClickListener
{

    //创建数组存储不同的内容
    String [] contents={"内容 1","内容 2"};
    //声明 Fragment
    ContentFragment contentFragment=null;
    @Override
    protected void onCreate(Bundle savedInstanceState) {
        super.onCreate(savedInstanceState);
        setContentView(R.layout.activity_content);

        Button btnNew1=findViewById(R.id.btn1);
        Button btnNew2=findViewById(R.id.btn2);

        btnNew1.setOnClickListener(this);
        btnNew2.setOnClickListener(this);
    }

    @Override
    public void onClick(View v) {
        Bundle bundle=new Bundle();
        FragmentTransaction transaction;
        transaction=getSupportFragmentManager().beginTransaction();
        if(contentFragment!=null) {
            transaction.remove(contentFragment);
        }
        bundle.remove("cnt");
        switch (v.getId()){
            case R.id.btn1:
                bundle.putString("cnt",contents[0]);
```

```
                break;
            case R.id.btn2:
                bundle.putString("cnt",contents[1]);
                break;
        }
        contentFragment=new ContentFragment();
        contentFragment.setArguments(bundle);
        transaction.add(R.id.mainCnt,contentFragment).commit();
    }
}
```

修改 ContentFragment，代码如下：

```
package com.qcxy.chapter4;

import android.os.Bundle;
import android.view.LayoutInflater;
import android.view.View;
import android.view.ViewGroup;
import android.widget.TextView;
import androidx.annotation.NonNull;
import androidx.annotation.Nullable;
import androidx.fragment.app.Fragment;

public class ContentFragment extends Fragment {

    @Nullable
    @Override
    public View onCreateView(@NonNull LayoutInflater inflater, @Nullable ViewGroup
container, @Nullable Bundle savedInstanceState) {
        View view=inflater.inflate(R.layout.content_fragment_layout, container,
false);
        TextView txtCnt=view.findViewById(R.id.txtCnt);
        Bundle bundle=getArguments();
        txtCnt.setText(bundle.getString("cnt"));
        return view;
    }

}
```

在 ContentActivity 中特意增加了如何移除 Fragment 和添加 Fragment 的代码，如果只为传递不同的值给 Fragment，可以不需要移除和重新创建，这样代码更简洁。

4.8 实践任务

◆ 任务1 完成学生信息查询功能

需求说明

使用 Fragment 的传值实现查看联系人详情的功能，如图 4.31 所示。

要求如下：

(1) 界面左则 1/3 部分显示联系人姓名。

(2) 界面右则 2/3 部分显示对应列表的联系人详情（姓名、电话和地址）。

(3) 点击左侧列表中的联系人，右侧显示对应联系人的详情。

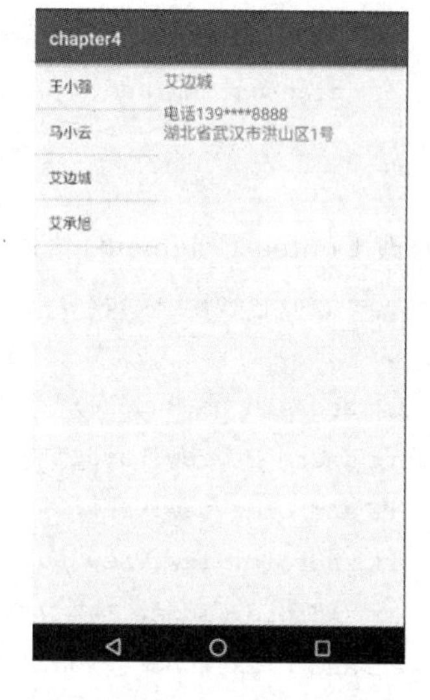

图 4.31 使用 Fragment 的传值实现查看联系人详情

实现思路

(1) 打开 Android Studio 开发工具，创建 Android 项目。

(2) 在工程中添加 StudentActivity。

(3) 创建右侧 Fragment 布局文件 fragment_student.xml，添加 2 个 TextView 控件用于显示学生姓名和学生信息。参考代码如下：

```
<?xml version="1.0"encoding="utf-8"?>
<LinearLayout xmlns:android="http://schemas.android.com/apk/res/android"
    xmlns:tools="http://schemas.android.com/tools"
    android:layout_width="match_parent"
    android:layout_height="match_parent"
    android:orientation="vertical"
    tools:context=".StudentFragment">
    <TextView
        android:id="@+id/name"
        android:layout_width="match_parent"
        android:layout_height="wrap_content"
        android:textSize="18sp"
        android:layout_margin="5dp"/>
    <TextView
        android:id="@+id/phone_number"
        android:layout_width="match_parent"
        android:layout_height="wrap_content"
        android:textSize="18sp"
```

```
        android:layout_margin="5dp"/>
</LinearLayout>
```

（4）创建一个 StudentFragment 类，继承自 Fragment。重写 Fragment 的 onCreateView()方法，在方法中加载布局文件，并获取学生姓名和学生信息的 TextView 控件，设置显示文本的方法。参考代码如下：

```
package com.qcxy.chapter4;
import android.app.Activity;
import android.os.Bundle;
import android.view.LayoutInflater;
import android.view.View;
import android.view.ViewGroup;
import android.widget.TextView;
import androidx.fragment.app.Fragment;
public class StudentFragment extends Fragment {
    private TextView name;
    private TextView phoneNumber;
    @Override
     public View onCreateView(LayoutInflater inflater, ViewGroup container, Bundle
savedInstanceState) {
        View view=inflater.inflate(R.layout.fragment_student, container, false);
        name=view.findViewById(R.id.name);
        phoneNumber=view.findViewById(R.id.phone_number);
        return view;
    }
    public void setPhoneNumber(String phoneNumber) {
        this.phoneNumber.setText(phoneNumber);
    }
    public void setName(String name) {
        this.name.setText(name);
    }
}
```

（5）修改 StudentActivity 的布局文件 activity_student.xml。在布局文件中添加 ListView 控件和 fragment，fragment 指向 StudentFragment，ListView 和 Fragment 的宽度比为 1∶2。参考代码如下所示：

```
<?xml version="1.0"encoding="utf-8"?>
<LinearLayout xmlns:android="http://schemas.android.com/apk/res/android"
    xmlns:app="http://schemas.android.com/apk/res-auto"
    xmlns:tools="http://schemas.android.com/tools"
    android:layout_width="match_parent"
    android:layout_height="match_parent"
    android:orientation="horizontal"
    tools:context=".StudentActivity">
```

```
    <ListView
        android:id="@+id/list"
        android:layout_width="0dp"
        android:layout_height="match_parent"
        android:layout_weight="1"/>

    <fragment
        android:id="@+id/stuinfo"
        android:layout_width="0dp"
        android:layout_height="match_parent"
        android:layout_weight="2"
        android:name="com.qcxy.chapter4.StudentFragment"/>

</LinearLayout>
```

（6）修改 StudentActivity，在 MainActivity 中设置 ListView 控件的 Item 项点击事件，点击 Item 项后获取学生信息，并获取 StudentFragment 对象，将联系人信息设置到 StudentFragment 中的 TextView 控件上。参考代码如下：

```
package com.qcxy.chapter4;
import androidx.appcompat.app.AppCompatActivity;
import android.os.Bundle;
import android.view.View;
import android.widget.AdapterView;
import android.widget.ArrayAdapter;
import android.widget.ListView;
import java.util.HashMap;
import java.util.Map;
public class StudentActivity extends AppCompatActivity {
    private Map maps=new HashMap();
    @Override
    protected void onCreate(Bundle savedInstanceState) {
        super.onCreate(savedInstanceState);
        setContentView(R.layout.activity_student);
        ListView listView=findViewById(R.id.list);
        initData();
        ArrayAdapter adapter=new
                ArrayAdapter(this, android.R.layout.simple_list_item_1, maps.keySet().
toArray());
        listView.setAdapter(adapter);
        listView.setOnItemClickListener(new AdapterView.OnItemClickListener() {
            @Override
             public void onItemClick(AdapterView<?> parent, View view, int position,
long id) {
```

```
            String name=(String) maps.keySet().toArray()[position];
            String phoneNumber=(String) maps.get(name);
            StudentFragment fragment=(StudentFragment) getSupportFragmentManager
().
                    findFragmentById(R.id.stuinfo);
            fragment.setName(name);
            fragment.setPhoneNumber(phoneNumber);
        }
    });
}
private void initData() {
    maps.put("艾边城","电话 139* * * * 8888\n 湖北省武汉市洪山区 1 号");
    maps.put("艾承旭","电话 139* * * * 2222\n 湖北省武汉市洪山区 2 号");
    maps.put("马小云","电话 139* * * * 3333\n 湖北省武汉市洪山区 3 号");
    maps.put("王小强","电话 139* * * * 6666\n 湖北省武汉市洪山区 4 号");
}
}
```

本章总结

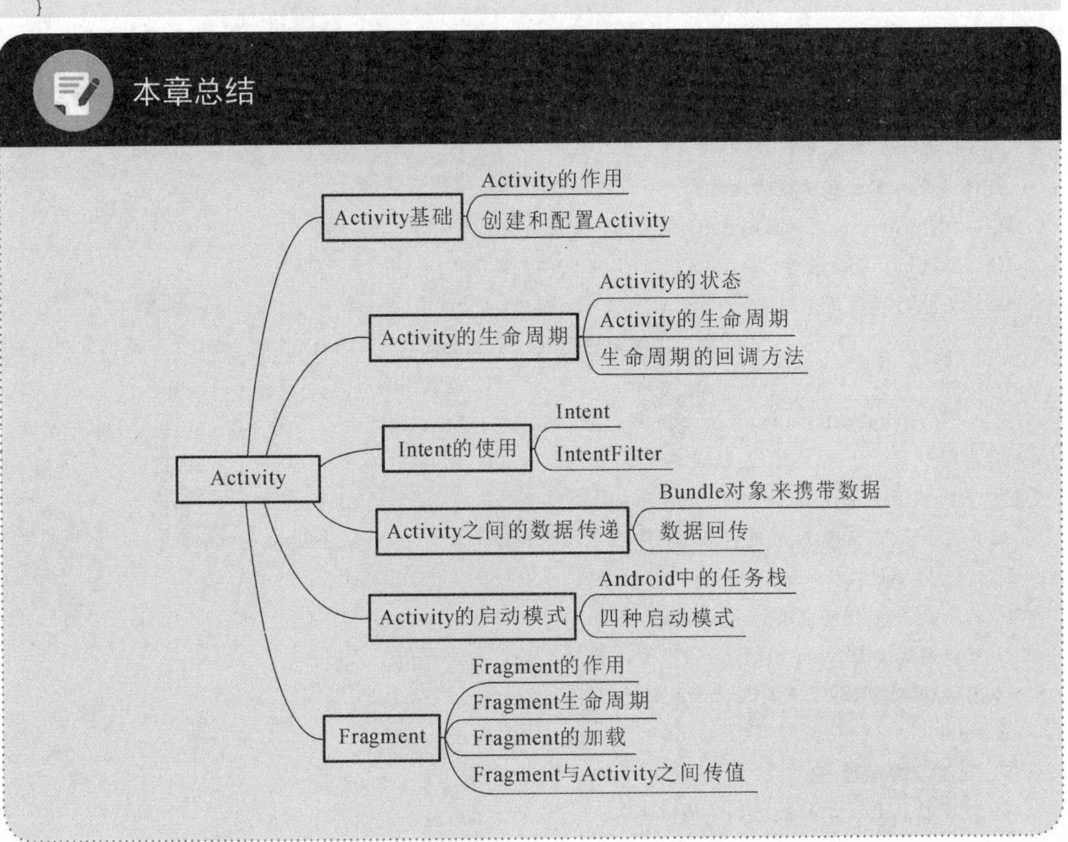

本章作业

一、选择题

1. 下面关于 Intent 的描述，正确的是（　　）。

A. Intent 用于启动 Activity、Service 以及发送广播

B. Activity 不能使用 Intent 传递数据

C. 显示 Intent 可以根据 action 激活相应的组件

D. Intent 可以使用 addAction()方法设置 action 动作

2. 下面关于 Fragment 的描述，正确的是（　　）。

A. 使用 Fragment，能使程序更加合理和充分地利用屏幕的空间

B. Android 4.0 版本开始提供 Fragment 类

C. Fragment 可以代替 Activity 使用

D. Fragment 不能嵌入 Activity 中

3. 下列选项中，属于当前 Activity 被其他 Activity 覆盖时调用的方法的是（　　）。

A. onCreate()　　B. onResume()　　C. onPause()　　D. onDestroy()

4. 下列选项中，属于开启 Activity 方法的是（　　）。

A. goToActivity()　　B. goActivity()　　C. startActivity()　　D. 以上方法都对

5. 下列选项中，不属于 onActivityResult()方法中参数的是（　　）。

A. requestCode　　B. resultCode　　C. data　　D. result

6. 下面关于任务栈的描述，正确的是（　　）。

A. 任务栈有压栈和出栈的操作

B. 当打开 Activity 时，该 Activity 就被压入栈底

C. 当 Activity 被销毁时，该 Activity 的实例从栈底弹出

D. 任务栈的规则是先进先出

7. 下列选项中，属于没有明确指定组件名的 Intent 类型的是（　　）。

A. IntentFilter　　B. 显式 Intent　　C. 隐式 Intent　　D. Intent

8. startActivityForResult()方法中提供了两个参数，用于标识请求的来源的参数是（　　）。

A. 意图　　B. 请求码　　C. 返回码　　D. 以上选项都不正确

9. 下列关于 Fragment 的描述，正确的是（　　）。

A. Fragment 不需要添加到 Activity 中也可以单独显示界面

B. 只能在布局中添加 Fragment

C. 只能在 Java 代码中添加 Fragment

D. 可以通过 getFragmentManager()方法获取 FragmentManager 实例

10. 下列选项中，属于隐式 Intent 匹配过滤器中属性的是（　　）。

A. action　　B. category　　C. data　　D. activity

二、简答与编程题

1. 简述显式 Intent 和隐式 Intent 的区别。

2. 简述 Activity 的四种启动模式及其特点。

3. 简述生命周期有哪几种状态及特点。

4. 简述 Fragment 的生命周期有哪些方法以及这些方法什么时候被调用。

5. 请编写在 MainActivity 的 onCreate()方法中跳转到 SecondActivity 界面的逻辑代码。

6. 简述在 Activity 中动态加载 Fragment 的步骤。

第5章 Android数据存储

本章简介

本章主要讲解 Android 中的数据存储，首先介绍了 Android 中常见的数据存储方式，然后详细地讲解了文件存储、SharedPreferences 存储以及 SQLite 数据库存储。数据存储是 Android 开发中非常重要的内容，一般在应用程序中经常会涉及数据存储的知识，目前 Android 开发中也出现了很多 ORM 框架帮助开发者简化 App 开发。本章最后介绍了 Room 操作数据库，推荐在项目中多运用这些技术。

学习目标

1. 了解数据持久化常用方式
2. 理解文件存储
3. 掌握 SharedPreferences 存储
4. 掌握 SQLite 数据库的操作

实践任务

任务 1　设计学生信息管理的界面

任务 2　实现学生信息管理的操作

Android 5.1

5.1 数据存储方式概述

数据存储操作也称为数据持久化，是指将内存中的瞬时数据保存到存储设备中，保证即使在手机或电脑关机的情况下，这些数据也不会丢失。保存在内存中的数据处于瞬时状态，具有已失性，而保存在存储设备中的数据是处于持久状态的。Android 提供多种应用数据保存方式。编写程序时根据特定需求来选择存储方式，例如数据需要多少存储空间、需储存哪种类型的数据，以及数据应该是应用的私有数据，还是可供其他应用和用户访问的数据。

数据持久化技术被广泛地应用于各种程序的设计领域中，Android 系统中主要提供了 5 种方式来实现数据的持久化功能，即文件存储、SharedPreferences 存储、SQLite 数据库存储、ContentProvider 存储和网络数据存储。分别介绍如下：

(1) 文件存储：把要存储的文件，如音乐、图片等以 I/O 流的形式存储在手机内存或者 SD 卡中。

(2) SharedPreferences：和 XML 文件存储的类型相似，都是以键值对的形式存储数据，常用这种方式存储用户登录时的用户名和密码等信息。

(3) SQLite 数据库：一个轻量级、跨平台的数据库，通常用于存储用户的信息等。

(4) ContentProvider：内容提供者，是 Android 中的四大组件之一，主要用于对外共享数据，即通过 ContentProvider 把应用中的数据共享给其他应用访问，其他应用可以通过 ContentProvider 对指定应用中的数据进行操作。

(5) 网络数据存储：把数据存储到服务器中，需要时从网络获取服务器中的数据，这需要服务器程序来进行读取操作，然后返回给手机客户端。

5.2 文件存储

文件存储是 Android 中最基本的一种数据存储方式，它不对存储的内容进行任何的格式化处理，所有的数据都原封不动地保存在文件中，所以它比较适合存储一些简单的文本数据或二进制数据。

如果想使用文本存储的方式来保存一些较为复杂的文本数据，就需要定义一套自己的格式规范，这样可以方便之后将数据从文件中重新解析出来。

Android 中的文件存储与 Java 中的文件存储类似，都是以 I/O 流的形式把数据存储到文件中；而不同点在于 Android 中的文件存储分为外部存储和内部存储两种。

5.2.1 外部存储

外部存储就是指把文件存储到一些外部设备上，例如 SD 卡、设备内的存储卡等，属于永久性存储方式。使用这种类型存储的文件可以共享给其他的应用程序使用，也可以被删除、修改、查看等，不是一种安全的存储方式。考虑到手机内置的存储空间受限，应用程序中的大文件数据一般是在 SD 卡上完成读写操作的。在 SD 卡上读写文件的步骤如下：

(1) 调用 Environment 的 getExternalStorageState()方法判断手机是否插入 SD 卡，并且该应用程序是否具有读写 SD 卡的权限。很多时候使用如下代码进行判断：

◀Android 5.2

```
Environment.getExternalStorageState().equals(Environment.MEDIA_MOUNTED);
```

（2）调用 Environment 的 getExternalStorageDirectory()方法获取 SD 卡的文件目录。

（3）使用 FileInputStream、FileOutputStream、FileReader 或 FileWriter 读写 SD 卡里的文件。

需要注意的是，读写 SD 卡上的数据时必须在程序的清单文件 AndroidManifest.xml 中添加读写 SD 卡的权限，具体如下所示：

```
<!--向SD卡上写入数据权限-->
<uses-permission
android:name="android.permission.WRITE_EXTERNAL_STORAGE"/>
```

示例 5.1 读写外部文件。

程序运行后，效果如图 5.1 所示。

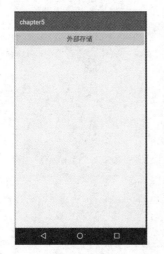

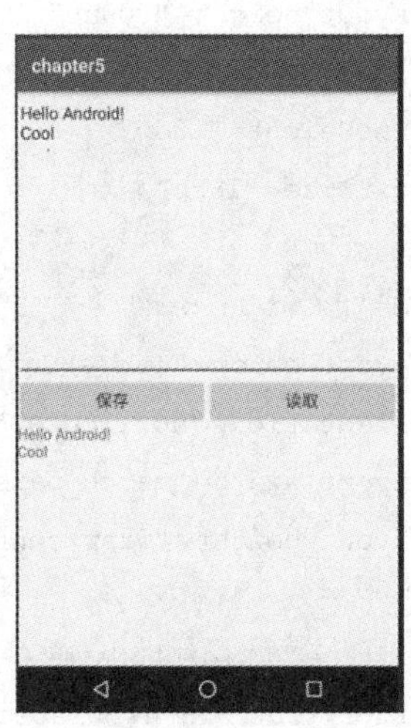

图 5.1　外部文件的读写

点击【外部存储】按钮，进入读写内容界面，输入内容后，点击【保存】，数据存储到外部文件中，位置为/storage/emulated/0/testfile.txt，如图 5.2 所示。通过 View－＞Tools Windows－＞Device File Explorer 打开文件浏览器。

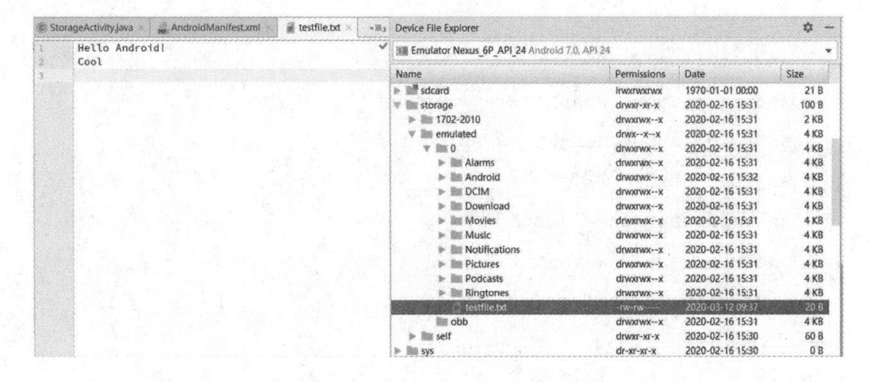

图 5.2　文件所在位置

（1）布局文件的代码如下：

```
<?xml version="1.0"encoding="utf-8"?>
<RelativeLayout
    xmlns:android="http://schemas.android.com/apk/res/android"
    xmlns:app="http://schemas.android.com/apk/res-auto"
    xmlns:tools="http://schemas.android.com/tools"
    android:layout_width="match_parent"
    android:layout_height="match_parent"
    tools:context=".StorageActivity">
    <EditText
        android:gravity="top"
        android:id="@+id/etCnt"
        android:layout_width="match_parent"
        android:layout_height="300dp"
        android:lines="8"
        android:lineHeight="20dp"
        android:textSize="18sp"/>
    <LinearLayout
        android:id="@+id/ll_btn"
        android:layout_below="@id/etCnt"
        android:orientation="horizontal"
        android:layout_width="match_parent"
        android:layout_height="wrap_content">
        <Button
            android:id="@+id/btnSave"
            android:layout_width="wrap_content"
            android:layout_height="wrap_content"
            android:text="保存"
            android:layout_weight="1"
            android:textSize="18sp"
            android:onClick="operate"/>
        <Button
            android:id="@+id/btnLoad"
            android:layout_width="wrap_content"
            android:layout_height="wrap_content"
            android:text="读取"
            android:textSize="18sp"
            android:layout_weight="1"
            android:onClick="operate"/>
    </LinearLayout>
    <TextView
        android:gravity="top"
        android:layout_below="@id/ll_btn"
```

```
        android:id="@+id/txtShowCnt"
        android:layout_width="match_parent"
        android:layout_height="300dp"
        android:textSize="16sp"/>
</RelativeLayout>
```

（2）实现文件读写操作的代码如下：

```
public class StorageActivity extends AppCompatActivity {

    private static final String TAG="StorageActivity";
    Button btnSave;
    Button btnLoad;
    EditText etCnt;
    TextView tvCnt;
    @Override
    protected void onCreate(Bundle savedInstanceState) {
        super.onCreate(savedInstanceState);
        setContentView(R.layout.activity_storage);

        btnLoad=findViewById(R.id.btnLoad);
        btnSave=findViewById(R.id.btnSave);
        etCnt=findViewById(R.id.etCnt);
        etCnt.setText("");
        tvCnt=findViewById(R.id.txtShowCnt);

   int permisson=ContextCompat.checkSelfPermission(this, Manifest.permission.WRITE_
EXTERNAL_STORAGE);
        if(permisson!=PackageManager.PERMISSION_GRANTED) {
            ActivityCompat.requestPermissions(this,new String[]{Manifest.permission.
WRITE_EXTERNAL_STORAGE},1);
        }
    }

    @Override
     public void onRequestPermissionsResult ( int requestCode, @ NonNull String [ ]
permissions, @NonNull int[] grantResults) {
        super.onRequestPermissionsResult(requestCode, permissions, grantResults);
        if (1==requestCode){
            //todo xxxx
        }
    }

    public void operate(View view) {
       // String path=Environment
```

```
        String environment=Environment.getExternalStorageState();
        switch (view.getId()){
            case R.id.btnSave:
                if(Environment.MEDIA_MOUNTED.equals(environment)) {
                    //外部设备可以进行读写操作
                    File sd_path= Environment.getExternalStorageDirectory();
                    //if (! sd_path.exists())  {return;}
                    File file=new File(sd_path,"testfile.txt");
                    Log.d(TAG, "operate: "+file.getAbsolutePath());
                    String str=etCnt.getText().toString();
                    FileOutputStream fos;
                    try{
                        //写入数据
                        fos=new FileOutputStream(file);
                        OutputStreamWriter osw= new OutputStreamWriter(fos);
                        osw.write(str);
                        osw.flush();
                        osw.close();
                        fos.close();
                    }
                    catch(Exception exception){
                        exception.printStackTrace();
                    }
                }
                Toast.makeText(this,"保存成功!",Toast.LENGTH_LONG).show();
                break;
            case R.id.btnLoad:
                if(Environment.MEDIA_MOUNTED.equals(environment)) {
                    //外部设备可以进行读写操作
                    File sd_path=Environment.getExternalStorageDirectory();
                    //if (! sd_path.exists()) {return; }
                    File file= new File(sd_path,"testfile.txt");
                    FileInputStream fis;
                    try{
                        //读取文件
                        fis=new FileInputStream(file);
                        InputStreamReader isr=new InputStreamReader(fis,"utf-8");
                        char[] input=new char[fis.available()];
                        isr.read(input);
                        String cnt=new String(input);
                        Log.d(TAG, "operate: "+cnt);
                        tvCnt.setText(cnt);
                        isr.close();
```

```
                    fis.close();
                }
                catch(Exception exception){
                    exception.printStackTrace();
                }
            }
            Toast.makeText(this,"读取成功!",Toast.LENGTH_LONG).show();
            break;
    }
  }
}
```

Android 6.0(API 23)之前应用的权限在安装时全部授予,运行是不需要询问用户的。在 Android 6.0 或更高的版本中进行了分类,需要动态授予权限,代码如下:

```
int permisson = ContextCompat.checkSelfPermission(this, Manifest.permission.WRITE_
EXTERNAL_STORAGE);
if(permisson!=PackageManager.PERMISSION_GRANTED) {
   ActivityCompat.requestPermissions(this, new String[]{Manifest.permission.WRITE_
EXTERNAL_STORAGE},1);
}
```

5.2.2 内部存储

内部存储是指将应用程序的数据以文件的形式存储在应用程序的目录下(data/data/<packagename/files 目录下>),这个文件属于该应用程序私有,如果其他应用程序想要操作本应用程序的文件,就需要设置权限。内部存储的文件随着应用程序的卸载而删除,随着应用程序的生成而创建。

获取内部存储目录的方法:

Context.getFileDir()用于获取/data/data/包名/files;Context.getCacheDir()用于获取/data/data/包名/cache。

内部存储方式使用的是 Context 提供的 openFileOutput()方法和 openFileInput()方法,通过这两个方法获取 FileOutputStream 对象和 FileInputStream 对象。方法签名如下:

```
FileOutputStream openFileOutput(String name,int mode);
FileInputStream openFileInput(String name);
```

方法说明:

openFileOutput()方法用于打开输出流,将数据存储到文件中。

openFileInput()方法用于打开输入流,读取文件。

参数 name 代表文件名,mode 表示文件的操作权限,它有以下几种取值:

MODE_PRIVATE:默认的操作权限,只能被当前应用程序所读写。

MODE_APPEND:可以添加文件的内容。

MODE_WORLD_READABLE:可以被其他程序所读取,安全性较低。

MODE_WORLD_WRITEABLE:可以被其他程序所写入,安全性低。

> **注意**：MODE_WORLD_READABLE 和 MODE_WORLD_WRITEABLE，这两种模式表示允许其他的应用程序对程序中的文件进行读写操作，由于这两种模式过于危险，容易引起应用的安全性漏洞，已经在 Android 4.2 版本中被废弃。

示例 5.2 读写内部文件。

实现如图 5.3 所示的效果。

进入读写内容界面，输入内容，点击【保存】，数据存储成功后，在设备文件浏览器(Device File Explorer)中显示如图 5.4 所示。

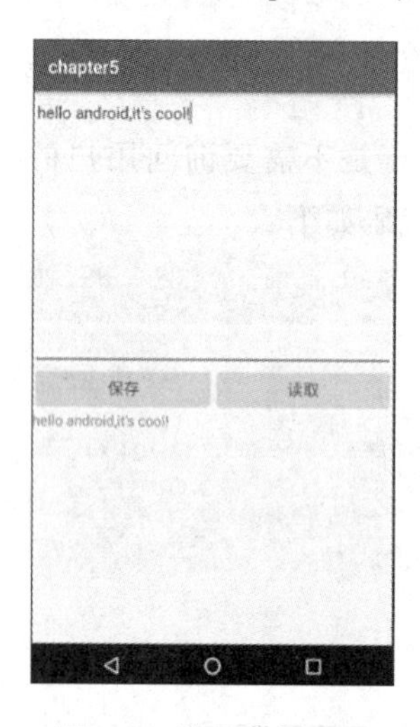

图 5.3　读写内部文件

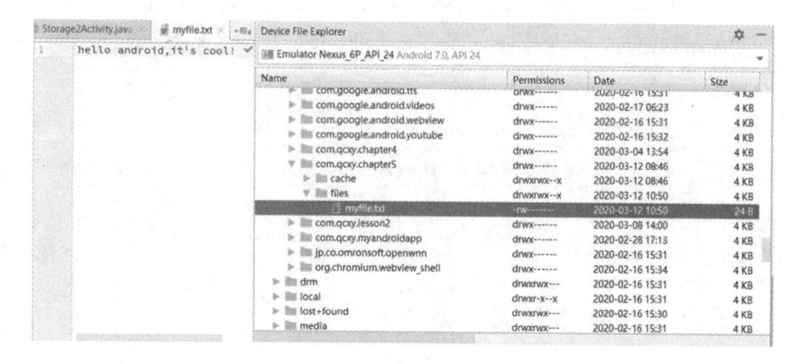

图 5.4　内部文件位置

读写文件的代码如下：

```java
package com.qcxy.chapter5;

import androidx.appcompat.app.AppCompatActivity;
import android.os.Bundle;
import android.view.View;
import android.widget.Button;
import android.widget.EditText;
import android.widget.TextView;
import java.io.File;
import java.io.FileInputStream;
import java.io.FileNotFoundException;
import java.io.FileOutputStream;

public class Storage2Activity extends AppCompatActivity {
    private static final String TAG="Storage2Activity";
    Button btnSave;
    Button btnLoad;
    EditText etCnt;
    TextView tvCnt;
```

```
    @Override
    protected void onCreate(Bundle savedInstanceState) {
        super.onCreate(savedInstanceState);
        setContentView(R.layout.activity_storage);
        btnLoad=findViewById(R.id.btnLoad);
        btnSave=findViewById(R.id.btnSave);
        etCnt=findViewById(R.id.etCnt);
        etCnt.setText("");
        tvCnt=findViewById(R.id.txtShowCnt);
    }


    public void operate(View view) {
        File file = new File(getFilesDir(),"myfile.txt");
        switch (view.getId()) {
            case R.id.btnSave:


                try {
                    if(! file.exists()){
                        file.createNewFile();
                    }
                    FileOutputStream fos=new FileOutputStream(file);
                    fos.write(etCnt.getText().toString().getBytes());
                    fos.close();
                }catch (Exception ex){
                    ex.printStackTrace();
                }
                break;
            case R.id.btnLoad:
                try {
                    FileInputStream fis=new FileInputStream(file);
                    byte[] b = new byte[1024];
                    int len=fis.read(b);
                    String cnt=new String(b,0,len);
                    tvCnt.setText(cnt);
                }catch (Exception ex){
                    ex.printStackTrace();
                }

                break;
        }

    }
}
```

5.2.3 XML 文件操作

XML，即可扩展标记语言（extensible markup language），标记是指计算机所能理解的信息符号，通过此类标记，计算机之间可以处理包含各种信息的文件。XML 易于在任何应用程序中读/写数据，这使 XML 很快成为数据交换的唯一公共语言。除此之外，在程序开发中，我们通常用 XML 来做各种框架的配置文件，Android 中的布局文件与配置文件都使用 XML 文件来描述。以下是一个简单的 XML 文件：

```
<?xml version="1.0"encoding="utf-8"?>
<note>
<to> Jack</to>
<from> Tom</from>
<heading> Hello</heading>
<body> Hello Jack! </body>
</note>
```

XML 文件主要的组成部分如下：

(1) 文档声明。

在编写 XML 文档时，需要首先使用文档声明，声明 XML 文档的类型，如：

```
<?xml version="1.0"encoding="utf-8"standalone="no"?>
```

其中 version 表示版本，encoding 属性说明文档的字符编码，常见的字符编码有 gbk、gb2312、utf-8，我们基本上使用 utf-8，全世界通用，不会出现乱码的现象。用 standalone 属性说明文档是否独立，standalone 有两个属性，yes 和 no。如果是 yes，则表示这个 XML 文档是独立的，不能引用外部的 DTD 规范文件；如果是 no，则该 XML 文档不是独立的，表示可以用外部的 DTD 规范文档。

(2) 标签元素。

XML 元素指的是 XML 文件中出现的标签，一个标签分为开始标签和结束标签，一个标签中也可以嵌套其他的若干个子标签。

注意：元素的命名规范：

① 区分大小写，例如：<P>和<p>是不一样的；

② 不能以数字或下划线开头；

③ 不能以 xml(或 XML，Xml) 作为开头；

④ 不能包含空格；

⑤ 名称中间不能包含冒号“:”。

在 Android 的开发中，XML 是非常常用的一种封装数据的形式，从服务器中获取数据经常采用 XML 格式，掌握如何生成 XML 文件和对 XML 文件进行解析是非常重要的。

1. XML 序列化

XML 序列化就是将对象类型的数据保存在 XML 文件中。

要将数据序列化，首先要创建与该 XML 相对应的 XML 文件生成器，然后将要存入的对象类型的数据转换为 XML 文件。

XmlSerializer 是针对 XML 进行序列化的类库。XML 文件序列化的基本方法如下：

（1）创建一个 XML 文件的序列化器，返回一个 Xml 的 Serializer 对象。

```
XmlSerializer serializer=Xml.newSerializer();
```

（2）设置序列化器的输出路径和编码方式：

```
FileOutputStream = new FileOutputStream ( new File ( Environment.
getExternalStorageDirectory(),"文件名.xml"));
serializer.setOutput(FileOutputStream, "编码");
```

（3）声明 XML 文件头(写入 XML 文件中的声明头)：

```
serializer.startDocument("xml 声明的编码", 文档是否独立);
```

（4）声明子节点：

```
serializer.startTag(nameSpace,String "节点名");
```

（5）声明节点属性：

```
serializer.attribute(命名空间,属性名,属性值);
```

（6）声明节点中的 TextNode：

```
serializer.txt(文本值);
```

（7）设置节点尾标签：

```
serializer.endTag(命名空间, "节点名");
```

（8）写 XML 文件尾表示 XML 文件结束：

```
serializer.endDocument();
```

（9）关闭资源：

```
FileOutputStream.close();
```

通过 XmlSerializer 对象可以设置 XML 文件的编码格式，然后向文件写入 XML 文件的开始标志“<? xml version="1.0"encoding="utf-8"?>”代码。然后通过设置开始节点、开始标签、添加内容、结束标签、结束节点完成 XML 文件的生成。

2. XML 文件解析方式

在使用 XML 文档中的数据时，首先需要解析 XML 文档。通常解析 XML 文档有三种方式，分别是 DOM 解析、SAX 解析、PULL 解析。接下来将详细介绍这三种方式。

（1）DOM 解析。

DOM 是 Document Object Model 文档对象模型的简称。在应用程序中，基于 DOM 的 XML 分析器将一个 XML 文档转换成一个对象模型的集合(通常称为 DOM 树)，应用程序通过对这个对象模型的操作，来实现对 XML 文档数据的操作。

通过 DOM 接口，应用程序可以在任何时候访问 XML 文档中的任何一部分数据，因此，这种利用 DOM 接口的机制也被称作随机访问机制。

由于 DOM 分析器把整个 XML 文档转化成 DOM 树放在了内存中，因此，当文档比较大或结构比较复杂时，对内存的需求就比较高。所以较小的 XML 文件可以采用这种方式解析，但较大的文件不建议采用这种方式来解析。

（2）SAX 解析。

SAX 是以事件驱动型的 XML 解析方式操作 XML 文件。这种方式顺序读取 XML 文件，不需要一次全部装载整个文件。当遇到像文件开头、文档结束，或者标签开头与标签结束时，会触发一个事件，用户通过在其回调事件中写入处理代码来处理 XML 文件，适合对 XML 的顺序访问，且是只读的。由于移动设备的内存资源有限，SAX 的顺序读取方式更适合移动开发。

(3) PULL 解析。

PULL 是 Android 内置的 XML 解析器。PULL 解析器的运行方式与 SAX 解析器相似，它提供了类似的事件，如开始元素和结束元素事件，使用 parser. next()可以进入下一个元素并触发相应事件。事件将作为数值代码被发送，因此可以使用一个 switch 对感兴趣的事件进行处理。当元素开始解析时，调用 parser. nextText()方法可以获取下一个 Text 类型节点的值。

3. XML 文件解析应用

使用 PULL 解析 XML 文档，首先要创建 XmlPullParser 解析器，通过该解析器提供的属性可以解析出 XML 文件中的各个节点的内容。常用属性如下：

XmlPullParser. START_DOCUMENT：XML 文档的开始，如<? xml version="1. 0" encoding="utf-8"? >。

XmlPullParser. END_DOCUMENT：XML 文档的结束。

XmlPullParser. START_TAG：XML 文档的开始节点，如<..>这种类型的。

XmlPullParser. END_TAG：XML 文档的结束节点，如<../>这种类型的。

PULL 解析器的具体使用步骤如下：

(1) 调用 Xml. newPullParser()得到一个 XmlPullParser 对象。

(2) 通过 parser. getEventType()获取到当前的事件类型。

(3) 通过 while 循环判断当前的事件类型是否为文档结束。

(4) 通过在 while 循环中使用的 switch 判断是否为开始标签，如果是就获得标签的内容。

示例 5.3 将学生信息保存到 XML，并读取 XML 文件中的数据。效果如图 5.5 所示。

运行程序后进入保存学生信息的界面，输入学生的姓名和电话，点击【保存】按钮将信息保存到 XML 文件中，如图 5.6 所示。

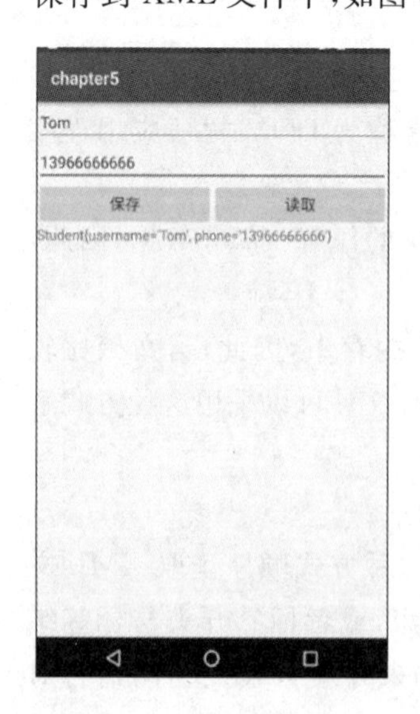

图 5.5 读写 XML 文件

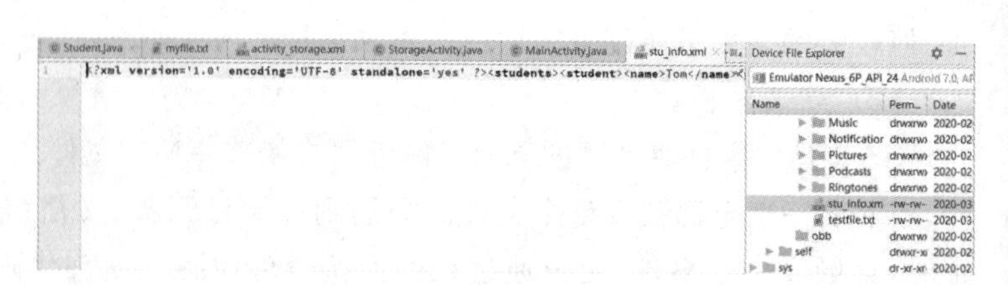

图 5.6 XML 文件的位置

点击【读取】按钮后，数据加载到下方的文本框中。

（1）布局文件的代码如下：

```
<?xml version="1.0"encoding="utf-8"?>
<RelativeLayout
    xmlns:android="http://schemas.android.com/apk/res/android"
    xmlns:app="http://schemas.android.com/apk/res-auto"
    xmlns:tools="http://schemas.android.com/tools"
    android:layout_width="match_parent"
    android:layout_height="match_parent"
    tools:context=".XMLStorageActivity">

    <EditText
        android:gravity="top"
        android:id="@+id/etName"
        android:layout_width="match_parent"
        android:layout_height="wrap_content"
        android:lineHeight="20dp"
        android:hint="输入姓名"
        android:textSize="18sp"/>
    <EditText
        android:gravity="top"
        android:id="@+id/etPhone"
        android:layout_below="@id/etName"
        android:layout_width="match_parent"
        android:layout_height="wrap_content"
        android:lineHeight="20dp"
        android:hint="输入电话"
        android:textSize="18sp"/>

    <LinearLayout
        android:id="@+id/ll_btn"
        android:layout_below="@id/etPhone"
        android:orientation="horizontal"
        android:layout_width="match_parent"
        android:layout_height="wrap_content">
        <Button
            android:id="@+id/btnSave"
            android:layout_width="wrap_content"
            android:layout_height="wrap_content"
            android:text="保存"
            android:layout_weight="1"
            android:textSize="18sp"
            android:onClick="operate"/>
```

```
        <Button
            android:id="@+id/btnLoad"
            android:layout_width="wrap_content"
            android:layout_height="wrap_content"
            android:text="读取"
            android:textSize="18sp"
            android:layout_weight="1"
            android:onClick="operate"/>
    </LinearLayout>

    <TextView
        android:gravity="top"
        android:layout_below="@id/ll_btn"
        android:id="@+id/txtShowCnt"
        android:layout_width="match_parent"
        android:layout_height="300dp"
        android:textSize="16sp"/>

</RelativeLayout>
```

（2）读取 XML 文件的代码如下：

```
packagecom.qcxy.chapter5;

import androidx.appcompat.app.AppCompatActivity;

import android.os.Bundle;
import android.os.Environment;
import android.util.Log;
import android.util.Xml;
import android.view.View;
import android.widget.Button;
import android.widget.EditText;
import android.widget.TextView;
import android.widget.Toast;

import com.qcxy.chapter5.entity.Student;

import org.xmlpull.v1.XmlPullParser;
import org.xmlpull.v1.XmlSerializer;

import java.io.File;
import java.io.FileInputStream;
import java.io.FileOutputStream;
import java.io.InputStream;
```

```
import java.util.ArrayList;
import java.util.List;

public class XMLStorageActivity extends AppCompatActivity {

    private static final String TAG="XMLStorageActivity";
    Button btnSave;
    Button btnLoad;
    EditText etName;
    EditText etPhone;
    TextView tvCnt;
    //初始化控件
    private void inital(){
        btnSave=findViewById(R.id.btnSave);
        btnLoad=findViewById(R.id.btnLoad);
        etName=findViewById(R.id.etName);
        etPhone=findViewById(R.id.etPhone);
        tvCnt=findViewById(R.id.txtShowCnt);
        tvCnt.setText("");
    }

    @Override
    protected void onCreate(Bundle savedInstanceState) {
        super.onCreate(savedInstanceState);
        setContentView(R.layout.activity_xmlstorage);
        inital();//初始化控件


    }
    //将学生信息保存到XML文件中
    private void savetoXml(Student student) throws Exception{
        //XML文件生成器
        XmlSerializer serializer=Xml.newSerializer();
        File file=
                new File(Environment.getExternalStorageDirectory(),
                        "stu_info.xml");
        FileOutputStream fi_out=new FileOutputStream(file);
        serializer.setOutput(fi_out,"utf-8");
        serializer.startDocument("utf-8",true);
        serializer.startTag(null,"students");
        serializer.startTag(null,"student");
        //将Person对象的用户名属性写入
        serializer.startTag(null,"name");
```

```
        serializer.text(student.getUsername());
        serializer.endTag(null,"name");

        //将 Person 对象的密码写入
        serializer.startTag(null,"phone");
        serializer.text(student.getPhone());
        serializer.endTag(null,"phone");
        //结束标签
        serializer.endTag(null,"student");
        serializer.endTag(null,"students");
        serializer.endDocument();
        serializer.flush();
        fi_out.close();

    }
    //加载 XML 文件中的内容
    private List<Student> loadFromXml(File file) {

        List<Student> students=null;
        Student student=null;
        XmlPullParser pullParser=Xml.newPullParser();
        try {
            FileInputStream fis=new FileInputStream(file);
            //为 PULL 解析器设置要解析的 XML 数据
            pullParser.setInput(fis,"utf-8");
            int event=pullParser.getEventType();
            while(event!=XmlPullParser.END_DOCUMENT){
                switch (event) {
                    case XmlPullParser.START_DOCUMENT:
                        students=new ArrayList<Student> ();
                        break;
                    case XmlPullParser.START_TAG:
                        if("name".equals(pullParser.getName())){
                            String name=pullParser.nextText();
                            student=new Student();
                            student.setUsername(name);
                        }

                        if("phone".equals(pullParser.getName())){
                            String phone=pullParser.nextText();
                            student.setPhone(phone);
                        }
                        break;
```

```
                case XmlPullParser.END_TAG:
                    if("student".equals(pullParser.getName())){
                        students.add(student);
                        student=null;
                    }
                    break;
            }
            event=pullParser.next();
        }

    }catch(Exception ex){
        ex.printStackTrace();
    }
    return students;
}


//点击事件的操作
public void operate(View view) {
    switch (view.getId()){
        case R.id.btnSave:
            String name=etName.getText().toString();
            String phone=etPhone.getText().toString();
            Student student=new Student(name,phone);
            try {
                savetoXml(student);
            } catch (Exception e) {
                e.printStackTrace();
            }
            Toast.makeText(this,"保存成功!",Toast.LENGTH_LONG).show();
            break;

        case R.id.btnLoad:
            File file=
                    new File(Environment.getExternalStorageDirectory(),
                            "stu_info.xml");

            List<Student> students=loadFromXml(file);
            for(Student stu : students){
               tvCnt.setText(tvCnt.getText().toString()+ stu.toString());
            }
            Toast.makeText(this,"加载成功!",Toast.LENGTH_LONG).show();
```

```
                break;
            }

        }
    }
```

5.3 SharedPreferences 存储

SharedPreferences 是一个轻量级的存储类，特别适合用于保存软件配置参数，若保存一个相对较小的键值对集合，则应使用 SharedPreferences API。SharedPreferences 对象指向包含键值对的文件，并提供读写这些键值对的简单方法。每个 SharedPreferences 文件都由框架管理，可以是私有文件，也可以是共享文件。

SharedPreferences 是用.xml 文件存放数据的，文件存放在/data/data/＜package name＞/shared_prefs 目录下。

SharedPreferences 还支持多种不同数据类型的存储：如果存储的数据类型是整型，那么读取出来的数据也是整型；如果存储的是一个字符串，那么读取出来的数据仍然是字符串。

5.3.1 SharedPreferences 存储数据

要想使用 SharedPreferences 来存储数据，首先要获取到 SharedPreferences 对象，Android 中主要提供了 3 种方法用于得到 SharedPreferences 对象。

1. Context 类的 getSharedPreferences()方法

getSharedPreferences()方法接收两个参数：第一个参数用于指定 SharedPreferences 文件的名称，如果指定的文件不存在则创建该文件，SharedPreferences 文件存放在/data/data/＜package name＞/shared_prefs 目录下；第二个参数用于指定操作模式，目前只有 MODE_PRIVATE 一种模式可选，它是默认的操作模式，与直接传入 0 效果相同，表示只有当前的应用程序可以对这个 SharedPreferences 文件进行读写。其他几种操作模式均已被废弃，MODE_WORLD_READABLE 和 MODE_WORLD_WRITEABLE 两种模式在 Android 4.2 版本中被废弃，MODE_MULTIPROCESS 模式是在 Android 6.0 版本中被废弃。

2. Activity 类的 getPreferences()方法

Activity 类的 getPreferences()方法和 Context 中的 getSharedPreferences()方法相似，不过它只接收操作模式这一个参数，因为使用这个方法时会自动将当前 Activity 的类名作为 SharedPreferences 的文件名。

3. PreferenceManager 类的 getDefaultSharedPreferences()方法

getDefaultSharedPreferences()方法是一个静态方法，它接收一个 Context 参数，并自动使用当前应用程序的包名作为前缀来命名 SharedPreferences 文件。

得到 SharedPreferences 对象后，可以向 SharedPreferences 文件中存储数据，实现步骤如下：

(1) 调用 SharedPreferences 对象的 edit()方法获取一个 SharedPreferences. Editor

◀ **Android 5.3**

对象。

(2) 向 SharedPreferences. Editor 对象中添加数据，例如添加一个布尔类型的数据，使用 putBoolean()方法，添加一个字符串则使用 putString()方法，以此类推。

(3) 调用 Editor 对象的 commit()方法将添加的数据提交，从而完成数据存储操作。

5.3.2 SharedPreferences 读取数据

在上一小节使用 SharedPreferences 对象对数据进行了存储操作，本小节主要实现数据读取。

使用 SharedPreferences 读取数据时，代码写起来相对较少，只需要创建 SharedPreferences 对象，然后使用该对象从对应的 key 取值即可，例如以下代码：

```
SharedPreferences sharedPreferences=context.getSharedPreferences();//获取实例对象
String name=sharedPreferences.getString("name");//获取名字
String history=sharedPreferences.getString("address ");//获取地址
```

SharedPreferences 对象中提供了一系列的 get 方法，用于对存储的数据进行读取，每种 get 方法都对应了 SharedPreferences. Editor 中的一种 put 方法，例如读取一个布尔型数据使用 getBoolean()方法，读取一个字符串使用 getString()方法。这些 get 方法都接收 2 个参数：第一个参数是键，传入存储数据时使用的键就可以获取相应的值；第二个参数是默认值，表示当传入的键找不到对应的值时返回的默认值。

使用 SharedPreferences 删除数据时，首先需要获取到 Editor 对象，然后调用该对象的 remove()方法或者 clear()方法删除数据，最后提交。代码如下：

```
SharedPreferences sharedPreferences= context.getSharedPreferences();//获取实例对象
Editor editor=sharedPreferences.edit();//获取编辑器
editor.remove("name");//删除一条数据
editor.clear();//删除所有数据
editor.commit();//提交修改
```

示例 5.4 使用 SharedPreferences 存储实现记住密码功能。效果如图 5.7 所示。

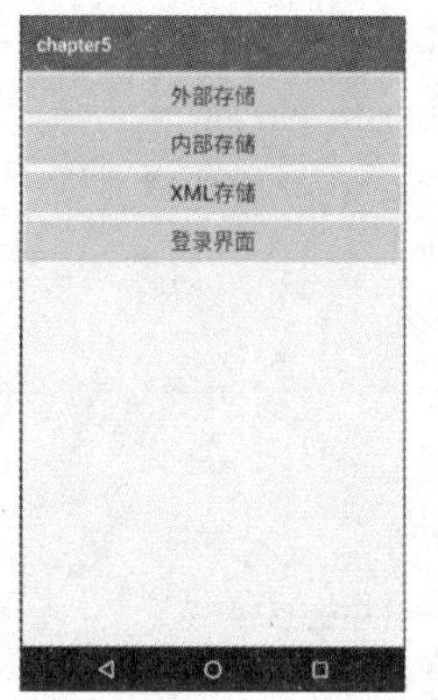

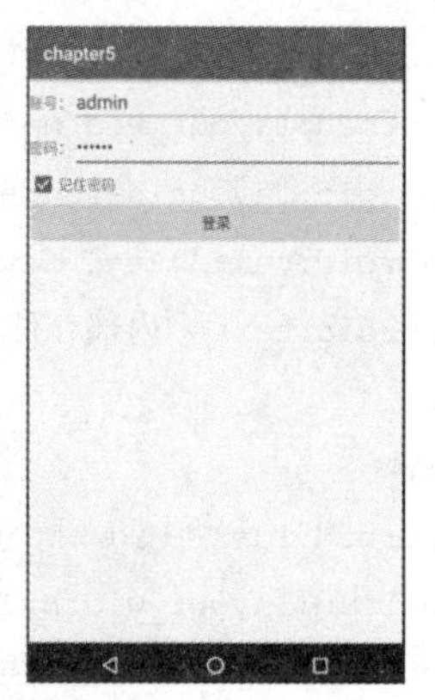

图 5.7 使用 SharedPreferences 记住登录密码

进入 App 主界面，点击【登录界面】按钮进入登录界面，输入账户和密码，勾选【记住密码】后，登录系统，账户保存到文件中，如图 5.8 所示。

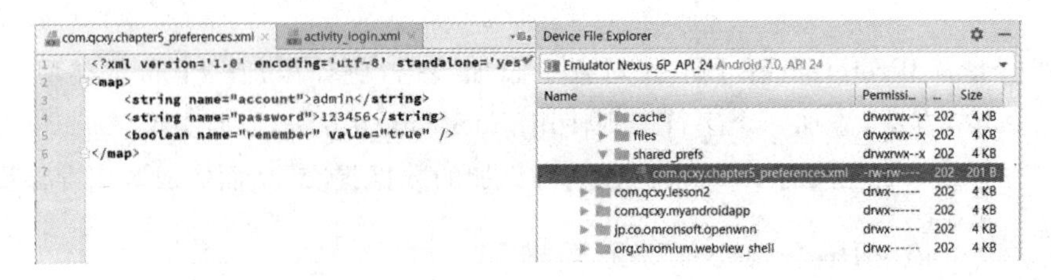

图 5.8　SharedPreferences 文件的位置

登录后回到 App 主界面，然后再点击【登录界面】按钮时回到登录界面，账户密码被读取，显示在界面上。

(1) MainActivity 布局文件的代码如下：

```
<?xml version="1.0"encoding="utf-8"?>
<LinearLayout
    xmlns:android="http://schemas.android.com/apk/res/android"
    xmlns:app="http://schemas.android.com/apk/res-auto"
    xmlns:tools="http://schemas.android.com/tools"
    android:layout_width="match_parent"
    android:layout_height="match_parent"
    android:orientation="vertical"
    tools:context=".MainActivity">

    <Button
        android:id="@+id/btnExter"
        android:layout_width="match_parent"
        android:layout_height="wrap_content"
        android:textSize="20sp"
        android:text="外部存储"/>

    <Button
        android:id="@+id/btnInter"
        android:layout_width="match_parent"
        android:layout_height="wrap_content"
        android:textSize="20sp"
        android:text="内部存储"/>

    <Button
        android:id="@+id/btnXml"
        android:layout_width="match_parent"
        android:layout_height="wrap_content"
        android:textSize="20sp"
        android:text="XML 存储"/>
```

```
    <Button
        android:id="@+id/btnLogin"
        android:layout_width="match_parent"
        android:layout_height="wrap_content"
        android:textSize="20sp"
        android:text="登录界面"/>
</LinearLayout>
```

（2）MainActivity 的代码如下：

```
packagecom.qcxy.chapter5;

import androidx.appcompat.app.AppCompatActivity;

import android.content.Intent;
import android.os.Bundle;
import android.view.View;
import android.widget.Button;

public class MainActivity extends AppCompatActivity implements
View.OnClickListener {
    Button btnStorage1;
    Button btnStorage2;
    Button btnXml;
    Button btnLogin;
    @Override
    protected void onCreate(Bundle savedInstanceState) {
        super.onCreate(savedInstanceState);
        setContentView(R.layout.activity_main);
        btnStorage1=findViewById(R.id.btnExter);
        btnStorage1.setOnClickListener(this);

        btnStorage2=findViewById(R.id.btnInter);
        btnStorage2.setOnClickListener(this);

        btnXml=findViewById(R.id.btnXml);
        btnXml.setOnClickListener(this);

        btnLogin=findViewById(R.id.btnLogin);
        btnLogin.setOnClickListener(this);
    }

    @Override
    public void onClick(View v) {
        switch (v.getId()){
```

```
            case R.id.btnExter:
                Intent intent=new Intent(this,StorageActivity.class);
                startActivity(intent);
                break;
            case R.id.btnInter:
                Intent intent2=new Intent(this,Storage2Activity.class);
                startActivity(intent2);
                break;
            case R.id.btnXml:
                Intent intent3=new Intent(this,XMLStorageActivity.class);
                startActivity(intent3);
                break;

            case R.id.btnLogin:
                Intent intent4=new Intent(this,LoginActivity.class);
                startActivity(intent4);
                break;
        }
    }
}
```

（3）登录界面的布局文件代码如下：

```
<?xml version="1.0"encoding="utf-8"?>
<LinearLayout
    xmlns:android="http://schemas.android.com/apk/res/android"
    xmlns:app="http://schemas.android.com/apk/res- auto"
    xmlns:tools="http://schemas.android.com/tools"
    android:layout_width="match_parent"
    android:layout_height="match_parent"
    android:orientation="vertical"
    tools:context=".LoginActivity">
    <LinearLayout
        android:layout_width="match_parent"
        android:layout_height="wrap_content">
        <TextView
            android:layout_width="wrap_content"
            android:layout_height="wrap_content"
            android:text="账号:"/>
        <EditText
            android:id="@+id/account"
            android:layout_width="match_parent"
            android:layout_height="wrap_content"/>
    </LinearLayout>
    <LinearLayout
        android:layout_width="match_parent"
```

```
        android:layout_height="wrap_content">
        <TextView
            android:layout_width="wrap_content"
            android:layout_height="wrap_content"
            android:text="密码:"/>
        <EditText
            android:id="@+id/password"
            android:inputType="textPassword"
            android:layout_width="match_parent"
            android:layout_height="wrap_content"/>
    </LinearLayout>
    <LinearLayout
        android:layout_width="match_parent"
        android:layout_height="wrap_content">
        <CheckBox
            android:id="@+id/checkbox"
            android:layout_width="wrap_content"
            android:layout_height="wrap_content"/>
        <TextView
            android:layout_width="wrap_content"
            android:layout_height="wrap_content"
            android:text="记住密码"/>
    </LinearLayout>
    <Button
        android:id="@+id/login"
        android:layout_width="match_parent"
        android:layout_height="wrap_content"
        android:text="登录"/>

</LinearLayout>
```

（4）SharedPreferences 存储文件的代码如下：

```
packagecom.qcxy.chapter5;

import androidx.appcompat.app.AppCompatActivity;

import android.content.Intent;
import android.content.SharedPreferences;
import android.os.Bundle;
import android.preference.PreferenceManager;
import android.view.View;
import android.widget.Button;
import android.widget.CheckBox;
import android.widget.EditText;
```

```
import android.widget.Toast;

public class LoginActivity extends AppCompatActivity {

    private SharedPreferences preferences;
    private EditText account;
    private EditText password;
    private CheckBox checkBox;
    private Button login;


    private void initview() {
        account=(EditText) findViewById(R.id.account);
        password=(EditText) findViewById(R.id.password);
        checkBox=(CheckBox) findViewById(R.id.checkbox);
        login=(Button) findViewById(R.id.login);
        login.setOnClickListener(new View.OnClickListener() {
            @Override
            public void onClick(View view) {
                String accountText=account.getText().toString();
                String passwordText=password.getText().toString();
                if(accountText.equals("admin") && passwordText.equals("123456")) {
                    if(checkBox.isChecked()) {
                        preferences.edit().putString("account",accountText).
                                putString("password",passwordText).
                                putBoolean("remember",true).commit();
                    } else {
                        preferences.edit().clear().commit();
                    }
                    Intent intent=new Intent(LoginActivity.this, MainActivity.class);
                    startActivity(intent);
                    finish();
                } else {
                    Toast.makeText(LoginActivity.this, "用户名或密码错误",
                            Toast.LENGTH_SHORT).show();
                }
            }
        });
    }

    @Override
    protected void onCreate(Bundle savedInstanceState) {
        super.onCreate(savedInstanceState);
```

```
        setContentView(R.layout.activity_login);
        preferences=PreferenceManager.getDefaultSharedPreferences(this);
        initview();
        boolean checked=preferences.getBoolean("remember",false);
        if(checked) {
            account.setText(preferences.getString("account",""));
            password.setText(preferences.getString("password",""));
            checkBox.setChecked(true);
        }
    }
}
```

5.4 SQLite 数据库

SQLite 是一种轻量级的、零配置的、可嵌入的、程序驱动型的二进制文件，同时也是一种关系型数据库。鉴于 SQLite 数据库的这些特点，现在流行的操作系统 Android 和 iOS 都选择使用 SQLite 作为数据存储的主要方式。

5.4.1 SQLiteDatabase 简介

Android 系统集成了一个轻量级的数据库：SQLite。该数据库只是一个嵌入式的数据库引擎，专门适用于资源有限的设备上适量数据的存取。SQLite 允许开发者使用 SQL 语句操作数据库中的数据，但是它并不需要安装，SQLite 数据库只是一个文件。

SQLiteDatabase 代表一个数据库(其实底层是一个数据库文件)，当应用程序获取指定数据库的 SQLiteDatabase 对象后，就可以通过 SQLiteDatabase 对象管理和操作数据库。SQLiteDatabase 提供了几个静态方法打开一个文件对应的数据库，如表 5.1 所示。

表 5.1　打开数据库方法

方　法	说　明
openDatabase(String path, SQLiteDatabase. CursorFactory factory, int flags)	打开 path 文件代表的 SQLite 数据库
openOrCreateDatabase(File file, SQLiteDatabase. CursorFactory factory)	打开或创建 file 文件代表的 SQLite 数据库
openOrCreateDatabase(String path, SQLiteDatabase. CursorFactory factory)	打开或创建 path 文件代表的 SQLite 数据库

获取 SQLiteDatabase 对象后就可调用 SQLiteDatabase 的如表 5.2 所示的方法来操作数据库。

表 5.2　操作数据库方法

方　法	说　明
execSQL(String sql, Object[] bindArgs)	执行带占位符的 SQL 语句
execSQL(String sql)	执行 SQL 语句

Android 5.4▶

续表

方　　法	说　　明
insert(String table, String nullColumnHack, ContentValues values)	向指定表中插入数据
update (String table, ContentValues values, String whereClause,String[] whereArgs)	更新指定表中的特定数据
delete(String table,String whereClause,String[] whereArgs)	删除指定表中的数据
query(String table, String[] columns,String whereClause, String [ ] whereArgs, String groupBy, String having, String orderBy)	对指定数据表执行查询
query(String table,String[] columns,String whereClause, String [ ] whereArgs, String groupBy, String having, String orderBy,String limit)	对指定的数据表执行查询，limit 参数控制最多查询几条记录
query (boolean distinct,String table,String[] columns,String whereClause, String [ ] whereArgs, String groupBy, String having,String orderBy,String limit)	对指定数据表执行查询，其中第一个参数控制是否去掉重复值
rawQuery(String sql,String[] selectionArgs)	执行带占位符的 SQL 查询
beginTransaction()	开始事务
endTransaction()	结束事务

上面的 insert、update、delete、query 等方法完全可以通过执行 SQL 语句来完成，适用于对 SQL 语句不熟悉的开发者调用。

需要注意的是，上面的 query 方法都返回了一个 Cursor 对象，Cursor 提供了如表 5.3 所示的方法移动查询结果的记录指针。

表 5.3　Cursor 移动指针方法

方　　法	说　　明
move(int offset)	将记录指针向上或向下移动指定的行数，offset 为正数就是向下移动，为负数就是向上移动
moveToFirst()	将记录移动到第一行，如果移动成功则返回 true
moveToLast()	将记录移动到最后一行，如果移动成功则返回 true
moveToNext()	将记录移动到下一行，如果移动成功则返回 true
moveToPosition(int position)	将记录移动到指定行，如果移动成功则返回 true
moveToPrevious()	将记录移动到上一行，如果移动成功则返回 true

一旦将记录指针移动到指定行，就可通过调用 Cursor 的 getXxx()方法获取该行的指定列的数据。

5.4.2　创建数据库和表

前面已经讲到，使用 SQLiteDatabase 的静态方法就可打开或创建数据库，例如以下代码：

```
String path=Environment.getExternalStorageDirectory()+"/stu.db";
SQLiteDatabase sqLiteDatabase=SQLiteDatabase.openOrCreateDatabase(path,null);
```

上面的代码就用于打开或创建一个 SQLite 数据库，如果 Environment. getExternalStorageDirectory()目录下的 stu. db 文件（该文件就是一个数据库）存在，那么程序就是打开该数据库；如果该文件不存在，则上面的代码将会在该目录下创建 stu. db 文件（即对应于数据库）。

上面的代码中没有指定 SQLiteDatabase. CursorFactory 参数，该参数是一个用于返回 Cursor 的工厂，如果指定该参数为 null，则意味着使用默认的工厂。

上面的代码返回一个 SQLiteDatabase 对象，该对象的 execSQL 可执行任意的 SQL 语句。通过如下代码在程序中创建数据表：

```
//定义建表语句
        String sql="create table tb_stuinfo (_id integer primary key autoincrement,"+
        "name varhcar(20),"+
        "age integer)";
//执行 SQL 语句
db.execSQL(sql);
```

在程序中执行上面的代码即可在数据库中创建一个数据表。

SQLiteDatabase 的 execSQL 方法可执行任意 SQL 语句，包括带占位符的 SQL 语句。但由于该方法没有返回值，因此一般用于执行 DDL(data definition language)语句或 DML(data manipulation language)语句；如果需要执行查询语句，则可调用 SQLiteDatabase 的 rawQuery(String sql, String[] selectionArgs)方法。

注意：使用 db. execSQL(sql)创建表时不能重复创建，否则会出现异常。在开发中一般使用 SQLiteOpenHelper 来管理数据库。

SQLiteOpenHelper 是 SQLiteDatabase 的一个帮助类，用来管理数据的创建和版本更新。一般的用法是定义一个类继承 SQLiteOpenHelper，并实现两个回调方法，即 onCreate (SQLiteDatabase db)和 onUpgrade(SQLiteDatabase, int oldVersion, int newVersion)来创建和更新数据库。

① onCreate()方法在初次生成数据库时才会被调用，在 onCreate()方法里可以生成数据库表结构及添加一些应用使用到的初始化数据。

② onUpgrade()方法在数据库的版本发生变化时会被调用，一般在软件升级时才需改变版本号，而数据库的版本是由程序员控制的。

Android 系统在使用 SQLite 数据库时，一般使用 SQLiteOpenHelper 的子类创建 SQLite 数据库，因此需要创建一个类继承自 SQLiteOpenHelper，然后重写 onCreate() 方法。

使用 SQLiteOpenHelper 创建数据库的代码如下：

```
package com.qcxy.chapter5;


import android.content.Context;
import android.database.sqlite.SQLiteDatabase;
import android.database.sqlite.SQLiteOpenHelper;
```

```
import androidx.annotation.Nullable;

public class MyHelper extends SQLiteOpenHelper {
    public MyHelper(@Nullable Context context) {
        super(context, "studb.db", null, 1);
    }
   //数据库第一次创建时调用该方法
    @Override
    public void onCreate(SQLiteDatabase db) {
        //定义建表语句
        String sql="create table tb_stuinfo (_id integer primary key autoincrement,"+
                "name varhcar(20),"+
                "age integer)";
        //执行 SQL 语句
        db.execSQL(sql);

    }
    //数据库版本号更新时调用
    @Override
    public void onUpgrade(SQLiteDatabase db, int oldVersion, int newVersion) {

    }
}
```

在 Activity 中的 onCreate 方法中添加如下代码：

```
protected voidonCreate(Bundle savedInstanceState) {
    super.onCreate(savedInstanceState);
    setContentView(R.layout.activity_create_database);
    MyHelper myHelper=new MyHelper(this);
    SQLiteDatabase sqLiteDatabase=myHelper.getWritableDatabase();
}
```

运行程序后，在 data/data 下程序包下找到了创建好的数据库文件，如图 5.9 所示。

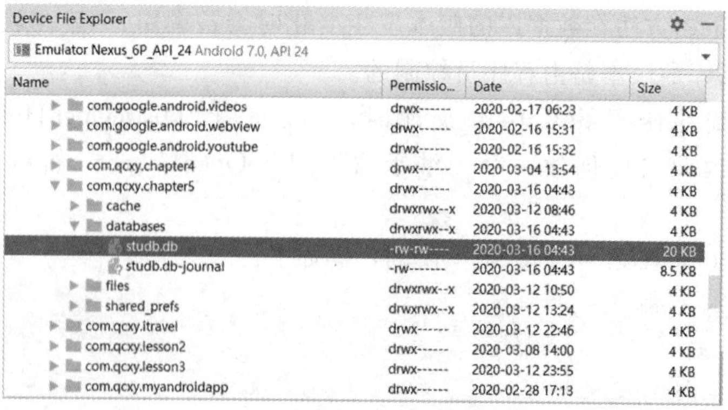

Device File Explorer

Emulator Nexus_6P_API_24 Android 7.0, API 24

Name	Permissio...	Date	Size
com.google.android.videos	drwx------	2020-02-17 06:23	4 KB
com.google.android.webview	drwx------	2020-02-16 15:31	4 KB
com.google.android.youtube	drwx------	2020-02-16 15:32	4 KB
com.qcxy.chapter4	drwx------	2020-03-04 13:54	4 KB
com.qcxy.chapter5	drwx------	2020-03-16 04:43	4 KB
cache	drwxrwx--x	2020-03-12 08:46	4 KB
databases	drwxrwx--x	2020-03-16 04:43	4 KB
studb.db	-rw-rw----	2020-03-16 04:43	20 KB
studb.db-journal	-rw-------	2020-03-16 04:43	8.5 KB
files	drwxrwx--x	2020-03-12 10:50	4 KB
shared_prefs	drwxrwx--x	2020-03-12 13:24	4 KB
com.qcxy.itravel	drwx------	2020-03-12 22:46	4 KB
com.qcxy.lesson2	drwx------	2020-03-08 14:00	4 KB
com.qcxy.lesson3	drwx------	2020-03-12 23:55	4 KB
com.qcxy.myandroidapp	drwx------	2020-02-28 17:13	4 KB

图 5.9　创建的数据库文件

SQLite 数据库可以通过 SQLite Expert Professional 软件来查看。它是一款可视化 SQLite 数据库管理工具，选择 studb. db 文件，将其另存到本地系统中，使用 SQLite Expert Professional 打开该文件，如图 5.10 所示。

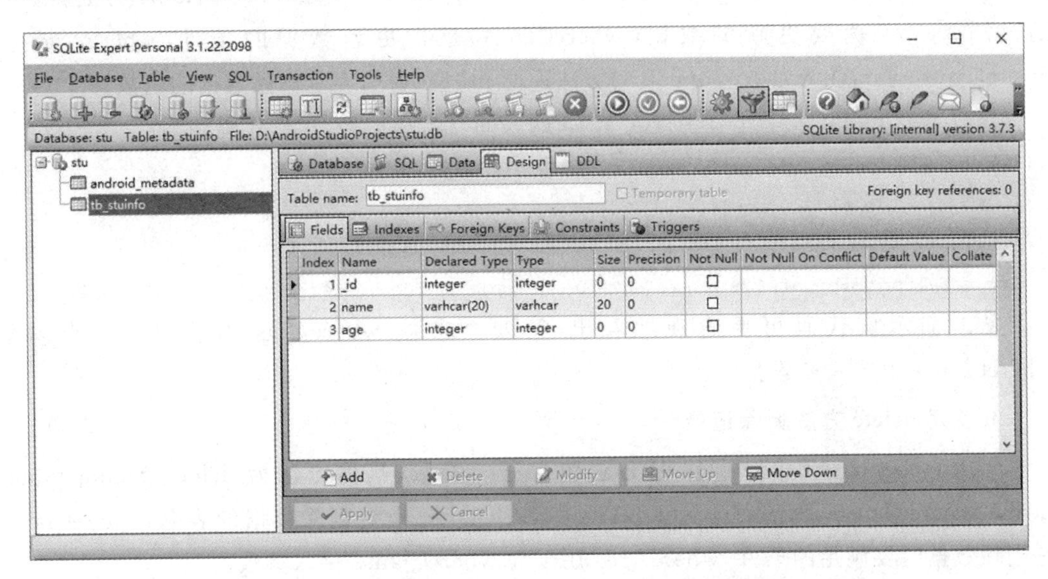

图 5.10　使用 SQLite Expert Professional 管理数据库

开发者可以通过 SQLite Expert Professional 来对数据库进行操作，将操作好的数据重新导入 Android 系统中，但是在开发中一般使用程序来操作 SQLite 数据库。

5.4.3　数据操作方法

考虑到可能有开发者对 SQL 语法不熟悉，SQLiteDatabase 提供了 insert、update、delete 以及 query 语句来操作数据库。

1. 使用 insert 方法插入记录

SQLiteDatabase 中的 insert 方法包括三个参数，具体方法为 insert(String table, String nullColumnHack, ContentValues values)，其中 table 为插入数据的表名，nullColumnHack 是指强行插入 null 值的数据列的列名，当 values 参数为 null 时该参数有效，values 代表一行记录的数据。

insert() 方法中的第三个参数 values 代表插入一行记录的数据，该参数类型为 ContentValues，ContentValues 类似于 Map，提供的 put(String key, Xxx values) 方法用于存入数据，getAsXxx(String key) 方法用于取出数据。具体示例代码片段如下：

```
ContentValues values=new ContentValues();
values.put("name", "Jack");
values.put("address", "Wuhan");
long rowid=db.insert("stuinfo", null, values);
```

不管 values 参数是否包含数据，执行 insert() 方法总会添加一条记录，如果 values 为空，则会添加一条除主键之外其他字段值都为 null 的记录。

还需要注意的是，insert() 方法的返回类型为 long。

2. 使用 update 方法更新记录

SQLiteDatabase 中的 update()方法包含四个参数，具体方法为 update(String table, ContentValues values, String whereClause, String[] whereArgs)，其中 table 为更新数据的表名，values 为要更新的数据，whereClause 是指更新数据的条件，whereArgs 为 whereClause 子句传入参数。update()方法返回 int 型数据，表示修改数据的条数。

修改 person_inf 表中所有主键大于 15 的人的姓名和地址，示例代码如下：

```
ContentValues values=new ContentValues();
values.put("name", "Jack");
values.put("address", "北京");
int results=db.update("stuinfo", values, "_id> ?", new Integer[]{15});
```

从上面示例代码可更直观地看出，第四个参数 whereArgs 用于向第三个参数 whereClause 中传入参数。

3. 使用 delete 方法删除记录

SQLiteDatabase 中的 delete()方法包含三个参数，具体方法为 delete(String table, String whereClause, String[] whereArgs)，其中 table 是要删除数据的表名，whereClause 是删除数据时要满足的条件，whereArgs 用于为 whereClause 传入参数。

删除 person_inf 表中所有姓名以“小”开头的记录，示例代码如下：

```
int result=db.delete("stuinfo", "name like ?",
new String[]{"j_"});
```

4. 使用 query 方法查询记录

SQLiteDatabase 中的 query()方法包含九个参数，具体方法为 query(boolean distinct, String table, String[] columns, String whereClause, String[] selectionArgs, String groupBy, String having, String orderBy, String limit)，参数说明如下。

- distinct：指定是否去除重复记录。
- table：执行查询数据的表名。
- columns：要查询出来的列名，相当于 select 语句 select 关键字后面的部分。
- whereClause：查询条件子句，相当于 select 语句中 where 关键字后面的部分，在条件子句中允许使用占位符“?”。
- selectionArgs：用于为 whereClause 子句中的占位符传入参数值，值在数组中的位置与占位符在语句中的位置必须一致；否则会异常。
- groupBy：用于控制分组，相当于 select 语句 group by 关键字后面的部分。
- having：用于对分组进行过滤，相当于 select 语句 having 关键字后面的部分。
- orderBy：用于对记录进行排序，相当于 select 语句 order by 关键字后面的部分。
- limit：用于分页。

该方法中参数较多，大家使用时如果不清楚各个参数的意义，可根据 API 查询。下面通过示例代码片段展示 query()方法的使用，查询 person_inf 表中人名以“小”开头的记录。

```
Cursor cursor=db.query("stuinfo", new String[]{"_id, name, age"},
"name like ?", new String[]{"小% "}, null, null, "_id desc", "5,10");
cursor.close();
```

query()方法返回的是 Cursor 类型对象。

5. 事务操作

事务是并发控制的基本单元，SQLiteDatabase 中包含如下两个方法来控制事务。

- beginTransaction()：开始事务。
- endTransaction()：结束事务。

SQLiteDatabase 还提供了如下方法判断当前上下文是否处于事务环境中：

- inTransaction()：如果当前上下文处于事务环境中则返回 true，否则返回 false。

当程序执行 endTransaction()方法后有两种选择，一种是提交事务，另一种是回滚事务。选择哪一种取决于 SQLiteDatabase 是否调用了 setTransactionSuccessful()方法设置事务标志，如果设置了该方法则提交事务，否则回滚事务。

示例代码如下：

```
db.beginTransaction();
try{
    //执行 DML 语句
    …
    //调用该方法设置事务成功；否则 endTransaction()方法将回滚事务
    db.setTransactionSuccessful();
    }
    finally{
        //由事务的标志决定是提交事务还是回滚事务
        db.endTransaction();
    }
```

6. SQLiteOpenHelper 类

SQLiteOpenHelper 是 Android 提供的一个管理数据库的工具类，可用于管理数据库的创建和版本更新。

前面介绍了使用 SQLiteDatabase 中的方法打开数据库，但是在实际开发中最常用的是 SQLiteOpenHelper，通过继承 SQLiteOpenHelper 开发子类，并通过子类的 getReadableDatabase()、getWritableDatabase()方法打开数据库。

SQLiteOpenHelper 常用方法如表 5.4 所示。

表 5.4 SQLiteOpenHelper 常用方法

方法	说明
getReadableDatabase()	以读的方式打开数据库对应的 SQLiteDatabase 对象
getWritableDatabase()	以写的方式打开数据库对应的 SQLiteDatabase 对象
onCreate(SQLiteDatabase db)	第一次创建数据库时回调该方法
onUpgrade(SQLiteDatabase db, int oldVersion, int newVersion)	当数据库版本更新时回调该方法
close()	关闭所有打开的 SQLiteDatabase 对象

示例 5.5 在程序中初始化学生信息，然后显示在列表中，效果如图 5.11 所示。

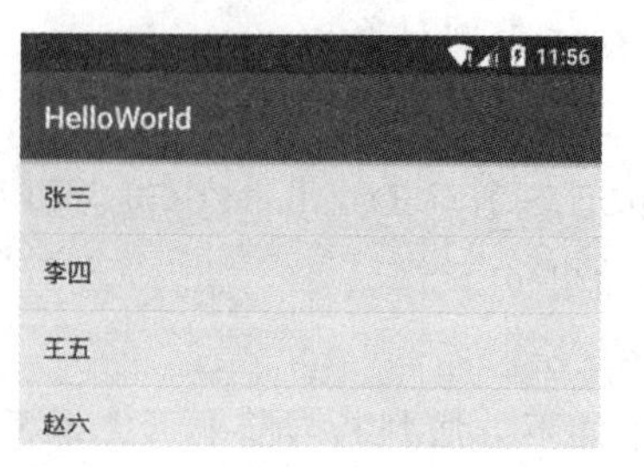

图 5.11　学生信息列表界面

实现步骤：

（1）添加布局文件，布局文件的代码如下：

```
<?xml version="1.0"encoding="utf-8"?>
<LinearLayout
    xmlns:android="http://schemas.android.com/apk/res/android"
    xmlns:tools="http://schemas.android.com/tools"
    android:layout_width="match_parent"
    android:layout_height="match_parent"
    android:orientation="vertical"
    tools:context="com.qcxy.android.MainActivity">
    <ListView
        android:id="@+id/mylist"
        android:layout_width="match_parent"
        android:layout_height="wrap_content"/>
</LinearLayout>
```

（2）在 MyDatabaseHelper 类中初始化 Student 表中的数据，参考代码如下：

```
public class MyDatabaseHelper extends SQLiteOpenHelper {
    //省略…
    @Override
    public void onCreate(SQLiteDatabase sqLiteDatabase) {
        //省略…
        initData(sqLiteDatabase);
    }
    //初始化数据
    public void initData(SQLiteDatabase db) {
        ContentValues values=new ContentValues();
        values.put("name","张三");
        db.insert("Student",null,values);
        values.put("name","李四");
        db.insert("Student",null,values);
        values.put("name","王五");
        db.insert("Student",null,values);
        values.put("name","赵六");
```

```
        db.insert("Student",null,values);
    }
}
```

(3) 查询 Student 表中的数据,并显示在 ListView 上,参考代码如下:

```
protected void onCreate(Bundle savedInstanceState) {
        //省略…
        //查询 Book 表中所有的数据
        List<String> students=new ArrayList<> ();
        Cursor cursor=db.query("Student",null,null,null,null,null,null);
        if(cursor.moveToFirst()) {
            do {
                //遍历 Cursor 对象,取出数据并打印
                String name=cursor.getString(cursor.getColumnIndexOrThrow("name"));
                students.add(name);
            } while (cursor.moveToNext());
        }
        cursor.close();
        ArrayAdapter<String> adapter=new ArrayAdapter<String> (
            this,android.R.layout.simple_list_item_1,students);
        ListView listview=(ListView) findViewById(R.id.mylist);
        listview.setAdapter(adapter);
    }
```

5.5 使用 Room 操作数据库

Room 在 SQLite 上提供了一个抽象层,以便在充分利用 SQLite 的强大功能的同时,能够流畅地访问数据库。

处理大量结构化数据的应用可极大地受益于在本地保留这些数据。最常见的用例是缓存相关数据。这样,当设备无法访问网络时,用户仍可在离线状态下浏览相应内容。设备之后重新连接到网络后,用户发起的所有内容更改都会同步到服务器。Room 能够很方便地为程序处理这些问题,因此强烈建议使用 Room 来操作数据存储。

使用 Room 需要在应用中添加 Room 的依赖,在应用的 build. gradle 文件中声明,代码如下:

```
    dependencies {
      def room_version="2.2.3"
      implementation "androidx.room:room- runtime:$ room_version"
      annotationProcessor "androidx.room:room- compiler:$ room_version"
      // Test helpers
      testImplementation "androidx.room:room- testing:$ room_version"
    }
```

Room 包含 3 个主要组件:

(1) 数据库:包含数据库持有者,并作为应用已保留的持久关系型数据的底层连接的主

Android 5.5▶

要接入点。使用 @Database 注释的类应满足以下条件：

- 是扩展 RoomDatabase 的抽象类。
- 在注释中添加与数据库关联的实体列表。
- 包含具有 0 个参数且返回使用 @Dao 注释的类的抽象方法。
- 在运行时，可以通过调用 Room. databaseBuilder（）或 Room. inMemoryDatabaseBuilder() 获取 Database 的实例。

（2）Entity：表示数据库中的表。使用参考代码如下：

```
@Entity
    public class User {
        @PrimaryKey
        public int uid;

        @ColumnInfo(name="first_name")
        public String firstName;

        @ColumnInfo(name="last_name")
        public String lastName;
    }
```

（3）DAO：包含用于访问数据库的方法。参考代码如下：

```
    @Dao
    public interface UserDao {
        @Query("SELECT *  FROM user")
        List<User> getAll();
        @Query("SELECT *  FROM user WHERE uid IN (:userIds)")
        List<User> loadAllByIds(int[] userIds);
        @Query("SELECT *  FROM user WHERE first_name LIKE :first AND "+
               "last_name LIKE :last LIMIT 1")
        User findByName(String first, String last);
        @Insert
        void insertAll(User… users);
        @Delete
        void delete(User user);
    }
```

定义 BaseDao，使用@DataBase 注解。例如定义 AppDatabase 代码如下：

```
@Database(entities={User.class}, version=1)
    public abstract class AppDatabase extends RoomDatabase {
        public abstract UserDao userDao();
    }
```

应用程序使用 Room 数据库来获取与该数据库关联的数据访问对象（DAO）。应用使用每个 DAO 从数据库中获取实体，然后再将对这些实体的所有更改保存回数据库中。最后，应用使用实体来获取和设置与数据库中的表列相对应的值。Room 不同组件之间的关系如图 5.12 所示。

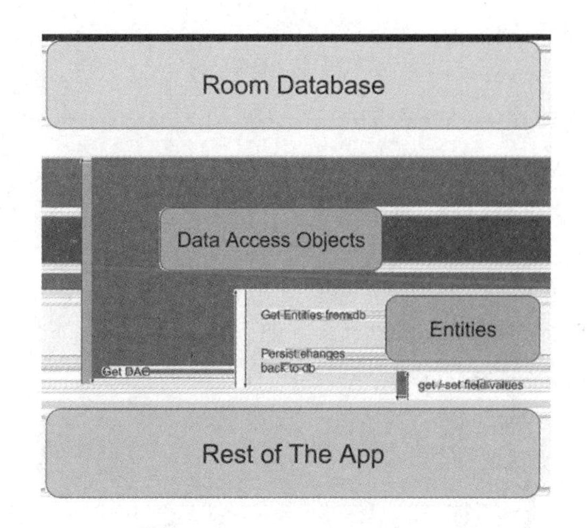

图 5.12　Room 组件关系图

在程序中可以使用如下代码获取已创建的数据库的实例：

```
AppDatabase db=Room.databaseBuilder(getApplicationContext(),
          AppDatabase.class, "database-name").build();
```

注意：如果应用程序在单个进程中运行，则在实例化 AppDatabase 对象时应遵循单例设计模式。每个 RoomDatabase 实例的成本相当高，使用时几乎不需要在单个进程中访问多个实例。如果应用程序在多个进程中运行，则在数据库构建器调用中包含 enableMultiInstanceInvalidation()。如果这样的话，则在每个进程中都有一个 AppDatabase 实例，就可以在一个进程中使共享数据库文件失效，并且这种失效会自动传播到其他进程中的 AppDatabase 实例。

5.6 实践任务

任务 1　设计学生信息管理的界面

需求分析

在主界面中添加学生姓名和年龄输入框，性别单选按钮，编号输入框，以及添加、查询、删除、修改四个按钮，完成效果如图 5.13所示。

图 5.13　学生信息管理界面

实现步骤

布局文件代码如下：

Android 5.6 ▶

```
<?xml version="1.0"encoding="utf-8"?>
<LinearLayout
    xmlns:android="http://schemas.android.com/apk/res/android"
    xmlns:tools="http://schemas.android.com/tools"
    android:id="@+id/activity_main"
    android:layout_width="match_parent"
    android:layout_height="match_parent"
    tools:context=".StudentManagerActivity"
    android:orientation="vertical"
    android:padding="10dp">

    <EditText
        android:id="@+id/name_edt"
        android:layout_width="match_parent"
        android:layout_height="wrap_content"
        android:hint="姓名："
        />

    <EditText
        android:id="@+id/age_edt"
        android:layout_width="match_parent"
        android:layout_height="wrap_content"
        android:hint="年龄："
        android:numeric="integer"/>

    <RadioGroup
        android:id="@+id/gender_gp"
        android:layout_width="match_parent"
        android:layout_height="wrap_content"
        android:orientation="horizontal">
        <TextView
            android:layout_width="wrap_content"
            android:layout_height="wrap_content"
            android:text="性别："
            android:layout_marginLeft="5dp"/>
        <RadioButton
            android:id="@+id/male"
            android:layout_width="wrap_content"
            android:layout_height="wrap_content"
            android:text="男"
            android:checked="true"
            android:layout_marginLeft="15dp"/>
        <RadioButton
```

```
        android:id="@+id/female"
        android:layout_width="wrap_content"
        android:layout_height="wrap_content"
        android:text="女"
        android:layout_marginLeft="15dp"/>
</RadioGroup>
<EditText
    android:id="@+id/id_edt"
    android:layout_width="match_parent"
    android:layout_height="wrap_content"
    android:hint="编号"/>

<LinearLayout
    android:layout_width="match_parent"
    android:layout_height="wrap_content"
    android:orientation="horizontal">

    <Button
        android:id="@+id/insert_btn"
        android:layout_width="match_parent"
        android:layout_height="wrap_content"
        android:layout_weight="1"
        android:text="添加"
        android:onClick="operate"/>

    <Button
        android:id="@+id/select_btn"
        android:layout_width="match_parent"
        android:layout_height="wrap_content"
        android:layout_weight="1"
        android:text="查询"
        android:onClick="operate"/>

    <Button
        android:id="@+id/delete_btn"
        android:layout_width="match_parent"
        android:layout_height="wrap_content"
        android:layout_weight="1"
        android:text="删除"
        android:onClick="operate"/>
    <Button
        android:id="@+id/update_btn"
        android:layout_width="match_parent"
```

```
            android:layout_height="wrap_content"
            android:layout_weight="1"
            android:text="修改"
            android:onClick="operate"/>
    </LinearLayout>
    <ListView
        android:layout_width="match_parent"
        android:layout_height="match_parent"
        android:id="@+id/stu_list"> </ListView>
</LinearLayout>
```

Item 的布局文件代码如下：

```
<?xml version="1.0"encoding="utf-8"?>
<LinearLayout
    xmlns:android="http://schemas.android.com/apk/res/android"
    android:orientation="horizontal"
    android:layout_width="match_parent"
    android:layout_height="match_parent">

    <TextView
        android:layout_width="match_parent"
        android:layout_height="wrap_content"
        android:layout_weight="1"
        android:id="@+id/id_item"/>

    <TextView
        android:layout_width="match_parent"
        android:layout_height="wrap_content"
        android:layout_weight="1"
        android:id="@+id/name_item"/>

    <TextView
        android:layout_width="match_parent"
        android:layout_height="wrap_content"
        android:layout_weight="1"
        android:id="@+id/age_item"/>

    <TextView
        android:layout_width="match_parent"
        android:layout_height="wrap_content"
        android:layout_weight="1"
        android:id="@+id/gender_item"/>

</LinearLayout>
```

◆ 任务2　实现学生信息管理的操作

需求说明

使用 SQLite 数据库完成学生信息管理应用。

输入姓名、年龄和性别后点击【添加】按钮添加学生信息，输入编号后点击【查询】按钮可以查询学生信息，也可以删除、修改学生信息。修改学生信息需要重新输入姓名、年龄和性别。如果查询时没有输入编号，则查询所有学生信息。

实现步骤

(1) 创建 Student 实体类，代码如下：

```
packagecom.qcxy.chapter5;

public class Student{
    //私有属性
    private int id;
    private String name;
    private int age;
    private String gender;
    //无参构造
    public Student(){


    }


    public Student(String name, int age, String gender) {
        this.name=name;
        this.age=age;
        this.gender=gender;
    }


    //有参构造
    public Student(int id, String name, int age, String gender) {
        super();
        this.id=id;
        this.name=name;
        this.age=age;
        this.gender=gender;
    }
    //创建的 setter 和 getter 方法
    public int getId() {
        return id;
    }
```

```
    public void setId(int id) {
        this.id=id;
    }
    public String getName() {
        return name;
    }
    public void setName(String name) {
        this.name=name;
    }
    public int getAge() {
        return age;
    }
    public void setAge(int age) {
        this.age=age;
    }
    public String getGender() {
        return gender;
    }
    public void setGender(String gender) {
        this.gender=gender;
    }

}
```

（2）创建 StudentDao，通过数据访问对象操作数据库，代码如下：

```
packagecom.qcxy.chapter5;

import android.content.Context;
import android.database.Cursor;
import android.database.sqlite.SQLiteDatabase;
import android.database.sqlite.SQLiteOpenHelper;
import android.os.Environment;

import java.util.ArrayList;



public class StudentDao {
    private SQLiteDatabase db;

    public StudentDao(Context context){
        String path=Environment.getExternalStorageDirectory()+"/stu.db";
        SQLiteOpenHelper helper=new SQLiteOpenHelper(context,path,null,2) {
            @Override
            public void onCreate(SQLiteDatabase sqLiteDatabase) {
```

```
                //定义建表语句
                    String sql =" create table info _ tb ( _ id integer primary key
autoincrement,"+
                        "name varhcar(20),"+
                        "age integer,"+
                        "gender varchar(2) )";
                //执行 SQL 语句
                sqLiteDatabase.execSQL(sql);


            }

            @Override
            public void onUpgrade(SQLiteDatabase sqLiteDatabase, int i, int i1) {
            }
        };
        db=helper.getReadableDatabase();
    }

    public void addStudent(Student stu){
        String sql="insert into info_tb (name,age,gender) values(?,?,?)";
        db.execSQL(sql,new Object[]{stu.getName(),stu.getAge()+ "",stu.getGender()});
    }

    public Cursor getStudent(String… strs){
        //1.查询所有(没有参数)
        String sql="select *  from info_tb ";
        //2.含条件查询(姓名/年龄/编号)(参数形式:第一个参数指明条件,第二个参数指明条件值)
        if(strs.length !=0){
            sql+="where "+strs[0]+"='"+strs[1]+"'";
        }
        Cursor c=db.rawQuery(sql,null);
        return c;
    }

    public ArrayList<Student> getStudentInList(String… strs){
        ArrayList<Student> list=new ArrayList<> ();
        Cursor c=getStudent(strs);
        while (c.moveToNext()){
            int id=c.getInt(0);
            String name=c.getString(1) ;
            int age=c.getInt(2) ;
            String gender=c.getString(3) ;
            Student s=new Student(id,name,age,gender);
```

```
            list.add(s);
        }
        return list;
    }

    public void deleteStudent(String… strs){
        String sql  =  "delete from info_tb where "+strs[0]+"='"+strs[1]+"'";
        db.execSQL(sql);
    }

    public void updateStudent(Student stu){
        String sql="update info_tb set name= ?,age= ?,gender= ? where _id= ?";
        db.execSQL(sql,new Object[]{stu.getName(),stu.getAge(),stu.getGender(),stu.
getId()});
    }

}
```

（3）在 Activity 中实现点击事件操作，代码如下：

```
packagecom.qcxy.chapter5;

import androidx.appcompat.app.AppCompatActivity;

import android.database.Cursor;
import android.os.Bundle;
import android.view.View;
import android.widget.EditText;
import android.widget.ListView;
import android.widget.RadioButton;
import android.widget.RadioGroup;
import android.widget.SimpleCursorAdapter;
import android.widget.Toast;

public class StudentManagerActivity extends AppCompatActivity {

    private EditText nameEdt , ageEdt , idEdt;
    private RadioGroup genderGp;
    private ListView stuList;
    private RadioButton malerb;
    private String genderStr="男";
    private StudentDao dao;
    @Override
    protected void onCreate(Bundle savedInstanceState) {
        super.onCreate(savedInstanceState);
```

```
    setContentView(R.layout.activity_student_manager);

    dao=new StudentDao(this);

    nameEdt=(EditText) findViewById(R.id.name_edt);
    ageEdt=(EditText) findViewById(R.id.age_edt);
    idEdt=(EditText) findViewById(R.id.id_edt);
    malerb=(RadioButton) findViewById(R.id.male);

    genderGp=(RadioGroup) findViewById(R.id.gender_gp);
    genderGp.setOnCheckedChangeListener(new
    RadioGroup.OnCheckedChangeListener() {
        @Override
        public void onCheckedChanged(RadioGroup radioGroup, int i) {
            if(i==R.id.male){
                //"男"
                genderStr="男";
            }else{
                //"女"
                genderStr="女";
            }
        }
    });

    stuList=(ListView) findViewById(R.id.stu_list);
}

public void operate(View v){

    String nameStr=nameEdt.getText().toString();
    String ageStr=ageEdt.getText().toString();
    String idStr=idEdt.getText().toString();
    switch (v.getId()){
        case R.id.insert_btn:
            Student stu=new Student(nameStr,Integer.parseInt(ageStr),genderStr);
            dao.addStudent(stu);
            Toast.makeText(this,"添加成功",Toast.LENGTH_SHORT).show();
            break;
        case R.id.select_btn:
            String key="",value="";
            if(! nameStr.equals("")){
                value=nameStr;
                key="name";
```

```
            }else if(! ageStr.equals("")){
                value=ageStr;
                key="age";
            }else if(! idStr.equals("")){
                value=idStr;
                key="_id";
            }
            Cursor c;
            if(key.equals("")){
                c=dao.getStudent();
            }else {
                c=dao.getStudent(key, value);
            }


            SimpleCursorAdapter adapter=new SimpleCursorAdapter(
                    this, R.layout.item,c,
                    new String[]{"_id","name","age","gender"},
                    new int []{R.id.id_item,R.id.name_item,R.id.age_item,R.id.
gender_item});
            stuList.setAdapter(adapter); /* * /
            break;
        case R.id.delete_btn:

            String[] params=getParams(nameStr,ageStr,idStr);

            dao.deleteStudent(params[0],params[1]);
            Toast.makeText(this,"删除成功",Toast.LENGTH_SHORT).show();
            break;
        case R.id.update_btn:
             Student stu2=new Student(Integer.parseInt(idStr),nameStr,Integer.
parseInt(ageStr),genderStr);
            dao.updateStudent(stu2);
            Toast.makeText(this,"修改成功",Toast.LENGTH_SHORT).show();
            break;
    }
    nameEdt.setText("");
    ageEdt.setText("");
    idEdt.setText("");
    malerb.setChecked(true);
}

public String[] getParams(String nameStr,String ageStr,String idStr){
```

```
        String[] params=new String[2];
        if(! nameStr.equals("")){
            params[1]=nameStr;
            params[0]="name";
        }else if(! ageStr.equals("")){
            params[1]=ageStr;
            params[0]="age";
        }else if(! idStr.equals("")){
            params[1]=idStr;
            params[0]="_id";
        }
        return params;
    }
}
```

本章总结

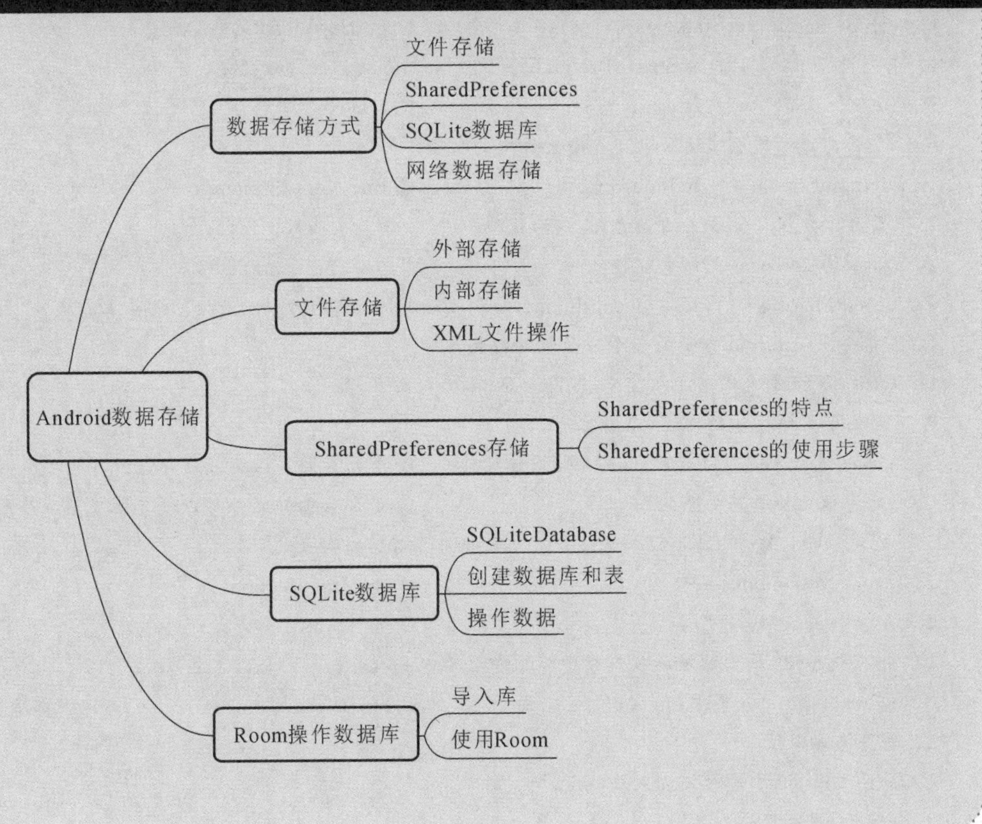

本章作业

一、选择题

1. 下列选项中，属于获取 SharedPreferences 的实例对象的方法的是（　　）。

A. SharedPreferences. Editor　　B. getPreferences()

C. getSharedPreferences()　　D. 以上方法都不对

2. 下列选项中，属于 SharedPreferences 中获得 String 类型参数的方法的是（　　）。

A. getString()　　B. getStringExtra()　　C. getStringValue()　　D. getValue()

3. 下面关于 SQLite 数据库的描述中，错误的是（　　）。

A. SQLiteOpenHelper 类有创建数据库和更新数据库版本的功能

B. 当数据库版本发生变化时，会调用 SQLiteOpenHelper 的 onUpgrade()方法更新数据库

C. 每次调用 SQLiteDatabase 的 getWritableDatabase 方法时，都会执行 SQLiteOpenHelper 的 onCreate()方法

D. 可以调用 SQLiteDatabase 类的 insert()方法在数据库中插入数据

4. 下列选项中，属于 Environment 类中获得 SD 根目录的方法的是（　　）。

A. getDataDirectory()　　B. getExternalStorageDirectory()

C. getExternalStorageState()　　D. getDownloadCacheDirectory()

5. 下列选项中，属于清除 SharedPreferences 文件中保存数据的方法的是（　　）。

A. move()　　B. clear()　　C. remove()　　D. delete()

6.（　　）类的对象能够读取内部存储文件中的数据。

A. FileInputStream　　B. InputStream　　C. FileOutputStream　　D. OutputStream

7. 下面关于数据存储方式的描述，正确的是（　　）。

A. SharedPreferences 是四大组件之一

B. ContentProvider 可以通过 openFileInput()和 openFileOutput()方法来读取设备上的文件

C. SQLite 是 Android 自带的一个轻量级的数据库

D. SQLite 数据库运算速度比较慢，占用资源较多

8. 下面关于文件存储的描述，正确的是（　　）。

A. 内部存储的存储路径通常为 mnt/sdcard 目录　　B. 内部存储可以将数据存储到 SD 卡上

C. 外部存储文件是不安全的　　D. 外部存储的文件可以被其他应用程序所共享

9. 下列选项中，属于 SQLiteDatabase 中开启数据库事务方法的是（　　）。

A. beginTransaction()　　B. startTransaction()

C. getTransaction()　　D. setTransactionSuccessful()

10. 下列选项中，属于数据库版本号增加时调用的方法的是（　　）。

A. onCreate()　　B. update()　　C. onUpgrade()　　D. 方法都不对

二、简答与编程题

1. 简述 Android 中的存储方式及特点。

2. 简述如何使用 SharedPreferences 存储数据。

3. 在 SQLite 中使用 MyHelper 的帮助类获取数据库表 information 中的 account 和 password 两个字段的数据。

4. 写出在输入框中输入一段字符串并存储到 data. txt 文件中的逻辑代码。

第6章 ContentProvider的使用

本章简介

本章详细地讲解了内容提供者的相关知识，首先简单地介绍了内容提供者，然后讲解了如何创建内容提供者以及如何使用内容提供者访问其他程序暴露的数据，最后讲解内容观察者，利用内容观察者观察数据的变化。本章所讲的ContentProvider是Android四大组件之一，在遇到程序之间需要共享数据时，会经常用到该组件。

学习目标

1. 理解内容提供者的工作原理
2. 会使用内容提供者共享数据
3. 掌握内容解析者的使用
4. 掌握内容监控者的使用

实践任务

任务1　读取系统的短信息

任务2　监控系统收信箱的短信息

任务3　添加联系人信息

6.1 ContentProvider 介绍

ContentProvider（内容提供器或内容提供者）主要用于在不同的应用程序之间实现数据共享的功能，它提供了一套完整的机制，允许一个程序访问另一个程序中的数据，同时还能保证被访问数据的安全性。使用 ContentProvider 是 Android 目前实现跨程序共享数据的标准方式。

不同于文件存储和 SharedPreferences 存储中的两种全局可读性操作模式，ContentProvider 可以选择只对哪一部分数据进行共享，从而保证程序中的隐私数据不被泄露。

在 Android 当中，每一个应用程序的数据都是采用私有的形式进行操作的，不管这些数据是文件保存还是数据库保存，都不能被外部应用程序所访问。但是在很多情况下用户需要在不同的应用程序之间进行数据的交换，所以为了解决这样的问题，在 Android 中专门提供了一个 ContentProvider 类，此类的主要功能是将不同的应用程序的数据操作标准统一起来，并且将各个应用程序的数据操作标准暴露给其他应用程序，这样，一个应用程序的数据就可以按照 ContentProvider 所制定的标准被外部所操作。

图 6.1 展示了 A 应用程序与 B 应用程序之间的数据共享。

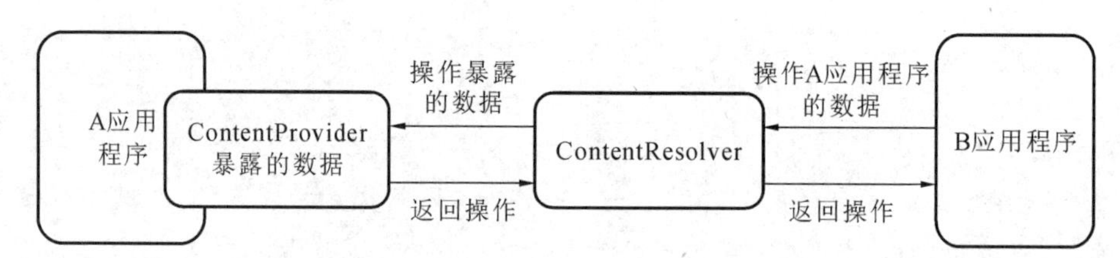

图 6.1 ContentProvider 数据共享原理

A 应用程序通过 ContentProvider 将数据暴露出来，供其他应用程序操作。B 应用程序通过 ContentResolver 接口操作暴露的数据，A 应用程序将数据返回到 CotentResolver，然后 CotentResolver 再把数据返回到 B 应用程序。

6.1.1 ContentProvider 中的方法

ContentProvider 内容提供者作为 Android 四大组件之一，其作用是在不同的应用程序之间实现数据共享的功能。

ContentProvider 可以理解为一个 Android 应用对外开放的数据接口，只要是符合其定义的 URI 格式的请求，均可以正常访问其暴露出来的数据并执行操作。其他的 Android 应用可以使用 ContentResolver 对象通过与 ContentProvider 同名的方法请求执行。ContentProvider 有很多对外可以访问的方法，并且在 ContentResolver 中均有同名的方法，它们是一一对应的，如图 6.2 所示。

具体使用 ContentProvider 的步骤如下：

(1) 定义自己的 ContentProvider 类，该类需要继承 Android 提供的 ContentProvider 基类。

(2) 在 AndroidManifest.xml 文件中注册这个 ContentProvider，与注册 Activity 方式

◀ **Android 6.1**

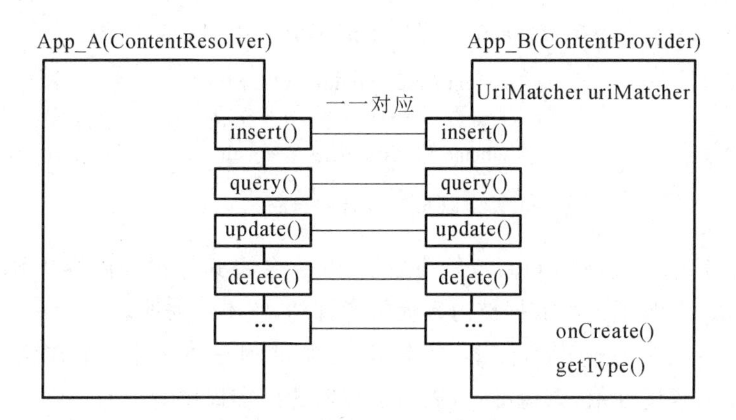

图 6.2　ContentProvider 与 ContentResolver 中的方法一一对应

类似，只是注册时需要为它指定 authorities 属性，并绑定一个 Uri。

注册代码如下：

```
<!--authorities 属性指定为数据 Uri 的授权列表，name 属性指定为 ContentProvider 类-->
<provider
    android:authorities="com.qcxy.providers.demoprovider"
    android:name=".DemoProvider"
    android:exported="true"/>
```

上面代码中 authorities 属性即指定 Uri。结合图 6.2，在自定义 ContentProvider 类时，除了需要继承 ContentProvider 之外，还要重写一些方法才能暴露数据的功能。方法如表 6.1所示。

表 6.1　ContentProvider 中的方法

方　法	说　明
boolean onCreate()	在 ContentProvider 被创建时调用
Uri insert(Uri uri, ContentValues values)	根据该 Uri 插入 values 对应的数据
int delete (Uri uri, String selection, String [] selectionsArgs)	根据 Uri 删除 selection 条件所匹配的全部记录
int update (Uri uri, ContentValues values, String selection, String[] select)	根据 Uri 修改 selection 条件所匹配的全部记录
Cursor query (Uri uri, String [] projection, String selection, String[] selectionArgs, String sortOrder)	根据 Uri 查询出 selection 条件所匹配的全部记录，其中 projection 是一个列名列表
String getType(Uri uri)	返回当前 Uri 所代表的数据的 MIME 类型

6.1.2　Uri 简介

在创建 ContentProvider 时，提到了一个参数 Uri，它代表了数据的操作方法。Uri 主要包含两部分信息：

（1）需要操作的 ContentProvider。

（2）对 ContentProvider 中的什么数据进行操作。

而一个 Uri 通常用以下形式展示：

```
content://com.qcxy.providers.myprovider/student/1
```

Uri 由 scheme、authorities、path 三部分组成，如图 6.3 所示。

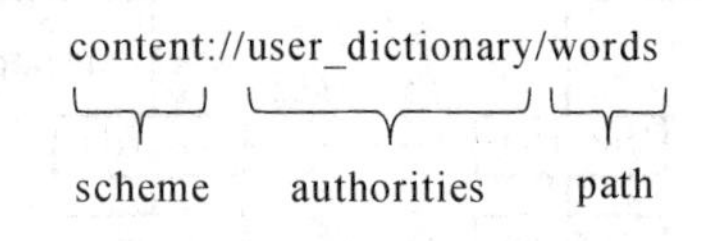

图 6.3　Uri 的组成

scheme 部分：字符串 content://始终显示，并且会将其标识为内容 URI，content://是一个标准的前缀，表明了这个数据被内容提供者管理，它不会修改。

authorities 部分：user_dictionary 字符串是提供程序的授权，是在清单文件注册的 android:authorities 属性值，该值唯一，表明了当前的内容提供者。

path 部分：表示资源或数据，words 字符串是表的路径，当访问者操作不同数据时，这个值是动态变化的。

许多提供程序均允许将 ID 值追加至 URI 末尾，从而访问表中的单个行。例如，从用户字典中检索 ID 为某个值的行：

- 操作 student 表中 ID 为 10 的记录，可以构建这样的路径：/student/10。
- 操作 student 表中 ID 为 10 的记录的 name 字段，构建路径：student/10/name。
- 操作 student 表中的所有记录，构建路径：/student。
- 操作 xxx 表中的记录，可以构建这样的路径：/xxx。

当然要操作的数据不一定来自数据库，也可以是文件、XML 或网络等其他存储方式，例如：操作 XML 文件中 student 节点下的 name 节点，需构建路径：/student/name。

如果要把一个字符串转换成 URI，可以使用 URI 类中的 parse()方法，如下：

```
URI uri=Uri.parse("content://com.qcxy.providers.myprovider/student/name")
```

可以使用通配符的方式来分别匹配这两种格式的内容 URI，规则如下：

（1）*：表示匹配任意长度的任意字符。

（2）#：表示匹配任意长度的数字。

所以，一个能够匹配应用中任意表的内容 URI 可以写成如下格式：

```
content://com.qcxy.android.provider/*
```

而一个能够匹配 table1 表中任意一行数据的内容 URI 可以写成如下格式：

```
content://com.qcxy.android.provider/table1/#
```

为了更好地对传入内容 的 URI 执行操作，Android 的 API 加入了更方便的类 UriMatcher，它会将内容 URI“模式”映射为整型值，这样就可以在 switch 语句中使用这些整型值，为匹配特定模式的一个或多个内容 URI 选择所需操作。UriMatcher 用于对 ContentProvider 中的 Uri 进行匹配。使用 UriMatcher 的步骤：

（1）初始化 UriMatcher：

```
UriMatcher sURIMatcher=new UriMatcher(UriMatcher.NO_MATCH);
```

（2）将 Uri 注册到 UriMatcher 中：

```
sURIMatcher.addURI("com.qcxy.contentprovider", "people", PEOPLE);
sURIMatcher.addURI("com.qcxy.contentprovider", "person/#", PEOPLE_ID);
```

（3）与已经注册的 Uri 进行匹配：

```
Uri uri=Uri.parse("content://"+"com.qcxy.contentprovider"+"/people");
int match=matcher.match(uri);
switch (match) {
    case PEOPLE:
        //匹配成功后做的相关操作
    case PEOPLE_ID:
        //匹配成功后做的相关操作
    default:
        return null;
}
```

6.1.3 使用 ContentResolver 操作数据

ContentProvider 在程序的操作中所提供的是一个操作的标准，所以用户想依靠此标准进行数据操作的时候，必须使用到 android. content. ContentResolver 类完成，而这个类中所给出的操作方法与 ContentProvider 是一一对应的，当用户调用了 ContentResolver 类的方法时实际上就相当于调用了 ContentProvider 类中的对应方法，如图 6.4 所示。

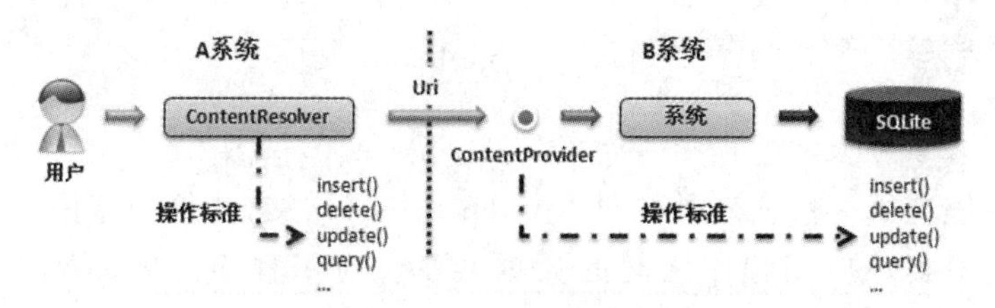

图 6.4　ContentResolver 操作数据

调用者通过 ContentResolver 来操作 ContentProvider 暴露出来的数据，从图 6.4 知道，ContentResolver 中的方法与 ContentProvider 中的方法是一一对应的，不过与 ContentProvider 不同的是，获取 ContentResolver 对象是通过 Context 提供的 getContentResolver 方法。获取该对象之后，调用其包含的方法就可以操作数据。具体方法如表 6.2 所示。

表 6.2　ContentResolver 中的方法

方　法	说　明
insert(URI uri, ContentValues values)	向 URI 对应的 ContentProvider 中插入 values 对应的数据
delete (URI uri, String where, String [ ] selectionsArgs)	删除 URI 对应的 ContentProvider 中 where 提交匹配的数据
update (URI uri, ContentValues values, String selection, String[] select)	更新 URI 对应的 ContentProvider 中 where 提交匹配的数据
query(URI uri, String[] projection, String selection, String[] selectionArgs, String sortOrder)	查询 URI 对应的 ContentProvider 中 where 提交匹配的数据

需要注意的是，ContentProvider 一般是单例模式的，即当多个应用程序通过 ContentResolver 来操作 ContentProvider 提供的数据时，ContentResolver 调用的数据将会

委托给同一个 ContentProvider 处理。由于 ContentResolver 是一个抽象类，所以要想取得 ContentResolver 类的实例化对象进行操作，则需要依靠 android. app. Activity 类中的 getContentResolver()方法。

在 Android 系统中，应用程序通过 ContentProvider 来暴露自己的数据，然后其他的应用程序通过 ContentResolver 对应用程序暴露的数据进行操作。由于使用 ContentProvider 暴露数据时，提供了相应操作的 Uri，所以在使用 ContentResolver 获取数据的时候，需要指定相应的 Uri。使用 ContentResolver 步骤如下：

(1) 获取相应操作的 Uri，Uri. parse()方法将字符串转换成 Uri 对象。

```
Uri uri=Uri.parse("content://com.qcxy.myprovider/student");
```

(2) 获取 ContentResolver 对象：

```
ContentResolver resolver=context.getContentResolver();
```

(3) 通过 ContentResolver 对象查询数据：

```
Cursor cursor=resolver.query(Uri uri, String[] projection, String selection,
                              String[] selectionArgs, String sortOrder);
while (cursor.moveToNext()) {
    String name=cursor.getString(0);
    long date=cursor.getLong(1) ;
    int age=cursor.getInt(2) ;
}
cursor.close();
```

Android 系统应用一般会对外提供 ContentProvider 接口，例如短信、图片以及手机联系人信息等，以便实现应用程序之间的数据共享。应用程序之间的数据共享操作通过 ContentResolver 进行。

1. 使用 ContentProvider 管理联系人

在 Android 手机系统自带的应用中都有“联系人”这一应用，用于存储联系人电话、E-Mail 等信息。利用系统提供的 ContentProvider，就可以在开发的应用程序中用 ContentResolver 来管理联系人数据。

Android 系统用于管理联系人的 ContentProvider 的几个 URI 如下：

- ContactsContract. Contacts. CONTENT_URI：管理联系人的 URI。
- ContactsContract. CommonDataKinds. Phone. CONTENT_URI：管理联系人电话的 URI。
- ContactsContract. CommonDataKinds. Email. CONTENT_URI：管理联系人 E-Mail 的 URI。

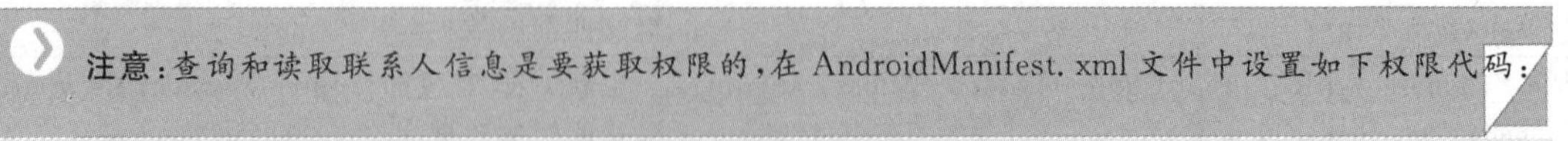

注意：查询和读取联系人信息是要获取权限的，在 AndroidManifest. xml 文件中设置如下权限代码：

```
<uses-permission android:name="android.permission.READ_CONTACTS"/>
```

从 Android 6.0 开始除了需要在清单文件中设置权限外，还需要在代码中动态请求权限。

2. 使用 ContentProvider 管理多媒体

Android 提供了 Camera 程序来支持拍照、拍摄视频，用户拍摄的照片、视频都将存放在固定的位置。有时其他应用程序可能需要直接访问 Camera 所拍摄的照片、视频等，为满足这些需求，Android 为这些多媒体内容提供了 ContentProvider。

Android 为多媒体提供的 ContentProvider 的 Uri 如表 6.3 所示。

表 6.3 多媒体对应的 ContentProvider 的 Uri

Uri	说明
MediaStore. Audio. Media. EXTERNAL_CONTENT_URI	存储在手机外部存储器(SD 卡)上的音频文件内容的 ContentProvider 的 Uri
MediaStore. Audio. Media. INTERNAL_CONTENT_URI	存储在手机内部存储器上的音频文件内容的 ContentProvider 的 Uri
MediaStore. Audio. Images. EXTERNAL_CONTENT_URI	存储在手机外部存储器(SD 卡)上的图片文件内容的 ContentProvider 的 Uri
MediaStore. Audio. Images. INTERNAL_CONTENT_URI	存储在手机内部存储器上的图片文件内容的 ContentProvider 的 Uri
MediaStore. Audio. Video. EXTERNAL_CONTENT_URI	存储在手机外部存储器(SD 卡)上的视频文件内容的 ContentProvider 的 Uri
MediaStore. Audio. Video. INTERNAL_CONTENT_URI	存储在手机内部存储器上的视频文件内容的 ContentProvider 的 Uri

与读取联系人信息一样，读取 SD 卡中的图片信息同样需要权限，需要在 AndroidManifest. xml 文件中配置如下代码片段：

```
<uses-permissionandroid:name="android.permission.READ_EXTERNAL_STORAGE"/>
```

示例 6.1 使用 ContentResolver 获取通信录信息。

实现效果如下：

在 Android 系统中添加联系人信息，如图 6.5 所示。

运行程序，显示界面，如图 6.6 所示。

点击【加载联系人】按钮，加载系统中的联系人，显示在按钮下方的 ListView 中，如图 6.7所示。

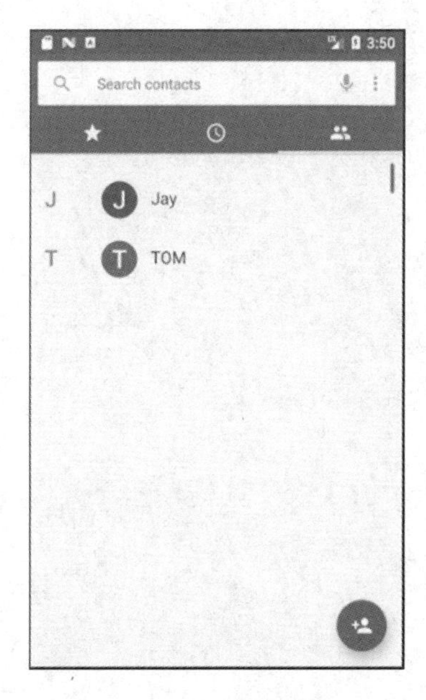

图 6.5 添加的联系人

图 6.6 加载联系人的界面

图 6.7 获取联系人的数据

程序要点分析：

（1）调用运行时权限 READ_CONTACTS 权限，在用户授权之后调用 readContacts()方法读取联系人的信息。

（2）修改 AndroidManifest. xml 中的代码，添加读取联系人的权限，代码如下：

```
<uses-permission android:name="android.permission.READ_CONTACTS"/>
```

（3）Android 的 API 中提供了一个 Contacts 类用于管理联系人，而且还为联系人管理提供了 ContentProvider，这就允许其他程序以 ContentResolver 来管理联系人数据。

程序代码如下：

（1）创建布局文件 activity_contact. xml，代码如下：

```
<?xml version="1.0"encoding="utf-8"?>
<LinearLayout xmlns:android="http://schemas.android.com/apk/res/android"
    xmlns:app="http://schemas.android.com/apk/res-auto"
    xmlns:tools="http://schemas.android.com/tools"
    android:layout_width="match_parent"
    android:layout_height="match_parent"
    android:orientation="vertical"
    tools:context=".ContactActivity">

    <Button
        android:id="@+id/btnLoadContact"
        android:layout_width="match_parent"
        android:layout_height="wrap_content"
        android:text="加载联系人"
        android:textSize="18sp"/>

    <ListView
        android:id="@+id/lv_contact"
        android:layout_width="match_parent"
        android:layout_height="wrap_content"
        />

</LinearLayout>
```

（2）创建 ContactActivity 类，添加如下代码：

```
packagecom.qcxy.chapter6;

import androidx.appcompat.app.AppCompatActivity;
import androidx.core.app.ActivityCompat;
import androidx.core.content.ContextCompat;
```

```
import android.Manifest;
import android.content.pm.PackageManager;
import android.database.Cursor;
import android.os.Bundle;
import android.provider.ContactsContract;
import android.view.View;
import android.widget.ArrayAdapter;
import android.widget.Button;
import android.widget.ListView;
import android.widget.Toast;

import java.util.ArrayList;
import java.util.List;

public class ContactActivity extends AppCompatActivity implements View.OnClickListener
{

    private ArrayAdapter<String> adapter;
    private List<String> contactsList;

    Button btnLoadContact;
    ListView lvContact;
    @Override
    protected void onCreate(Bundle savedInstanceState) {
        super.onCreate(savedInstanceState);
        setContentView(R.layout.activity_contact);
        //获取按钮设置监听器处理点击事件
        btnLoadContact=findViewById(R.id.btnLoadContact);
        btnLoadContact.setOnClickListener(this);

        lvContact=findViewById(R.id.lv_contact);


    }

    private void readContacts() {

        Cursor cursor=null;
        try {
            cursor=getContentResolver().query(
                    ContactsContract.CommonDataKinds.Phone.CONTENT_URI,null,null,
null,null);
            if(cursor !=null) {
```

```
            while (cursor.moveToNext()) {
                //获取联系人姓名
                String displayName=cursor.getString(cursor.getColumnIndexOrThrow(
                        ContactsContract.CommonDataKinds.Phone.DISPLAY_NAME));
                //获取联系人手机号
                String number=cursor.getString(cursor.getColumnIndexOrThrow(
                        ContactsContract.CommonDataKinds.Phone.NUMBER));
                contactsList.add(displayName+"\n"+number);
            }

            //数据发生变化,提醒adapter更新
            adapter.notifyDataSetChanged();
        }
    } catch (Exception e) {
        e.printStackTrace();
    } finally {
        if(cursor !=null) {
            cursor.close();
        }
    }
}

@Override
public void onClick(View v) {
    contactsList=new ArrayList<> ();
    adapter=new ArrayAdapter<String> (this,android.R.layout.simple_list_item_1,
contactsList);
    lvContact.setAdapter(adapter);

   if(ContextCompat.checkSelfPermission(this,
            Manifest.permission.READ_CONTACTS) != PackageManager.PERMISSION_
GRANTED) {
        ActivityCompat.requestPermissions(this,
                new String[]{Manifest.permission.READ_CONTACTS},1);
    }
    else {
        readContacts();
    }
}

@Override
public void onRequestPermissionsResult(int requestCode, String[] permissions, int
[] grantResults) {
```

```
        switch (requestCode) {
            case 1:
                if(grantResults.length> 0 && grantResults[0]==
                        PackageManager.PERMISSION_GRANTED) {
                    readContacts();
                } else {
                    Toast.makeText(this, "你拒绝了"+permissions[0]+ "权限",
                            Toast.LENGTH_SHORT).show();
                }
                break;
            default:
                break;
        }
    }
}
```

6.2 使用 ContentProvider 共享数据

ContentProvider 与 ContentResolver 就是通过 URI 进行数据交换的，当调用者调用 ContentResolver 的 CRUD 方法进行数据的增删改查操作时，实际上是调用了 ContentProvider 中该 URI 对应的各个方法。使用 ContentProvider 共享数据分为以下几步。

6.2.1 创建 ContentProvider 子类

应用程序中的数据若想被其他应用访问并操作，就需要使用 ContentProvider 将其暴露出来。暴露方式就是开发 ContentProvider 的子类，并重写需要的方法。开发步骤如下：

（1）新建一个类并继承 ContentProvider，该类需要实现 insert()、query()、delete()和 update()等方法。

（2）将该类注册到 AndroidManifest. xml 文件中，并指定 android:authorities 属性。

配置 ContentProvider 代码片段中经常使用如表 6.4 所示的几个属性。

表 6.4　常用属性

属　性	说　明
name	指定该 ContentProvider 的实现类的类名
authorities	指定该 ContentProvider 对应的 URI
android:exported	指定该 ContentProvider 是否被其他应用程序调用

ContentResolver 调用方法时参数将会传给该 ContentProvider 的 CRUD 方法。ContentResolver 调用方法的返回值，就是 ContentProvider 执行 CRUD 方法的返回值。

创建 ContentProvider。

创建新的 Android 项目，在项目中创建 ContentProvider，设置好 URI Authorities，如图

Android 6.2 ▶

6.8 所示。

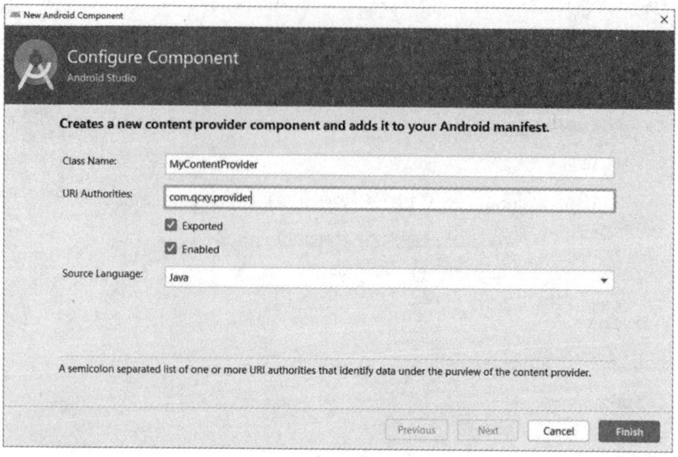

图 6.8　创建 ContentProvider

MyContentProvider 的代码如下：

```
packagecom.qcxy.mycontentprovider;

import android.content.ContentProvider;
import android.content.ContentValues;
import android.content.UriMatcher;
import android.database.Cursor;
import android.net.Uri;
import android.util.Log;

public class MyContentProvider extends ContentProvider {

    private static final String TAG="MyContentProvider";

    public static final int TABLE1_DIR= 0;
    public static final int TABLE1_ITEM= 1;
    public static final int TABLE2_DIR= 2;
    public static final int TABLE2_ITEM= 3;
    private static UriMatcher uriMatcher;
    static {
        uriMatcher=new UriMatcher(UriMatcher.NO_MATCH);
        uriMatcher.addURI("com.qcxy.provider","table1",TABLE1_DIR);
        uriMatcher.addURI("com.qcxy.provider","table1/#",TABLE1_ITEM);
        uriMatcher.addURI("com.qcxy.provider","table2",TABLE2_DIR);
        uriMatcher.addURI("com.qcxy.provider","table2/#",TABLE2_ITEM);
    }
```

```
public MyContentProvider() {
}

@Override
public int delete(Uri uri, String selection, String[] selectionArgs) {
    Log.d(TAG, "delete: "+uri);
    return 0;
}

@Override
public String getType(Uri uri) {
    switch (uriMatcher.match(uri)) {
        case TABLE1_DIR:
            return "vnd.android.cursor.dir/vnd.com.qcxy.provider.table1";
        case TABLE1_ITEM:
            return "vnd.android.cursor.item/vnd.com.qcxy.provider.table1";
        case TABLE2_DIR:
            return "vnd.android.cursor.dir/vnd.com.qcxy.provider.table2";
        case TABLE2_ITEM:
            return "vnd.android.cursor.item/vnd.com.qcxy.provider.table2";
    }
    return null;
}



@Override
public Uri insert(Uri uri, ContentValues values) {
    Log.d(TAG, "insert: "+uri);
    return uri;
}

@Override
public boolean onCreate() {
    Log.d(TAG, "onCreate: ");
    return false;
}

@Override
public Cursor query(Uri uri, String[] projection, String selection,
                    String[] selectionArgs, String sortOrder) {
    switch (uriMatcher.match(uri)) {
        case TABLE1_DIR:
```

```
                // 查询 table1 表中所有的数据
                Log.d(TAG, "query: "+"查询 table1 表中所有的数据");
                break;
            case TABLE1_ITEM:
                // 查询 table1 表中的单条数据
                Log.d(TAG, "query: "+"查询 table1 表中的单条数据");
                break;
            case TABLE2_DIR:
                // 查询 table2 表中所有的数据
                Log.d(TAG, "query: "+"查询 table2 表中所有的数据");
                break;
            case TABLE2_ITEM:
                // 查询 table2 表中的单条数据
                Log.d(TAG, "query: "+"查询 table2 表中的单条数据");
                break;
        }
        return null;

    }

    @Override
    public int update(Uri uri, ContentValues values, String selection,
                      String[] selectionArgs) {
        Log.d(TAG, "update: "+uri);
        return 0;
    }
}
```

在 AndroidManifest. xml 中注册，代码如下：

```
<provider
    android:name=".MyContentProvider"
    android:authorities="com.qcxy.provider"
    android:enabled="true"
    android:exported="true"/>
```

6.2.2 使用 ContentResolver 调用方法

前面已经提到，可通过 Context 提供的 getContentResolver 方法获取 ContentResolver 对象，获取该对象之后就可以调用其 CRUD 方法，调用 ContentResolver 的 CRUD 方法，实际上是调用指定 Uri 对应的 ContentProvider 的 CRUD 方法。

示例 6.3 使用 ContentResolver 调用方法。

创建一个新的 Android 项目，界面如图 6.9 所示，调用示例 6.2 中定义的 MyContentProvider 中的方法，点击【INSERT】、【DELETE】、【UPDATE】、【QUERY】按钮

后，在 ContentProvider 所在的应用程序的日志中输出相关操作的日志信息，如图 6.10 所示。

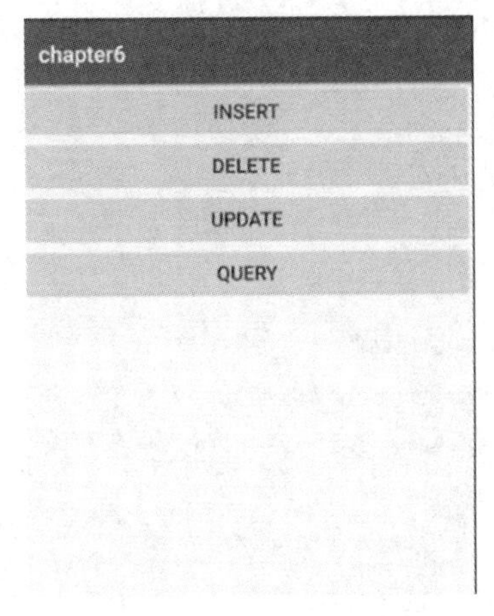

图 6.9　调用界面

```
2020-03-17 15:21:02.438 25398-25414/com.qcxy.mycontentprovider D/MyContentProvider: insert: content://com.qcxy.provider
2020-03-17 15:21:06.350 25398-25415/com.qcxy.mycontentprovider D/MyContentProvider: delete: content://com.qcxy.provider
2020-03-17 15:21:07.728 25398-25414/com.qcxy.mycontentprovider D/MyContentProvider: update: content://com.qcxy.provider
2020-03-17 15:21:08.640 25398-25415/com.qcxy.mycontentprovider D/MyContentProvider: query: 查询table1表中所有的数据
```

图 6.10　ContentProvider 程序中打印出来的日志

实现的步骤如下：

(1) 布局文件的代码如下：

```
<?xml version="1.0"encoding="utf-8"?>
<LinearLayout xmlns:android="http://schemas.android.com/apk/res/android"
    xmlns:app="http://schemas.android.com/apk/res-auto"
    xmlns:tools="http://schemas.android.com/tools"
    android:layout_width="match_parent"
    android:layout_height="match_parent"
    android:orientation="vertical"
    tools:context=".ResolverActivity">

    <Button
        android:id="@+id/btnInsert"
        android:layout_width="match_parent"
        android:layout_height="wrap_content"
        android:textSize="18sp"
        android:text="INSERT"/>

    <Button
        android:id="@+id/btnDelete"
        android:layout_width="match_parent"
        android:layout_height="wrap_content"
        android:textSize="18sp"
        android:text="DELETE"/>
```

```
    <Button
        android:id="@+id/btnUpdate"
        android:layout_width="match_parent"
        android:layout_height="wrap_content"
        android:textSize="18sp"
        android:text="UPDATE"/>

    <Button
        android:id="@+id/btnQuery"
        android:layout_width="match_parent"
        android:layout_height="wrap_content"
        android:textSize="18sp"
        android:text="QUERY"/>

</LinearLayout>
```

（2）在 ResolverActivity 中调用 MyContentProvider 的方法，代码如下：

```
packagecom.qcxy.chapter6;

import androidx.appcompat.app.AppCompatActivity;

import android.content.ContentResolver;
import android.content.ContentValues;
import android.net.Uri;
import android.os.Bundle;
import android.view.View;
import android.widget.Button;

public class ResolverActivity extends AppCompatActivity implements View.
OnClickListener {

    Button btnInsert,btnDelete,btnUpdate,btnQuery;

    ContentResolver contentResolver;
    @Override
    protected void onCreate(Bundle savedInstanceState) {
        super.onCreate(savedInstanceState);
        setContentView(R.layout.activity_resolver);

        contentResolver=getContentResolver();

        btnInsert=findViewById(R.id.btnInsert);
```

```
        btnDelete=findViewById(R.id.btnDelete);
        btnUpdate=findViewById(R.id.btnUpdate);
        btnQuery=findViewById(R.id.btnQuery);

        btnInsert.setOnClickListener(this);
        btnDelete.setOnClickListener(this);
        btnUpdate.setOnClickListener(this);
        btnQuery.setOnClickListener(this);

    }

    @Override
    public void onClick(View v) {
        switch (v.getId()){
            case R.id.btnInsert:
                contentResolver.insert(Uri.parse("content://com.qcxy.provider"),new
ContentValues());
                break;
            case R.id.btnDelete:
                contentResolver.delete(Uri.parse("content://com.qcxy.provider"),null,
null);
                break;
            case R.id.btnUpdate:
                contentResolver.update(Uri.parse("content://com.qcxy.provider"),new
ContentValues(),null,null);
                break;
            case R.id.btnQuery:
                contentResolver.query(Uri.parse("content://com.qcxy.provider/
table1"),null,null,null,null);
                break;
        }
    }
}
```

6.3 ContentObserver

6.3.1 ContentObserver 的工作原理

当 ContentProvider 将数据共享出来后，ContentResolver 会根据业务需要去主动查询 ContentProvider 所共享的数据。但有时应用程序需要实时监听 ContentProvider 所共享数据的改变，并随着 ContentProvider 的数据的改变而提供响应，此时就需要使用 ContentObserver。

Android 6.3▶

ContentObserver 称为内容观察者，其目的是观察或捕捉特定 Uri 引起的数据库变化，继而做一些相应的处理，它类似于数据库技术中的触发器。当 ContentObserver 观察到指定 Uri 代表的数据发生变化时，就会触发 onChange()方法，此时在 onChange()方法中使用 ContentResovler 可以查询到变化的数据。其工作原理如图 6.11 所示。

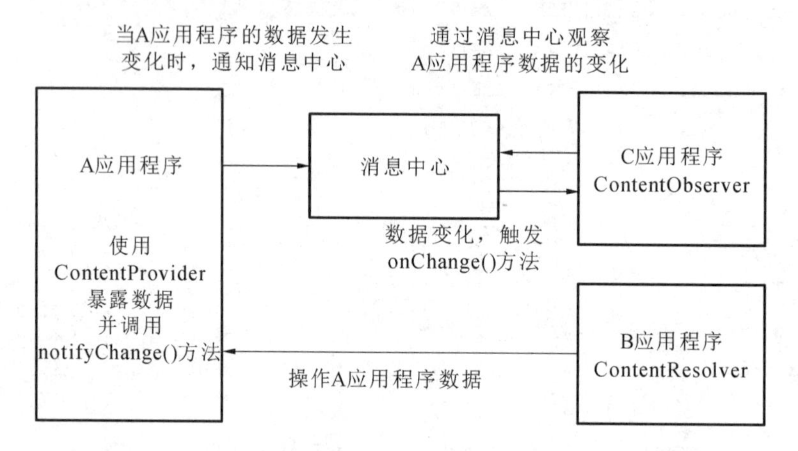

图 6.11　ContentObserver 工作原理

从图 6.11 中可以看出，A 应用程序通过 ContentProvider 暴露自己的数据，B 应用程序通过 ContentResolver 操作 A 应用程序的数据，当 A 应用程序的数据发生变化时，A 应用程序调用 notifyChange()方法向消息中心发送消息，然后 C 应用程序观察到数据变化时，就会触发 ContentObserver 的 onChange()方法。A 应用程序使用 ContentProvider 时，不管实现了 insert()、delete()、update()或 query()方法中的哪一个，只要该方法导致 ContentProvider 数据的改变，程序就会调用如下代码：

```
getContext().getContentResolver().notifyChange(uri, null);
```

这行代码可用于通知所有注册在该 URI 上的监听者，并告知该 ContentProvider 所共享的数据发生了改变。

6.3.2　ContentObserver 的使用

使用 ContentObserver 监听 ContentProvider 数据的改变，需要自定义内容观察者继承 ContentObserver 基类，并重写该基类所定义的 onChange(boolean selfChange)方法。当 ContentProvider 共享的数据发生改变时，该 onChange()方法将会被触发。ContentObserver 的几个常用方法：

(1) 构造方法 public void ContentObserver(Handler handler)：所有 ContentObserver 的派生类都需要调用该构造方法。参数 handler：Handler 对象，可以是主线程 Handler(这时候可以更新 UI)，也可以是任何 Handler 对象。

(2) void onChange(boolean selfChange)：观察到 Uri 发生变化时，回调该方法去处理。所有 ContentObserver 的派生类都需要重载该方法去处理逻辑。

为了监听指定 ContentProvider 的数据变化，需要通过 ContentResolver 向指定的 Uri 注册 ContentObserver 观察者。ContentResolver 提供了如下方法来注册内容观察者。

```
registerContentObserver ( URI uri, Boolean notifyForDescendents, ContentObserver observer)
```

上面注册的内容观察者中，uri 表示该观察者监听的 ContentProvider 的 URI；notifyForDescendents 为 false 时表示精确匹配，即只匹配该 URI，为 true 时表示可以同时匹配其派生的 URI；observer 为该观察者的实例。

示例 6.4 创建学生内容提供者和内容观察者，使用观察者监听对学生数据库的操作。

在内容提供者应用程序中创建如图 6.12 所示的界面。

MyContentProvider
Tom
输入要操作的编号
添加 更新 删除 查询

图 6.12 内容提供者程序界面

点击【添加】、【更新】、【删除】、【查询】按钮时，在内容观察者应用程序中输出有人在操作数据库的提示信息，如图 6.13 所示。

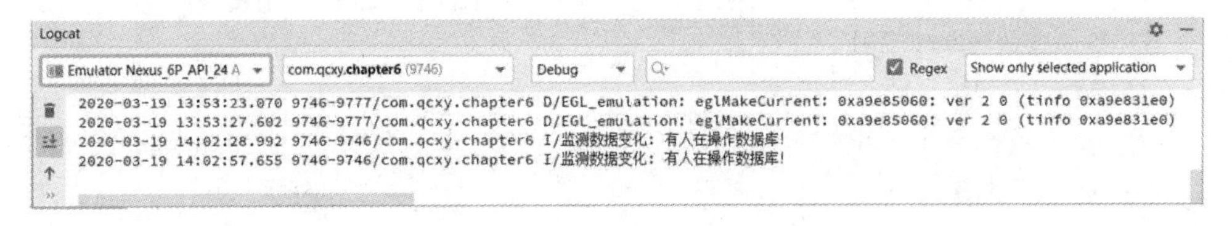

图 6.13 内容观察者的输出信息

(1) 创建内容提供者的项目。

定义 StudentDBOpenHelper 类：

```
packagecom.qcxy.mycontentprovider.student;
import android.content.Context;
import android.database.sqlite.SQLiteDatabase;
import android.database.sqlite.SQLiteOpenHelper;
public class StudentDBOpenHelper extends SQLiteOpenHelper {
    //构造方法，调用该方法创建一个 student.db 数据库
    public StudentDBOpenHelper(Context context) {
        super(context, "student.db", null, 1);
    }
    @Override
    public void onCreate(SQLiteDatabase db) {
        //创建该数据库的同时新建一个 info 表，表中有_id,name 这两个字段
        db.execSQL("create table stuinfo (_id integer primary key autoincrement, name
varchar(20))");
    }
```

```
    @Override
    public void onUpgrade(SQLiteDatabase db, int oldVersion, int newVersion) {
    }
}
```

StudentProvider 类：

```
packagecom.qcxy.mycontentprovider.student;

import android.content.ContentProvider;
import android.content.ContentUris;
import android.content.ContentValues;
import android.content.UriMatcher;
import android.database.Cursor;
import android.database.sqlite.SQLiteDatabase;
import android.net.Uri;

public class StudentProvider extends ContentProvider {
    //定义一个 Uri 路径的匹配器,如果路径匹配不成功返回-1
    private static UriMatcher mUriMatcher=new UriMatcher(-1);
    private static final int SUCCESS=1; //匹配路径成功时的返回码
    private StudentDBOpenHelper helper;      //数据库操作类的对象
    //添加路径匹配器的规则
    static {
        mUriMatcher.addURI("com.qcxy.mycontentprovider.student", "stuinfo", SUCCESS);
    }
    @Override
    public boolean onCreate() { //当内容提供者被创建时调用
        helper=new StudentDBOpenHelper(getContext());
        return false;
    }
    /* *
     * 查询数据操作
     * /
    @Override
    public Cursor query(Uri uri, String[] projection, String selection,
                        String[] selectionArgs, String sortOrder) {
        //匹配查询的 Uri 路径
        int code=mUriMatcher.match(uri);
        if (code==SUCCESS) {
            SQLiteDatabase db=helper.getReadableDatabase();
            return db.query("stuinfo", projection, selection, selectionArgs,
                    null, null, sortOrder);
        } else {
            throw new IllegalArgumentException("路径不正确,无法查询数据!");
```

```
        }
    }
    /* *
     * 添加数据操作
     * /
    @Override
    public Uri insert(Uri uri, ContentValues values) {
        int code=mUriMatcher.match(uri);
        if (code==SUCCESS) {
            SQLiteDatabase db=helper.getReadableDatabase();
            long rowId=db.insert("stuinfo", null, values);
            if (rowId>0) {
                Uri insertedUri=ContentUris.withAppendedId(uri, rowId);
                //提示数据库的内容变化了
                getContext().getContentResolver().notifyChange(insertedUri, null);
                return insertedUri;
            }
            db.close();
            return uri;
        } else {
            throw new IllegalArgumentException("路径不正确,无法插入数据!");
        }
    }
    /* *
     * 删除数据操作
     * /
    @Override
    public int delete(Uri uri, String selection, String[] selectionArgs) {
        int code=mUriMatcher.match(uri);
        if (code==SUCCESS) {
            SQLiteDatabase db=helper.getWritableDatabase();
            int count=db.delete("stuinfo", selection, selectionArgs);
            //提示数据库的内容变化了
            if (count>0) {
                getContext().getContentResolver().notifyChange(uri, null);
            }
            db.close();
            return count;
        } else {
            throw new IllegalArgumentException("路径不正确,无法随便删除数据!");
        }
    }
```

```
    /**
     * 更新数据操作
     */
    @Override
    public int update(Uri uri, ContentValues values, String selection,
                      String[] selectionArgs) {
        int code=mUriMatcher.match(uri);
        if (code==SUCCESS) {
            SQLiteDatabase db=helper.getWritableDatabase();
            int count=db.update("stuinfo", values, selection, selectionArgs);
            //提示数据库的内容变化了
            if (count>0) {
                getContext().getContentResolver().notifyChange(uri, null);
            }
            db.close();
            return count;
        } else {
            throw new IllegalArgumentException("路径不正确,无法更新数据!");
        }
    }
    @Override
    public String getType(Uri uri) {
        return null;
    }
}
```

StudentActivity 的布局文件：

```
<?xml version="1.0"encoding="utf-8"?>
<LinearLayout xmlns:android="http://schemas.android.com/apk/res/android"
    xmlns:app="http://schemas.android.com/apk/res-auto"
    xmlns:tools="http://schemas.android.com/tools"
    android:layout_width="match_parent"
    android:layout_height="match_parent"
    android:orientation="vertical"
    tools:context=".StudentActivity">

    <EditText
        android:layout_marginTop="10dp"
        android:id="@+id/stu_name"
        android:layout_width="match_parent"
        android:layout_height="wrap_content"
        android:textSize="18sp"
        android:hint="输入姓名"
        />
```

```
    <EditText
        android:layout_marginTop="10dp"
        android:id="@+id/stu_id"
        android:layout_width="match_parent"
        android:layout_height="wrap_content"
        android:textSize="18sp"
        android:hint="输入要操作的编号"
        />

    <LinearLayout
        android:layout_marginTop="20dp"
        android:layout_width="match_parent"
        android:layout_height="wrap_content"
        android:orientation="horizontal">
        <Button
            android:id="@+id/btn_insert"
            android:layout_width="0dp"
            android:layout_weight="1"
            android:layout_height="wrap_content"
            android:text="添加"
            android:textSize="20dp"/>
        <Button
            android:id="@+id/btn_update"
            android:layout_width="0dp"
            android:layout_weight="1"
            android:layout_height="wrap_content"
            android:text="更新"
            android:textSize="20dp"/>
        <Button
            android:id="@+id/btn_delete"
            android:layout_width="0dp"
            android:layout_weight="1"
            android:layout_height="wrap_content"
            android:text="删除"
            android:textSize="20dp"/>
        <Button
            android:id="@+id/btn_select"
            android:layout_width="0dp"
            android:layout_weight="1"
            android:layout_height="wrap_content"
            android:text="查询"
            android:textSize="20dp"/>
    </LinearLayout>
</LinearLayout>
```

StudentActivity 类：

```
packagecom.qcxy.mycontentprovider;

import androidx.appcompat.app.AppCompatActivity;
import android.content.ContentResolver;
import android.content.ContentValues;
import android.database.Cursor;
import android.database.sqlite.SQLiteDatabase;
import android.net.Uri;
import android.os.Bundle;
import android.util.Log;
import android.view.View;
import android.widget.Button;
import android.widget.TextView;
import android.widget.Toast;
import com.qcxy.mycontentprovider.student.StudentDBOpenHelper;
import java.util.ArrayList;
import java.util.HashMap;
import java.util.List;
import java.util.Map;
import java.util.Random;

public class StudentActivity extends AppCompatActivity implements View.OnClickListener
{
    private ContentResolver resolver;
    private Uri uri;
    private ContentValues values;
    private Button btnInsert;
    private Button btnUpdate;
    private Button btnDelete;
    private Button btnSelect;

    private TextView et_stuid, et_stuname;

    @Override
    protected void onCreate(Bundle savedInstanceState) {
        super.onCreate(savedInstanceState);
        setContentView(R.layout.activity_student);
        initView(); //初始化界面
        createDB(); //创建数据库
    }
```

```
private void initView() {
    btnInsert=findViewById(R.id.btn_insert);
    btnUpdate=findViewById(R.id.btn_update);
    btnDelete=findViewById(R.id.btn_delete);
    btnSelect=findViewById(R.id.btn_select);
    btnInsert.setOnClickListener(this);
    btnUpdate.setOnClickListener(this);
    btnDelete.setOnClickListener(this);
    btnSelect.setOnClickListener(this);
    et_stuid=findViewById(R.id.stu_id);
    et_stuname=findViewById(R.id.stu_name);
}

private void createDB() {
    //创建数据库并向 stuinfo 表中添加 3 条数据
    StudentDBOpenHelper helper=new StudentDBOpenHelper(this);
    SQLiteDatabase db=helper.getWritableDatabase();
    for (int i=0; i<3; i++) {
        ContentValues values=new ContentValues();
        values.put("name", "student"+i);
        db.insert("stuinfo", null, values);
    }
    db.close();
}

@Override
public void onClick(View v) {
    //得到一个内容提供者的解析对象
    resolver=getContentResolver();
    //获取一个 Uri 路径
    uri=Uri.parse("content://com.qcxy.mycontentprovider.student/stuinfo");
    //新建一个 ContentValues 对象,该对象以 key-values 的形式来添加数据到数据库表中
    values=new ContentValues();
    switch (v.getId()) {
        case R.id.btn_insert:

            values.put("name", et_stuname.getText().toString());
            Uri newuri=resolver.insert(uri, values);
            Toast.makeText(this, "添加成功", Toast.LENGTH_SHORT).show();
            Log.i("数据库应用", "添加");
            break;
        case R.id.btn_delete:
            //返回删除数据的条目数
```

```
                int deleteCount=resolver.delete(uri, "_id= ?",
                        new String[]{et_stuid.getText().toString()});
                Toast.makeText(this, "成功删除了"+deleteCount+"行",
                        Toast.LENGTH_SHORT).show();
                Log.i("数据库应用", "删除");
                break;
            case R.id.btn_select:
                List<Map<String, String>>data=new ArrayList<Map<String, String>>();
                //返回查询结果,是一个指向结果集的游标
                Cursor cursor=resolver.query(uri, new String[]{"_id", "name"},
                        null, null, null);
                //遍历结果集中的数据,将每一条遍历的结果存储在一个 List 的集合中
                while (cursor.moveToNext()) {
                    Map<String, String> map=new HashMap<String, String> ();
                    map.put("_id", cursor.getString(0));
                    map.put("name", cursor.getString(1) );
                    data.add(map);
                }
                //关闭游标,释放资源
                cursor.close();
                Log.i("数据库应用", "查询结果:"+data.toString());
                break;
            case R.id.btn_update:
                //将数据库 stuinfo 表中 name 为 itcast1 的这条记录更改为 name 是 update_itcast
                values.put("name", et_stuname.getText().toString());
                int updateCount=resolver.update(uri, values, "_id= ?",
                        new String[]{et_stuid.getText().toString()});
                Toast.makeText(this, "成功更新了"+updateCount+"行",
                        Toast.LENGTH_SHORT).show();
                Log.i("数据库应用", "更新");
                break;
        }
    }
}
```

在 AndroidManifest. xml 文件中添加代码：

```
<provider
    android:name=".student.StudentProvider"
    android:authorities="com.qcxy.mycontentprovider.student"
    android:enabled="true"
    android:exported="true"/>
```

(2) 创建内容观察者的项目。

MonitorActivity 类：

```
packagecom.qcxy.chapter6;
import androidx.appcompat.app.AppCompatActivity;
import android.database.ContentObserver;
import android.net.Uri;
import android.os.Bundle;
import android.os.Handler;
import android.util.Log;

public class MonitorActivity extends AppCompatActivity {

    @Override
    protected void onCreate(Bundle savedInstanceState) {
        super.onCreate(savedInstanceState);
        setContentView(R.layout.activity_monitor);
        // 该 Uri 路径指向数据库应用中的数据库 info 表
        Uri uri=Uri.parse("content://com.qcxy.mycontentprovider.student/stuinfo");
        //注册内容观察者,参数 uri 指向要监测的数据库 stuinfo 表
        //参数 true 定义了监测的范围,最后一个参数是一个内容观察者对象
        getContentResolver().registerContentObserver(uri, true,
                new MyObserver(new Handler()));
    }
    private class MyObserver extends ContentObserver {
        public MyObserver(Handler handler) {//handler 是一个消息处理器
            super(handler);
        }
        @Override
        //当 info 表中的数据发生变化时执行该方法
        public void onChange(boolean selfChange) {
            Log.i("监测数据变化", "有人在操作数据库!");
            super.onChange(selfChange);
        }
    }
    @Override
    protected void onDestroy() {
        super.onDestroy();
        //取消注册内容观察者
        getContentResolver().unregisterContentObserver(new MyObserver(
                new Handler()));
    }
}
```

6.4 Application 全局应用

6.4.1 Application 简介

Application 是 Android 框架的一个系统组件，当 Android 程序启动时系统会创建一个 Application 对象，它是维护应用全局状态的基类，用来存储系统的一些信息。Application 对象全局可访问，且全程陪同应用进程，特别适合共享全局状态和初始化整个应用期间所需的服务。

Android 系统自动（默认的，不管有没有定义）会为每个程序运行时创建一个 Application 类的对象，且该对象只创建一个，所以 Application 可以说是单例模式的一个类。例如以下代码：

```
<application
        android:allowBackup="true"
        android:icon="@mipmap/ic_launcher"
        android:label="@string/app_name"
        android:roundIcon="@mipmap/ic_launcher_round"
        android:supportsRtl="true"
        android:theme="@style/AppTheme">
        <activity android:name=".MainActivity">
            <intent-filter>
                <action android:name="android.intent.action.MAIN"/>

                <category android:name="android.intent.category.LAUNCHER"/>
            </intent-filter>
        </activity>
</application>
```

6.4.2 使用自定义 Application 类

每个应用进程默认启动之后都会创建一个 Application 对象，其他的组件可以通过全局上下文环境访问这个对象。Application 是系统定义的，我们无法修改代码，但是可以在程序中扩展 Application 类，让 Android 系统使用我们自定义的 Application 类创建 Application 对象。自定义 Application 的步骤如下：

（1）自定义类继承 Application 基类：

```
packagecom.qcxy.chapter6;
import android.app.Application;
public class MyApplication extends Application {

}
```

（2）在 mainiftest 文件中添加 name 属性：

◀ **Android 6.4**

```
<application
    android:name=".MyApplication"
    android:allowBackup="true"
    android:icon="@mipmap/ic_launcher"
    android:label="@string/app_name"
    android:roundIcon="@mipmap/ic_launcher_round"
    android:supportsRtl="true"
    android:theme="@style/AppTheme">
    <activity android:name=".MainActivity">
            <intent-filter>
                <action android:name="android.intent.action.MAIN"/>
                <category android:name="android.intent.category.LAUNCHER"/>
            </intent-filter>
    </activity>
</application>
```

(3) 在程序中通过 getApplication( )获取 Application 对象。

Application 对象的生命周期是整个程序中最长的,它的生命周期就等于这个程序的生命周期。程序中不同的 Activity 可以互相切换,但是 Application 对象都是同一个,它诞生于其他任何组件对象之前,并且一直存活,直到应用进程结束。

Application 对象由 Android 系统管理,它的回调函数都运行于 UI 线程(主线程),其回调函数的代码如下所示:

```
public class MyApplication extends Application {
    public static final String TAG = "MyApplication-app";
    //初始回调方法
    @Override
    public void onCreate() {
        super.onCreate();
        Log.d(TAG, "onCreate: "+Thread.currentThread());
    }
    //系统配置发生变更的时候 onConfigurationChanged 会被调用
    // newConfig 是新的配置信息
    @Override
    public void onConfigurationChanged(@NonNull Configuration newConfig) {
        super.onConfigurationChanged(newConfig);
        Log.d(TAG, "onConfigurationChanged: "+"newConfig"+newConfig);
    }
    //App 内存低的时候回调
    @Override
    public void onLowMemory() {
        super.onLowMemory();
    }
}
```

Application与静态单例一样，其对象在程序中只有一个，例如创建一个单例类，代码如下：

```
public class App {

private static App singleton=new App();

private String res;

public static App getInstance(){
    return singleton;
    }

public String getRes() {
    return res;
    }

public void setRes(String res) {
    this.res=res;
    }
}
```

Android应用程序中也可以通过这个单例类进行数据共享，和Application相比较，静态单例模块化更好。Application相当于一个Context，所以具有访问资源的能力，单例也可以通过接收Context参数进行资源访问；Application的回调和生命周期完全由Android系统控制，我们无法干预，使用单例就更加灵活，推荐使用单列。

6.5 实践任务

任务1 读取系统的短信息

需求分析

使用ContentResolver实现读取系统收信箱、发信箱、草稿箱中的短信息，将读取的短信息以列表的形式显示在界面上。

实现步骤

（1）添加读取短信息的权限，在程序中也需要动态获取权限。

（2）创建Activity和布局文件，添加按钮等控件。

（3）实现读取短信息内容的功能。

◀ Android 6.5

参考代码

```
findViewById(R.id.sms_btn).setOnClickListener(new View.OnClickListener() {
    @Override
    public void onClick(View view) {
        //1.获取内容处理者
        ContentResolver resolver=getContentResolver();
        //2.查询方法
        //sms: short message service
        //    content://sms           短信箱
        //    content://sms/inbox       收信箱
        //     content://sms/sent       发信箱
        //      content://sms/draft     草稿箱
        Uri uri=Uri.parse("content://sms/sent");
        Cursor c=resolver.query(uri,null,null,null,null);
        //3.解析 Cursor
        //遍历 Cursor
        while(c.moveToNext()){
            String msg="";
            String address=c.getString(c.getColumnIndex("address"));
            String body=c.getString(c.getColumnIndex("body"));
            msg=address+":"+body;
            Log.d("TAG",msg);
        }
    }
});
```

◆ 任务 2 监控系统收信箱的短信息

需求分析

系统发送短信息时，在内容监控者程序中显示有短信息收到，并显示其内容。

思路分析

通过监听 Uri 为 content://sms 的数据改变即可监听到用户信息的数据改变，并且在监听器的 onChange(Boolean selfChange)方法中查询 Uri 为 content://sms/inbox 的数据，获取用户收到的短信息。

◆ 任务 3 添加联系人信息

需求分析

完成一个添加联系人信息的功能，通过 ContentResolver 向系统中添加联系人信息。

实现步骤

(1) 添加动态读写联系人的权限。
(2) 创建 Activity 和布局文件，添加输入框和按钮等控件。
(3) 完成添加联系人的功能。

参考代码

```
findViewById(R.id.add_contact_btn).setOnClickListener(new View.OnClickListener() {
            @Override
            public void onClick(View view) {
                ContentResolver resolver=getContentResolver();
            //1.往一个 ContentProvider 中插入一条空数据,获取新生成的 id
        //2.利用刚刚生成的 id 分别组合姓名和电话号码,往另一个 ContentProvider 中插入数据
                ContentValues values=new ContentValues();
                Uri uri=resolver.insert(ContactsContract.RawContacts.CONTENT_URI,values);
                long id=ContentUris.parseId(uri);
                //插入姓名
                //指定姓名列的内容
                  values.put(ContactsContract.CommonDataKinds.StructuredName.GIVEN_
NAME,etName.getText().toString());
                //指定和姓名关联的编号列的内容
                values.put(ContactsContract.Data.RAW_CONTACT_ID,id);
                //指定该行数据的类型
                values.put(ContactsContract.Data.MIMETYPE,
                ContactsContract.CommonDataKinds.StructuredName.CONTENT_ITEM_TYPE);
                resolver.insert(ContactsContract.Data.CONTENT_URI,values);
                //插入电话号码
                //清空 ContentValues 对象
                values.clear();
                //指定电话号码列的内容
                 values.put(ContactsContract.CommonDataKinds.Phone.NUMBER, etNumber.
getText().toString());
                //指定和电话号码关联的编号列的内容
                values.put(ContactsContract.Data.RAW_CONTACT_ID,id);
                //指定该行数据的类型
                values.put(ContactsContract.Data.MIMETYPE,
                        ContactsContract.CommonDataKinds.Phone.CONTENT_ITEM_TYPE);
                //指定联系方式的类型
                values.put(ContactsContract.CommonDataKinds.Phone.TYPE,
                        ContactsContract.CommonDataKinds.Phone.TYPE_MOBILE);
```

```
            resolver.insert(ContactsContract.Data.CONTENT_URI,values);
        }
    });
```

本章总结

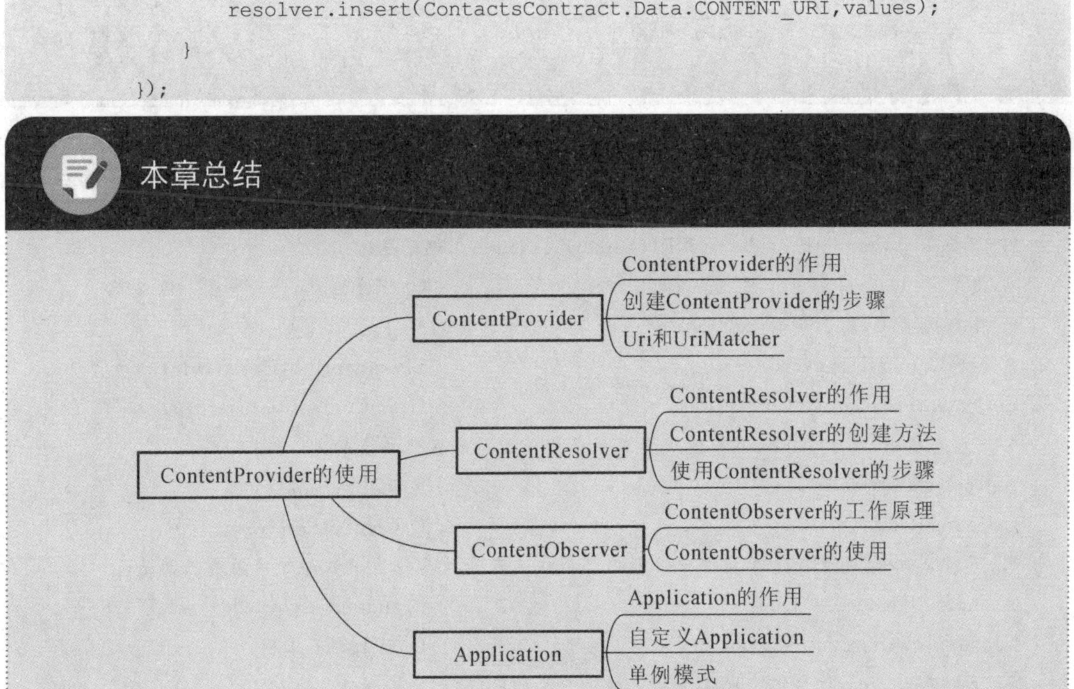

本章作业

一、选择题

1. 下列选项中，属于在清单文件中注册内容提供者标签的是（　　）。

A. <provider/>　　B. <contentprovider/>　　C. <content/>　　D. 以上都不对

2. 下面关于 ContentProvider 的 URI Authorities 描述，正确的是（　　）。

A. 类名　　B. 唯一标识　　C. URI 名称　　D. 包名

3. 下列选项中，属于获取 ContentResolver 实例对象的是（　　）。

A. new ContentResolver()　　B. ContentProvider. newInstance()

C. ContentProvider. getContentResolver()　　D. getContentResolver()

4. 下列选项中，属于 Android 中能观察到系统短信数据库变化的类的是（　　）。

A. ContentProvider　　B. SQLiteDatabase

C. ContentObserver　　D. ContentResolver

5. 下列选项中，属于在清单文件中注册内容提供者时能被其他应用程序使用的属性的是（　　）。

A. android:enabled="true"　　B. android:exported="true"

C. android:authorities="true"　　D. 以上都不正确

6. 下列选项中，属于自定义内容观察者继承的类的是（　　）。

A. BaseObserver　　B. ContentObserver

C. BasicObserver　　D. DefaultObserver

7. 下列选项中，属于内容提供者的是（　　）。

A. Activity　　B. ContentProvider

C. ContentResolver　　D. ContentObserver

8. 下列选项中，属于操作 Android 系统短信数据库中数据的类的是（　　）。

A. ContentProvider　　B. ContentResolver

C. ContentObserver　　D. SQLiteDatabase

9. 下列选项中，属于 ContentProvider 类中的方法的是（　　）。

A. onCreate()　　B. getType()　　C. insert()　　D. query()

二、简答与编程题

1. 简述使用 ContentProvider 实现数据共享的步骤。

2. 简述 ContentObserver 的工作原理。

3. 请编写一个程序，实现监测短信数据变化的功能。

第7章 Android网络编程

本章简介

本章详细地讲解了Android中的网络编程与异步任务处理，具体包括网络基础与Socket技术、HTTP协议、如何使用HttpURLConnection访问网络、提交数据的方式、使用WebView控件浏览网页、WebView控件执行HTML代码、WebView控件支持JavaScript代码、解析JSON数据。在实际开发中大多数应用程序都需使用网络服务与数据解析功能，使用基于多线程技术与异步任务的处理方式能够很好地提升应用的体验。熟练掌握本章内容，能更有效率地进行客户端与服务端的通信。

学习目标

1. 理解Socket通信
2. 掌握HTTP协议
3. 理解HttpURLConnection的使用
4. 掌握JSON数据的解析
5. 掌握多线程与异步任务处理

实践任务

任务1　知识抢答器

任务2　新闻列表客户端

7.1 网络编程基础

7.1.1 网络通信协议

TCP/IP 传输协议，即传输控制/网络协议，是指能够在多个不同网络间实现信息传输的协议簇。它是在网络使用中最基本的通信协议。TCP/IP 传输协议对互联网中各部分进行通信的标准和方法进行了规定。TCP/IP 传输协议是保证网络数据信息及时、完整传输的两个重要的协议。TCP/IP 传输协议严格来说是一个四层的体系结构，应用层、传输层、网络层和链路层都包含其中。计算机网络体系结构如图 7.1 所示。

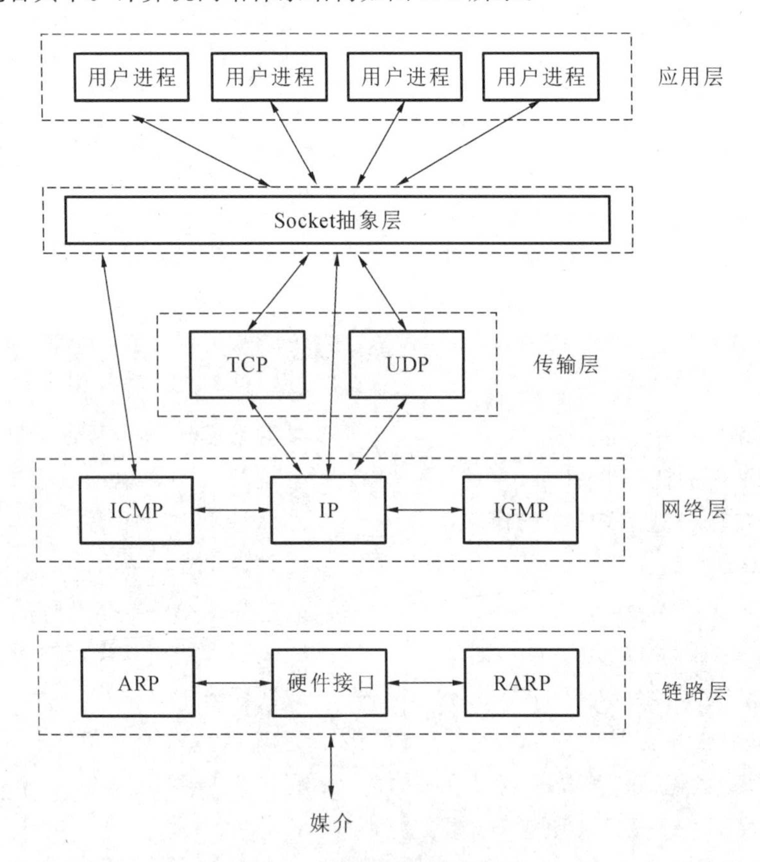

图 7.1 计算机网络体系结构

手机能够使用网络功能是因为手机底层实现了 TCP/IP 协议，可以使手机终端通过无线网络建立 TCP 连接。TCP 协议可以对上层网络提供接口，使上层网络数据的传输建立在"无差别"的网络之上。建立起一个 TCP 连接需要经过"三次握手"，如图 7.2 所示。

第一次握手：客户端发送 syn 包(syn=j)到服务器，并进入 SYN_SEND 状态，等待服务器确认。

第二次握手：服务器收到 syn 包，必须确认客户的 SYN(ack=j+1)，同时自己也发送一个 SYN 包(syn=k)，即 SYN+ACK 包，此时服务器进入 SYN_RECV 状态。

第三次握手：客户端收到服务器的 SYN+ACK 包，向服务器发送确认包 ACK(ack=k

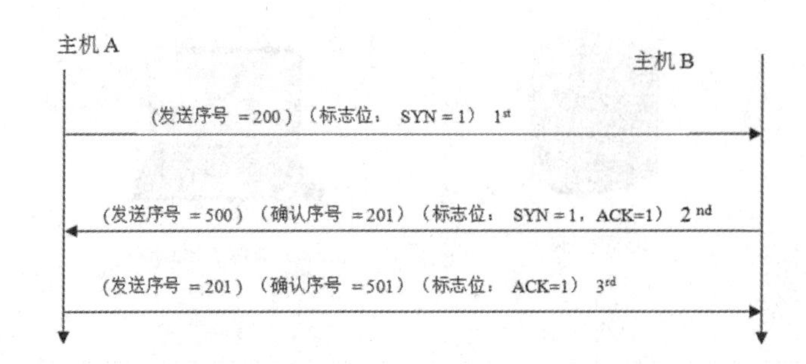

图 7.2　三次握手

＋1)，此包发送完毕，客户端和服务器进入 ESTABLISHED 状态，完成三次握手。

握手过程中传送的包里不包含数据，三次握手完毕后，客户端与服务器才正式开始传送数据。理想状态下，TCP 连接一旦建立，在通信双方中的任何一方主动关闭连接之前，TCP 连接都将被一直保持下去。断开连接时服务器和客户端均可以主动发起断开 TCP 连接的请求。

7.1.2　使用 Socket 进行通信

应用层通过传输层进行数据通信时，传输层中的 TCP 可能会同时为多个应用程序进程提供并发服务。多个 TCP 连接或多个应用程序进程可能需要通过同一个 TCP 协议端口传输数据。为了区别不同的应用程序进程和连接，许多计算机操作系统为应用程序与 TCP/IP 协议交互提供了套接字(Socket)接口。应用层可以和传输层通过 Socket 接口，区分来自不同应用程序进程或网络连接的通信，实现数据传输的并发服务。

Socket 是一种抽象层，应用程序通过它来发送和接收数据，使用 Socket 可以将应用程序添加到网络中，与处于同一网络中的其他应用程序进行通信。Socket 的实现是多样化的，最为典型的就是 TCP 和 UDP 协议，分别对应的 Socket 类型为流套接字(Stream Socket)和数据报套接字(Datagram Socket)。流套接字将 TCP 作为其端对端协议，提供了一个可信赖的字节流服务；数据报套接字使用 UDP 协议，提供数据打包发送服务。本节只介绍基于 TCP 的 Socket 通信机制，不涉及 UDP 协议。为了在 Android 网络开发时更好地理解基于 TCP 的 Socket 通信机制，需要先简单介绍 Socket 通信模型。

Socket 的本质是编程接口，是对 TCP/IP 协议的封装。Socket 通常称为"套接字"，用于描述 IP 地址和端口，建立 Socket 连接至少需要一对套接字，其中一个运行于客户端，称为 ClientSocket，另一个运行于服务器端，称为 ServerSocket，如图 7.3 所示。

在 Android 中通常使用 Socket 的构造方法来连接到指定服务器。有关构造方法的使用说明如下：

(1) Socket(InetAddress/String remoteAddress, int port)：创建连接到指定远程主机、远程端口的 Socket，该构造方法没有指定本地地址、本地端口，默认使用本地主机的默认 IP 地址，默认使用系统动态分配的端口。

(2) Socket(InetAddress/String remoteAddress, int port, InetAddress localAddr, int localPort)：创建连接到指定远程主机、远程端口的 Socket，并指定本地 IP 地址和本地端口，适用于本地主机有多个 IP 地址的情况。

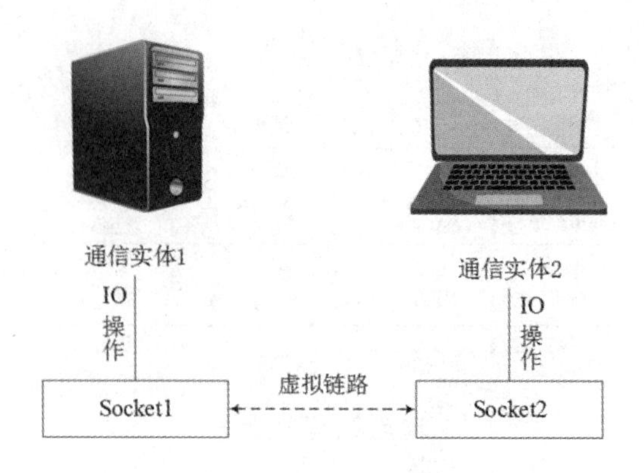

图 7.3 Socket 通信

客户端利用 Socket 请求连接服务器，服务器端在 Java 中能接收客户端连接请求的类是 ServerSocket，一般使用步骤如下。

（1）创建 ServerSocket 对象：ServerSocket 的构造方法有三种，根据参数个数的不同区分。

（2）调用 accept()方法与客户端 Socket 连接：如果服务器端接收到一个客户端 Socket 的连接请求，该方法将返回一个与连接客户端 Socket 对应的 Socket；否则该方法将一直处于等待状态，线程也被阻塞。

在实际应用中，客户端需要和服务器端保持长时间通信：服务器需要不断读取客户端数据，并向客户端写入数据；客户端也需要不断读取服务器数据，并向服务器写入数据。考虑到使用传统的 BufferedReader. readline()方法读取数据时，线程会被阻塞而无法继续执行，服务器端需要为每个 Socket 单独启动一条线程，每条线程负责与一个客户端进行通信。

示例 7.1 使用 Socket 实现手机与计算机通信。

在计算机上使用 Java 创建服务器端程序，启动服务器，接收客户端请求，效果如图 7.4 所示。

在 Android 中创建客户端程序，如图 7.5 所示。

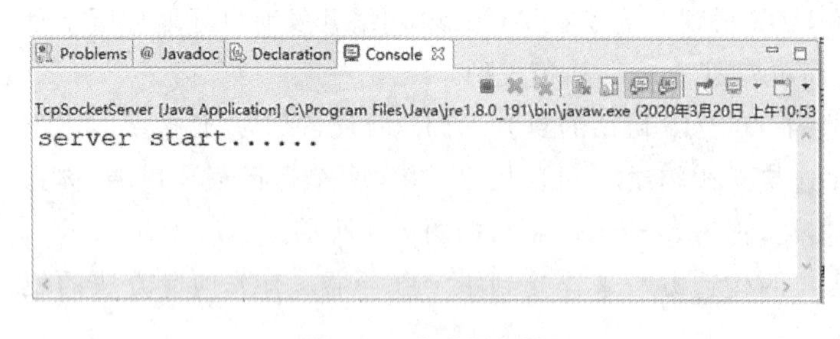

图 7.4 启动服务器

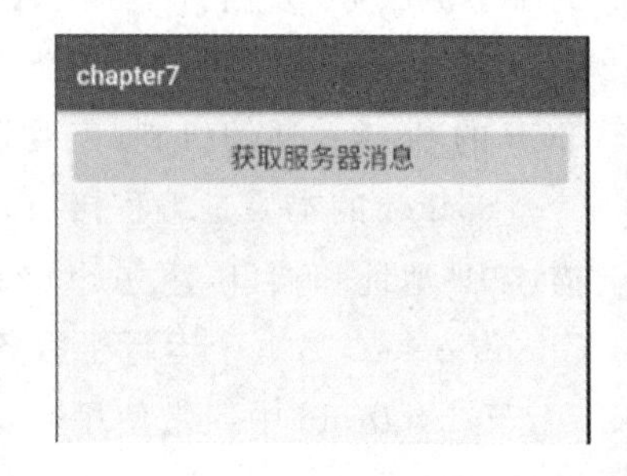

图 7.5 客户端程序

点击【获取服务器消息】按钮后，服务器端与客户端建立连接，在服务器中输入信息后，手机客户端上会显示服务器发送过来的信息，如图 7.6 所示。

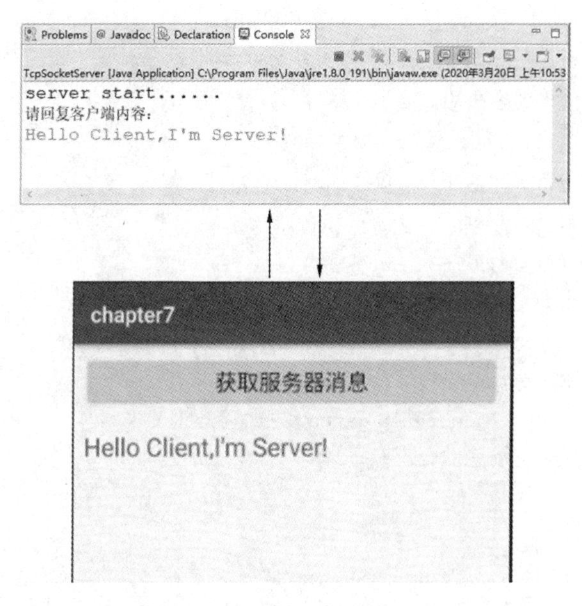

图 7.6　客户端与服务器端通信

代码实现如下：

(1) Eclipse 中的服务器端代码如下：

```
package com.qcxy.socket;

import java.io.IOException;
import java.io.OutputStream;
import java.io.PrintWriter;
import java.net.ServerSocket;
import java.net.Socket;
import java.util.Scanner;

public class TcpSocketServer {

    public static void main(String[] args) {
        System.out.println("server start……");
        try {
            //创建服务器端 ServerSocket 对象
            ServerSocket serverSocket=new ServerSocket(8888);
            while(true){
                //接收客户端连接
                Socket socket=serverSocket.accept();
                //创建输出流
                OutputStream outputStream=socket.getOutputStream();
                PrintWriter pw=new PrintWriter(outputStream);
                //输入信息
```

```
                Scanner input=new Scanner(System.in);
                System.out.println("请回复客户端内容：");
                //输出到客户端
                pw.println(input.nextLine());
                //刷新缓冲区并关闭流
                pw.flush();
                pw.close();
                socket.close();
            }
        } catch (IOException e) {
            // TODO Auto- generated catch block
            e.printStackTrace();
        }

    }
}
```

（2）Android 的布局文件代码如下：

```
<?xml version="1.0"encoding="utf-8"? ->
<LinearLayout xmlns:android="http://schemas.android.com/apk/res/android"
    xmlns:app="http://schemas.android.com/apk/res- auto"
    xmlns:tools="http://schemas.android.com/tools"
    android:layout_width="match_parent"
    android:layout_height="match_parent"
    android:orientation="vertical"
    tools:context=".ClientSocketActivity">

    <Button
        android:id="@+id/btnGetMsg"
        android:layout_width="match_parent"
        android:layout_height="wrap_content"
        android:text="获取服务器消息"
        android:layout_margin="10dp"
        android:textSize="18sp"/>

    <TextView
        android:id="@+id/tv_msg"
        android:layout_width="match_parent"
        android:layout_height="wrap_content"
        android:layout_margin="10dp"
        android:textSize="20sp"/>

</LinearLayout>
```

（3）Android 的 Activity 中的代码如下：

```
packagecom.qcxy.chapter7;

import androidx.appcompat.app.AppCompatActivity;

import android.os.Bundle;
import android.text.TextUtils;
import android.view.View;
import android.widget.Button;
import android.widget.TextView;

import java.io.BufferedReader;
import java.io.IOException;
import java.io.InputStreamReader;
import java.net.Socket;
public class ClientSocketActivity extends AppCompatActivity implements
    View.OnClickListener {

    Button btnGetMsg;
    TextView tvMsg;
    @Override
    protected void onCreate(Bundle savedInstanceState) {
        super.onCreate(savedInstanceState);
        setContentView(R.layout.activity_client_socket);

        tvMsg=findViewById(R.id.tv_msg);
        btnGetMsg=findViewById(R.id.btnGetMsg);
        btnGetMsg.setOnClickListener(this);
    }

    @Override
    public void onClick(View v) {

        new Thread(new Runnable() {
            @Override
            public void run() {
                try {
                    //创建客户端 socket 对象
                    Socket socket=new Socket("192.168.1.19",8888);
                  BufferedReader bufReader=new BufferedReader(new InputStreamReader(
                          socket.getInputStream(),"utf-8"
```

```
                    ));
                    String strLine="";
                    final StringBuffer stuBuffer=new StringBuffer();
                    //读取服务器传入的内容
                    while(! TextUtils.isEmpty((strLine=bufReader.readLine()))){
                        stuBuffer.append(strLine);
                    }

                    //使用 post 方法更新 View 中的 TextView 上的文本
                    tvMsg.post(new Runnable() {
                        @Override
                        public void run() {
                            tvMsg.setText(stuBuffer.toString());
                        }
                    });
                    //关闭资源
                    bufReader.close();
                    socket.close();

                } catch (IOException e) {
                    e.printStackTrace();
                }
            }
        }).start();
    }
}
```

7.1.3 使用 URL 访问网络资源

URL(uniform resource locator)对象代表统一资源定位器，是因特网的万维网服务程序上用于指定信息位置的表示方法。URL 可以由协议名、主机、端口和资源组成，HTTP 的 URL 语法如下：

```
http://<host> :<port> /<path>?<searchpart>
```

例如 URL 地址：https://developer.android.google.cn/guide。

URL 类提供了多个构造方法用于创建 URL 对象，一旦获得了 URL 对象，就可以调用如表 7.1 中的常用方法来访问该 URL 对应的资源。

表 7.1 URL 常用方法

方　　法	说　　明
String getFile()	获取此 URL 的资源名
String getHost()	获取此 URL 的主机名
String getPath()	获取此 URL 的路径部分
int getPort()	获取此 URL 的端口号

续表

方　法	说　明
String getProtocol()	获取此 URL 的协议名称
String getQuery()	获取此 URL 的查询字符串部分
URLConnection openConnection()	返回一个 URLConnection 对象,表示到 URL 所引用的远程对象的连接
InputStream openStream()	打开与此 URL 的连接

1. 使用 URL 读取网络资源

URL 对象中前面几个方法都非常容易理解,而该对象提供的 openStream()可以读取该 URL 资源的 InputStream,通过该方法可以非常方便地读取远程资源。使用 URL 读取网络图片资源的步骤如下:

(1) 指定图片资源的 URL,创建 URL 对象。

(2) 使用 openStream()方法获取指定的图片资源。

(3) 将图片显示在 ImageView 上。

(4) 获取访问权限,请务必注意在 AndroidManifest.xml 文件中添加如下代码以获取访问权限,否则本程序无法运行。

```
<uses-permission android:name="android.permission.INTERNET"/>
```

获取网络上的 Android 图标。

点击【加载图片】按钮,加载 Android 图标,运行效果如图 7.7 所示。

图 7.7　加载 Android 图标的效果图

实现步骤:

(1) 创建布局文件,代码如下:

```
<?xml version="1.0"encoding="utf-8"?>
<LinearLayout xmlns:android="http://schemas.android.com/apk/res/android"
    xmlns:app="http://schemas.android.com/apk/res-auto"
    xmlns:tools="http://schemas.android.com/tools"
    android:layout_width="match_parent"
    android:layout_height="match_parent"
    android:orientation="vertical"
```

```
    tools:context=".URLActivity">

    <Button
        android:layout_width="match_parent"
        android:layout_height="wrap_content"
        android:id="@+id/btnLoadImg"
        android:text="加载图片"
        android:textSize="18sp"/>

    <ImageView
        android:id="@+id/img1"
        android:layout_gravity="center"
        android:layout_width="match_parent"
        android:layout_height="wrap_content"/>

</LinearLayout>
```

（2）在 Activity 中点击按钮获取网络图片，代码如下：

```
package com.qcxy.chapter7;

import androidx.appcompat.app.AppCompatActivity;
import android.graphics.Bitmap;
import android.graphics.BitmapFactory;
import android.os.Bundle;
import android.util.Log;
import android.view.View;
import android.widget.Button;
import android.widget.ImageView;

import java.io.InputStream;
import java.net.URL;
import java.net.URLConnection;

public class URLActivity extends AppCompatActivity implements View.OnClickListener {

    private static final String TAG="URLActivity";
    Button btnLoadImg;
    ImageView ivImg1;
    @Override
    protected void onCreate(Bundle savedInstanceState) {
        super.onCreate(savedInstanceState);
        setContentView(R.layout.activity_url);
```

```
        btnLoadImg=findViewById(R.id.btnLoadImg);
        ivImg1=findViewById(R.id.img1);

        btnLoadImg.setOnClickListener(this);

    }

    @Override
    public void onClick(View v) {
        new Thread(){
            public void run(){
                try {
                    // Step 1:使用指定的 URL 创建 url 对象
                     URL url=new URL("https://www.gstatic.cn/devrel-devsite/prod/
vf4743e4237527d72f4be8582639e4a529166b52e9bb628e797b1ed38800b278b/android/images/
dynamic-content-card-default.png");
                    // Step 2:从 url 中读取数据放到 InputStream 类对象 is 中
                    InputStream is=url.openStream();
                    //利用 decodeStream 方法将 is 正常解码为 Bitmap 对象 mBitmap
                    final Bitmap mBitmap=BitmapFactory.decodeStream(is);
                    //若 mBitmap 为空,提示获取图片失败
                    if (mBitmap==null) {
                        Log.v(TAG, "get pic failed");
                    }
                    else { //若 mBitmap 不为空,提示获取图片成功
                        Log.v(TAG, "get pic successfully");
                        // Step 3:将图片显示出来
                        //ivImg1.setImageBitmap(mBitmap);
                        ivImg1.post(new Runnable() {
                            @Override
                            public void run() {
                                ivImg1.setImageBitmap(mBitmap);
                            }
                        });
                    }
                }
                //捕获异常
                catch (Exception e) {
                    e.printStackTrace();
                }
            }
```

```
            }.start(); //启动线程
        }
    }
```

2. 使用 URLConnection 读取网络资源

使用 URLConnection 读取网络资源最为关键的步骤就是通过指定相应网络资源的 URL 创建对象，通过对象获取网络资源对应的数据流，最后应用这些网络资源。实现获取测试网站的主页源程序，并显示在 TextView 上，大致可分为以下 4 步。

（1）指定测试网站的主页的 URL，创建 URL 对象。

（2）使用 openConnection()方法建立 URLConnection 类型对象。

（3）获取网页源程序，并显示在 TextView 上。

（4）获取访问权限，请务必注意在 AndroidManifest. xml 文件中添加如下代码以获取访问权限，否则本程序无法运行。

```
<uses-permission android:name="android.permission.INTERNET"/>
```

示例 7.3 获取百度首页网页 HTML 代码。

程序加载后点击【加载网页代码】按钮后，在下方显示网页的 HTML 代码，如图 7.8 所示。

图 7.8 加载网页 HTML 代码的效果

实现步骤如下：

（1）创建布局文件，代码如下：

```
<?xml version="1.0"encoding="utf-8"?->
<LinearLayout xmlns:android="http://schemas.android.com/apk/res/android"
    xmlns:app="http://schemas.android.com/apk/res- auto"
    xmlns:tools="http://schemas.android.com/tools"
    android:layout_width="match_parent"
    android:layout_height="match_parent"
    android:orientation="vertical"
    tools:context=".URLConnectActivity">
```

```
    <Button
        android:layout_margin="10dp"
        android:layout_width="match_parent"
        android:layout_height="wrap_content"
        android:id="@+id/btnLoadCode"
        android:text="加载网页代码"
        android:textSize="18sp"/>

    <TextView
        android:layout_margin="10dp"
        android:id="@+id/txtCode"
        android:layout_width="match_parent"
        android:layout_height="wrap_content"
        android:textSize="18sp"/>
</LinearLayout>
```

(2) 创建 Activity,实现代码如下:

```
packagecom.qcxy.chapter7;

import androidx.appcompat.app.AppCompatActivity;
import android.os.Bundle;
import android.view.View;
import android.widget.Button;
import android.widget.TextView;
import java.io.InputStream;
import java.net.URL;
import java.net.URLConnection;

public class URLConnectActivity extends AppCompatActivity implements View.
OnClickListener {

    Button btnLoadCode;
    TextView tvCode;
    @Override
    protected void onCreate(Bundle savedInstanceState) {
        super.onCreate(savedInstanceState);
        setContentView(R.layout.activity_urlconnect);

        btnLoadCode=findViewById(R.id.btnLoadCode);
        tvCode=findViewById(R.id.txtCode);
        btnLoadCode.setOnClickListener(this);
    }
```

```
    @Override
    public void onClick(View v) {
        new Thread(){
            String str;
            StringBuffer sb=new StringBuffer();
            public void run(){
                try
                {
                    //使用测试网站的主页的URL创建URL对象
                    URL url=new URL("http://www.baidu.com");
                    //使用openConnection()方法创建URLConnection对象
                    URLConnection connection=url.openConnection();
                    //使用InputStream获取网站主页数据
                    InputStream is=connection.getInputStream();
                    byte[] bs=new byte[1024];
                    int len=0;
                    //将网站主页数据写入StringBuffer对象sb中
                    while ((len=is.read(bs)) !=-1)
                    {
                        //String str=new String(bs, 0, len);
                        str=new String(bs, 0, len);
                        sb.append(str);
                    }
                    //将网站主页源程序显示在TextView中
                    tvCode.post(new Runnable() {
                        @Override
                        public void run() {
                            tvCode.setText(sb.toString());
                        }
                    });
                }
                //捕获异常
                catch (Exception e){
                    e.printStackTrace();
                }

            }
        //启动线程
        }.start();

    }
}
```

7.2 使用 HTTP 访问网络

7.2.1 HTTP 简介

HTTP (hypertext transfer protocol)，是 Internet 联网的基础，同时也是手机上应用最广泛的通信协议之一。HTTP 工作在 TCP/IP 协议体系中的 TCP 协议上。它可以通过传输层的 TCP 协议在客户端和服务器之间进行传输数据以及数据之间的交互，格式如 http://host:port/path。一个 HTTP 请求报文由请求行、请求头、空行和请求数据 4 个部分组成：

(1) 请求行。请求行由请求方法字段、URL 字段和 HTTP 协议版本字段 3 个字段组成，它们用空格分隔。例如：GET /index.html HTTP/1.0。HTTP 的请求方法有 GET、POST、HEAD、PUT、DELETE、OPTIONS、TRACE、CONNECT。

(2) 请求头。请求头由关键字/值对组成，每行一对，关键字和值用英文冒号“:”分隔。请求头通知服务器有关于客户端请求的信息。典型的请求头有：

- User-Agent：产生请求的浏览器类型。
- Accept：客户端可识别的内容类型列表。
- Host：请求的主机名，允许多个域名同处一个 IP 地址，即虚拟主机。

(3) 空行。最后一个请求头之后是一个空行，发送回车符和换行符，通知服务器以下不再有请求头。

(4) 请求数据。请求数据不在 GET 方法中使用，而是在 POST 方法中使用。POST 方法适用于需要客户填写表单的场合。与请求数据相关的最常使用的请求头是 Content-Type 和 Content-Length。

当 HTTP 请求发出后，服务器会返回响应信息，一个 HTTP 响应报文由三个部分组成：状态行、消息报头、响应正文。其中状态行包括的状态码如下所示：

- 1xx：指示信息——表示请求已接收，继续处理。
- 2xx：成功——表示请求已被成功接收、理解、接受。
- 3xx：重定向——要完成请求必须进行更进一步的操作。
- 4xx：客户端错误——请求有语法错误或请求无法实现。
- 5xx：服务器端错误——服务器未能实现合法的请求。

常见的状态码及其描述，如表 7.2 所示。

表 7.2 常见的状态码及其描述

状态码	状态描述	状态说明
200	OK	客户端请求成功
400	Bad Request	客户端请求有语法错误，不能被服务器所理解
401	Unauthorized	请求未经授权，这个状态代码必须和 WWW-Authenticate 报头域一起使用
403	Forbidden	服务器收到请求，但是拒绝提供服务
404	Not Found	请求资源不存在

Android 7.2 ▶

续表

状态码	状 态 描 述	状 态 说 明
500	InternalServerError	服务器发生不可预期的错误
503	Server Unavailable	服务器当前不能处理客户端的请求，一段时间后，可能恢复正常

在 HTTP 连接中，客户端每一次发送请求，服务器端都需要给以相应的响应，在当前请求结束之后，会主动释放本次连接。从建立连接到关闭连接的过程称为“一次连接”。在 HTTP 1.0 中，客户端的每次请求都要求建立一次单独的连接，在处理完本次请求后，就自动释放连接，而在 HTTP 1.1 中则可以在一次连接中处理多个请求，并且多个请求可以重叠进行，不需要等待一个请求结束后再发送下一个请求。HTTP 协议的工作原理如下：

(1) 客户端（通常指浏览器，此处指自行编写的程序）与服务器建立连接。

(2) 建立连接后，客户端向服务器发送请求。

(3) 服务器接收到请求后，向客户端发送响应信息。

(4) 客户端与服务器断开连接。

7.2.2 HttpURLConnection

除了基于 TCP 的 Socket 通信外，Android 对 HTTP（超文本传输协议）也提供了很好的支持，提供 HttpURLConnection。HttpURLConnection 继承自 URLConnection 类，HttpURLConnection 在 URLConnection 的基础上做了改进，添加了一些用于操作 HTTP 资源的便捷方法。用它可以发送和接收任何类型和长度的数据，且预先不用知道数据流的长度，可以设置请求方式为 GET 或 POST。

HttpURLConnection 继承了 URLConnection，因此也可用于向指定站点发送 GET 请求和 POST 请求，它在 URLConnection 的基础上提供了表 7.3 所示便捷的方法。

表 7.3　HttpURLConnection 中的方法

方　法	说　明
int getResponseCode()	获取 server 的响应代码
String getResponseMessage()	获取 server 的响应消息
String getRequestMethod()	获取发送请求的方法
void setRequestMethod(String method)	设置发送请求的方法

HttpURLConnection 的用法如下：

(1) 需要获取到 HttpURLConnection 的实例，一般只需 new 出一个 URL 对象，并传入目标的网络地址，然后调用 openConnection()方法，代码如下：

```
URL url=new URL("http://www.baidu.com");
HttpURLConnection connection=(HttpURLConnection) url.openConnection();
```

(2) 得到了 HttpURLConnection 的实例之后，需要设置 HTTP 请求所使用的方式。常用的方式有两个：GET 和 POST。GET 表示希望从服务器那里获取数据，而 POST 表示希望提交数据给服务器。设置 HttpURLConnection 对象的 HTTP 请求为 GET 方式的代码如下：

```
connection.setRequestMethod("GET");
```

（3）可以对 connection 进行一些自由的定制操作，比如设置连接超时、读取超时的毫秒数，以及服务器希望得到的一些消息头等。这些属性可以根据实际情况进行添加，对 connection 进行自由定制操作的代码如下：

```
connection.setConnectTimeout(5000);
connection.setReadTimeout(5000);
```

（4）调用 getInputStream()方法可以获取从服务器返回的输入流，并对输入流进行读取操作，代码如下：

```
InputStream in=connection.getInputStream();
```

（5）调用 disconnect()方法将 HTTP 连接关闭掉，如下所示：

```
connection.disconnect();
```

示例 7.4 使用 HttpURLConnection 加载网页代码。

运行程序，输入请求的 URL，点击【发送请求】按钮，获取请求的网页信息，如图 7.9 所示。

图 7.9　使用 HttpURLConnection 加载网页

实现步骤：

（1）在主布局文件 activity_main.xml 中添加一个新的控件 ScrollView。由于手机屏幕的空间比较小，有时候过多的内容屏幕显示不下，借助 ScrollView，可以以滚动的形式查看屏幕外的部分内容。布局中还添加 Button 按钮和 TextView 控件，Button 用于发送 HTTP 请求，TextView 用于将服务器返回的数据显示出来。代码如下：

```
<LinearLayout
    xmlns:android="http://schemas.android.com/apk/res/android"
    xmlns:tools="http://schemas.android.com/tools"
    android:layout_width="match_parent"
    android:layout_height="match_parent"
    android:orientation="vertical"
    android:padding="5dp"
    tools:context=".HttpURLConnectionActivity">
```

```
    <EditText
        android:id="@+id/et_url"
        android:layout_width="match_parent"
        android:layout_height="wrap_content"
        android:text="请输入网页的 URL"/>
    <Button
        android:layout_width="match_parent"
        android:layout_height="wrap_content"
        android:id="@+id/send_request"
        android:text="发送请求"/>
    <ScrollView
        android:layout_width="match_parent"
        android:layout_height="match_parent">
        <TextView
            android:id="@+id/response_text"
            android:layout_width="match_parent"
            android:layout_height="wrap_content"/>
    </ScrollView>
</LinearLayout>
```

（2）在 Activity 中添加 Button 按钮的点击事件，在点击事件中发送 HTTP 请求，并将返回的数据设置到 TextView 控件上，代码如下：

```
packagecom.qcxy.chapter7;

import androidx.appcompat.app.AppCompatActivity;

import android.os.Bundle;
import android.text.TextUtils;
import android.view.View;
import android.widget.Button;
import android.widget.EditText;
import android.widget.TextView;

import java.io.BufferedReader;
import java.io.IOException;
import java.io.InputStream;
import java.io.InputStreamReader;
import java.net.HttpURLConnection;
import java.net.MalformedURLException;
import java.net.URL;

public class HttpURLConnectionActivity extends AppCompatActivity {
```

```
    private EditText etUrl;
    private TextView responseText;

    @Override
    protected void onCreate(Bundle savedInstanceState) {
        super.onCreate(savedInstanceState);
        setContentView(R.layout.activity_http_urlconnection);
        Button button=findViewById(R.id.send_request);
        etUrl=findViewById(R.id.et_url);
        responseText=findViewById(R.id.response_text);
        button.setOnClickListener(new View.OnClickListener() {
            @Override
            public void onClick(View view) {
                sendRequestWithHttpURLConnection();
            }
        });
    }
    private void sendRequestWithHttpURLConnection() {
        new Thread(new Runnable() {
            @Override
            public void run() {
                HttpURLConnection connection=null;
                BufferedReader reader=null;
                try {
                    URL url=new URL(etUrl.getText().toString());
                    connection=(HttpURLConnection) url.openConnection();
                    connection.setRequestMethod("GET");
                    connection.setReadTimeout(3600);
                    connection.setConnectTimeout(3600);
                    InputStream in=connection.getInputStream();
                    reader=new BufferedReader(new InputStreamReader(in));
                    StringBuilder response=new StringBuilder();
                    String line;
                    while ((line=reader.readLine())!=null) {
                        response.append(line);
                    }
                    showResponse(response.toString());
                } catch (MalformedURLException e) {
                    e.printStackTrace();
                } catch (IOException e) {
                    e.printStackTrace();
                } finally {
```

```
                if(reader != null) {
                    try {
                        reader.close();
                    } catch (IOException e) {
                        e.printStackTrace();
                    }
                }
                if(connection != null) {
                    connection.disconnect();
                }
            }
        }
    }).start();
}
private void showResponse(final String string) {
    runOnUiThread(new Runnable() {
        @Override
        public void run() {
            // 在这里进行 UI 操作,将结果显示在界面上
            responseText.setText(string);
        }
    });
}
}
```

代码说明：

（1）在按钮的点击事件中调用了 sendRequestWithHttpURLConnection()方法，在这个方法中开启一个子线程，然后在子线程里使用 HttpURLConnection 发出一条 HTTP 请求，请求的目标地址是手机端百度的首页，接着使用 BufferReader 对服务器返回的流进行读取，并将结果传到 showResponse()方法中。

（2）Android 中不允许在子线程中对 UI 进行操作，需要通过 runOnUiThread()方法将线程切换到主线程，再更新 UI 元素。在 showResponse()方法里调用了一个 runOnUiThread()方法，然后在这个方法的匿名类参数中进行操作，将返回的数据显示到界面上。

（3）访问网络需要在 AndroidManifest.xml 文件中添加 Internet 访问权限，代码如下：

```
<uses-permission android:name="android.permission.INTERNET"/>
```

◆ 7.2.3 WebView 的用法

在 Android 平台上 WebView 是一个用于显示网页的 View 控件，像浏览器一样，可以解析 HTML 显示网页内容。WebView 的内部实现是采用渲染引擎来展示 View 的内容，提

供网页前进、后退、放大、缩小及搜索等功能。在 Android 4.3 及其以下系统中，WebView 内部采用 Webkit 渲染引擎；在 Android 4.4 及以上版本中，WebView 采用 chromium（Google 的 chrome 浏览器引擎）渲染引擎来渲染 View 的内容。

在程序中创建 WebView 控件时，可以设置其属性，如颜色、字体、要访问的网址等。通过 loadUrl 的方法设置当前 WebView 需要访问的网址。在创建 WebView 控件时，可以通过 WebView.getSettings()方法来获取 WebView 的设置 WebSettings。WebSettings 常用方法如表 7.4 所示。

表 7.4 WebSettings 常用方法

名　称	说　明
setAllowFileAccess	启用或禁止 WebView 访问文件数据
setBlockNetworkImage	是否显示网络图像
setBuiltInZoomControls	设置是否支持缩放
setCacheMode	设置缓冲的模式
setDefaultFontSize	设置默认的字体大小
setDefaultTextEncodingName	设置在解码时使用的默认编码
setFixedFontFamily	设置固定使用的字体
setJavaSciptEnabled	设置是否支持 JavaScript
setLayoutAlgorithm	设置布局方式
setLightTouchEnabled	设置用鼠标激活被选项
setSupportZoom	设置是否支持变焦

示例 7.5 使用 WebView 加载网页。

实现步骤如下：

(1) 在 AndroidManifest.xml 文件中添加网络访问权限，代码如下：

```
<uses-permission android:name="android.permission.INTERNET"/>
```

(2) 设计页面布局，代码如下：

```
<LinearLayout
    xmlns:android="http://schemas.android.com/apk/res/android"
    xmlns:tools="http://schemas.android.com/tools"
    android:layout_width="match_parent"
    android:layout_height="match_parent"
    tools:context=".WebViewActivity">
    <WebView
        android:layout_width="match_parent"
        android:layout_height="match_parent"
        android:id="@+id/webView"/>
</LinearLayout>
```

（3）在 Activity 中使用 WebView 的 loadURL 方法加载网页，代码如下：

```
packagecom.qcxy.chapter7;

import androidx.appcompat.app.AppCompatActivity;

import android.os.Bundle;
import android.webkit.WebView;
import android.webkit.WebViewClient;

public class WebViewActivity extends AppCompatActivity {

    @Override
    protected void onCreate(Bundle savedInstanceState) {
        super.onCreate(savedInstanceState);
        setContentView(R.layout.activity_web_view);
        WebView view= findViewById(R.id.webView);
        view.getSettings().setJavaScriptEnabled(true);
        view.setWebViewClient(new WebViewClient());
        view.loadUrl("https://developer.android.google.cn/");
    }

}
```

图 7.10　WebView 显示网页效果

（4）WebView 显示网页的效果如图 7.10 所示。

在以上代码中，使用了如下方法：

（1）使用 findViewById()方法获取到 WebView 的实例。

（2）调用 WebView 的 getSettings()方法设置浏览器的一些属性，调用 setJavaScriptEnableed()方法让 WebView 支持 JavaScript 脚本。

（3）调用 WebView 的 setWebViewClient()方法，并传入一个 WebViewClient 的实例，它的作用是：当需要从一个网页跳转到另一个网页时，目标网页仍然在当前的 WebView 中显示，而不是打开系统浏览器。

（4）调用 WebView 的 loadUrl()方法，将网址传入，即可展示相应网页的内容。

7.2.4　OkHttp

Android 中并非只能使用 HttpURLConnection，有很多很好的开源框架库都可以替代原生的 HttpURLConnection，OkHttp 就是其中最出色的一个。OkHttp 是一个高效的 HTTP 客户端，具有非常多的优势：

（1）能够高效地执行 HTTP，数据加载速度更快，更省流量；

(2) 支持 GZIP 压缩,提升速度,节省流量;

(3) 缓存响应数据,避免了重复的网络请求;

(4) 使用简单,支持同步阻塞调用和带回调的异步调用。

使用 OkHttp 的步骤如下:

1. 添加依赖库

在使用 OkHttp 之前,需要先在项目中添加 OkHttp 库的依赖,编辑 app/build.gradle 文件,在 dependencies 闭包中添加如下内容:

```
dependencies {
    implementation fileTree(dir: 'libs', include: ['* .jar'])
    implementation 'androidx.appcompat:appcompat:1.0.2'
    implementation 'androidx.constraintlayout:constraintlayout:1.1.3'
    testImplementation 'junit:junit:4.12'
    androidTestImplementation 'androidx.test.ext:junit:1.1.0'
    androidTestImplementation 'androidx.test.espresso:espresso-core:3.1.1'
    implementation("com.squareup.okhttp3:okhttp:4.4.0")
}
```

2. 使用 OkHttp,发送 GET 请求以获取数据

其步骤如下:

(1) 创建 OkHttpClient 实例。创建 OkHttpClient 实例的代码如下:

```
OkHttpClient client=new OkHttpClient();
```

(2) 创建 Request 对象。创建 Request 对象的代码如下:

```
Request request=new Request.Builder().url("http://www.baidu.com").build();
```

(3) 发送请求并获取返回数据。调用 OkHttpClient 的 newCall()方法创建一个 Call 对象,并调用它的 execute()方法来发送请求并获取服务器响应对象。代码如下:

```
Response response=client.newCall(request).execute();
```

(4) 获取服务器的返回数据。Response 对象是服务器返回的数据,获取服务器的返回数据的代码如下:

```
String responseDate=response.body().string( );
```

3. 发送 POST 请求获取数据

如果发起的是 POST 请求,会比 GET 请求复杂一些,需要先构建出一个 RequestBody 对象来存放待提交的参数,代码如下:

```
RequestBody requestBody=new FormBody.Builder()
.add("username","admin").add("password","123456").build();
```

然后在 Request.Builder 中执行 post()方法,并将 RequestBody 对象传入,代码如下:

```
Request request=new Request.Builder().url("http://www.baidu.com").post(requestBody).
build();
```

其他的操作步骤同 GET 请求一样,调用 execute()方法发送请求并获取数据。

示例 7.6 通过 OkHttp 的方式去请求百度主页,并获取返回数据。

(1) 创建布局文件,代码如下:

```
<?xml version="1.0"encoding="utf-8"?>
<LinearLayout xmlns:android="http://schemas.android.com/apk/res/android"
    xmlns:app="http://schemas.android.com/apk/res-auto"
    xmlns:tools="http://schemas.android.com/tools"
    android:layout_width="match_parent"
    android:layout_height="match_parent"
    tools:context=".OkHttpActivity">

    <ScrollView
        android:layout_width="match_parent"
        android:layout_height="wrap_content">
        <TextView
            android:id="@+id/tvGetContent"
            android:layout_width="match_parent"
            android:layout_height="wrap_content"
            android:textSize="18sp"/>
    </ScrollView>

</LinearLayout>
```

（2）添加菜单文件，代码如下：

```
<?xml version="1.0"encoding="utf-8"?>
<menu xmlns:android="http://schemas.android.com/apk/res/android">
    <item android:title="Get"android:id="@+id/menuGet"/>
</menu>
```

（3）在 OkHttpActivity 中使用 okHttp，代码如下：

```
packagecom.qcxy.chapter7;

import androidx.annotation.NonNull;
import androidx.appcompat.app.AppCompatActivity;
import android.os.Bundle;
import android.view.Menu;
import android.view.MenuItem;
import android.view.View;
import android.view.textclassifier.TextLinks;
import android.widget.TextView;
import java.io.IOException;
import java.util.concurrent.ExecutorService;
import java.util.concurrent.Executors;
import okhttp3.Call;
import okhttp3.OkHttpClient;
import okhttp3.Request;
import okhttp3.Response;
```

```
import okhttp3.ResponseBody;

public class OkHttpActivity extends AppCompatActivity {

    private static final String TAG="OkHttpActivity";
    private final OkHttpClient mClient=new OkHttpClient();
    private TextView tvGetContent;


    @Override
    protected void onCreate(Bundle savedInstanceState) {
        super.onCreate(savedInstanceState);
        setContentView(R.layout.activity_ok_http);

        tvGetContent=findViewById(R.id.tvGetContent);
    }

    @Override
    public boolean onCreateOptionsMenu(Menu menu) {
        getMenuInflater().inflate(R.menu.actions,menu);
        return super.onCreateOptionsMenu(menu);
    }

    @Override
    public boolean onOptionsItemSelected(@NonNull MenuItem item) {
        switch (item.getItemId()){
            case R.id.menuGet:
                get();
                break;

        }
        return super.onOptionsItemSelected(item);
    }

    private void get() {

        ExecutorService executor=Executors.newSingleThreadExecutor();
        executor.submit(new Runnable() {
            @Override
            public void run() {
                Request.Builder builder=new Request.Builder();
                builder.url("http://www.baidu.com");
```

```
                Request request=builder.build();
                Call call=mClient.newCall(request);
                try {
                    Response response=call.execute();
                    if(response.isSuccessful()){
                        final String string=response.body().string();
                        runOnUiThread(new Runnable() {
                            @Override
                            public void run() {
                                tvGetContent.setText(string);
                            }
                        });
                    }
                } catch (IOException e) {
                    e.printStackTrace();
                }
            }
        });
        executor.shutdown();
    }
}
```

运行程序，点击菜单中的【Get】菜单项，服务器响应的数据，如图 7.11 所示。

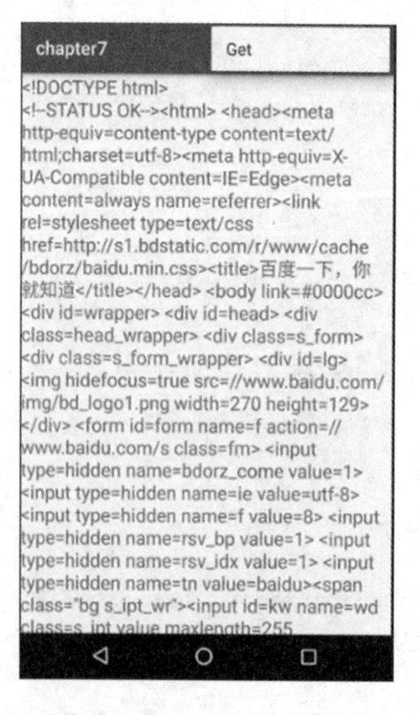

图 7.11　使用 OkHttp 获取服务器响应的数据

7.3 解析JSON格式数据

7.3.1 JSON简介

JSON(JavaScript object notation)是一种轻量级的数据交换格式。它使得人们很容易地进行阅读和编写,同时也方便了机器进行解析和生成。JSON采用完全独立于程序语言的文本格式,但是也使用了类C语言的习惯(包括C,C++,C#,Java,JavaScript,Perl,Python等)。这些特性使JSON成为理想的数据交换语言。JSON是基于纯文本的数据格式,它可以传输String、Number、Boolean类型的数据,也可以传输数组,或者Object对象。

JSON分为JSON对象和JSON数组两种数据结构。

1. 对象

对象在js中表示为"{}"括起来的内容,数据结构为{key:value,key:value,…}的键值对,在面向对象的语言中,key为对象的属性,value为对应的属性值,所以很容易理解,通过对象key获取属性值,这个属性值的类型可以是数字、字符串、数组、对象等。

JSON对象的结构以"{"开始,以"}"结束。中间部分由0个或多个以","分隔的key:value对构成,注意关键字和值之间以":"分隔,如图7.12所示。

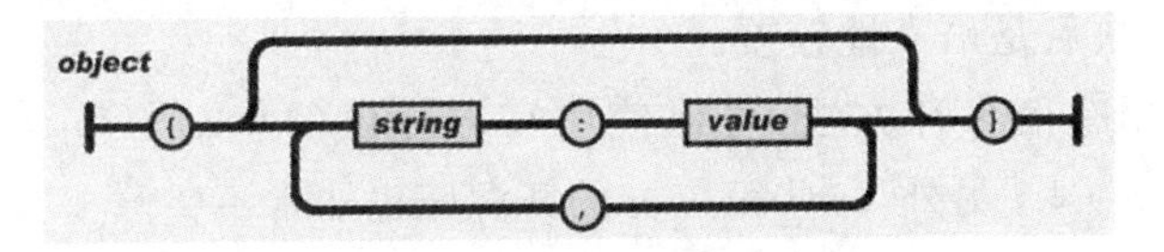

图7.12 JSON对象结构

以下是一个JSON数据示例:

```
{
    "animals": {
        "dog": [
            {
                "name": "Rufus",
                "age":15
            },
            {
                "name": "Marty",
                "age": null
            }
        ]
    }
}
```

2. 数组

数组在js中是中括号"[ ]"括起来的内容,数据结构为["java","javascript","python",

…]，取值方式和所有语言一样，使用索引获取，字段值的类型可以是数字、字符串、数组、对象等。

JSON 数组以“[”开始，以“]”结束。中间部分由 0 个或多个以“，”分隔的值的列表组成，如图 7.13 所示。

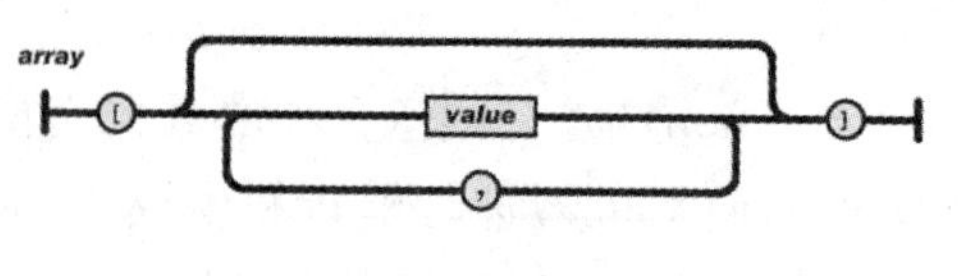

图 7.13 JSON 数组

值 value 可以是 String、Number、Boolean、null 等数据类型。

Java 的 JSON 支持主要依赖于 JSONArray、JSONObject 两个类。其中 JSONArray 代表一个数组，它可完成 Java 集合（集合元素可以是对象）与 JSON 字符串之间的相互转换；JSONObject 代表一个 JSON 对象，它可完成 Java 对象与 JSON 字符串之间的相互转换。

Android 系统内置了对 JSON 的支持，在 Android SDK 的 org. json 包下提供了 JSONArray、JSONObject 等类，通过这些类即可完成 JSON 字符串与 JSONArray、JSONObject 之间的转换。

7.3.2 使用 JSONObject 对象

网络上传输数据时最常用的格式是 JSON。JSON 的主要优势在于体积小，在网络上传输时可以节省流量，缺点是语义性较差。

解析 JSON 数据有很多种方法，可以使用官方提供的 JSONObject 对象，也可以使用 Google 的开源库 GSON。另外，一些第三方的开源库也非常不错。

示例 7.7 使用 JSONObject 对 JSON 数据进行解析。

在程序中读取 JSON 文件，点击【读取 JSON 数据并解析】按钮后，在下方显示读取的对象信息，如图 7.14 所示。

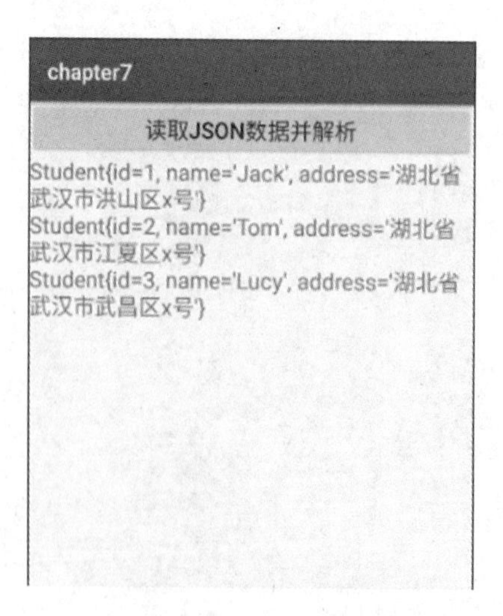

图 7.14 显示 JSON 中的数据

实现步骤如下：

(1) 创建 Assets 目录，在该目录下添加 student.json 文件，文件内容如下：

```
[ {"id": 1,"name": "Jack","address": "湖北省武汉市洪山区 x 号"},
  {"id": 2,"name": "Tom","address": "湖北省武汉市江夏区 x 号"},
  {"id": 3,"name": "Lucy","address": "湖北省武汉市武昌区 x 号"}]
```

(2) 创建程序的布局文件，代码如下：

```
<?xml version="1.0"encoding="utf-8"?>
<LinearLayout xmlns:android="http://schemas.android.com/apk/res/android"
    xmlns:app="http://schemas.android.com/apk/res- auto"
    xmlns:tools="http://schemas.android.com/tools"
    android:layout_width="match_parent"
    android:layout_height="match_parent"
    android:orientation="vertical"
    tools:context=".JSONActivity">

    <Button
        android:layout_width="match_parent"
        android:layout_height="wrap_content"
        android:id="@+id/btnReadJson"
        android:text="读取 JSON 数据并解析"
        android:textSize="18sp"/>

    <TextView
        android:id="@+id/tv_json"
        android:layout_width="match_parent"
        android:layout_height="wrap_content"
        android:textSize="18sp"/>

</LinearLayout>
```

(3) 在 Activity 中读取文件，读取并解析 json 文件，然后将 json 字符串封装为 Student 对象的集合，最后显示所有信息，代码如下：

```
packagecom.qcxy.chapter7;

import androidx.appcompat.app.AppCompatActivity;
import android.os.Bundle;
import android.view.View;
import android.widget.Button;
import android.widget.TextView;
import com.qcxy.chapter7.entity.Student;
import org.json.JSONArray;
import org.json.JSONObject;
import java.io.BufferedReader;
```

```
import java.io.IOException;
import java.io.InputStream;
import java.io.InputStreamReader;
import java.util.ArrayList;
import java.util.List;

public class JSONActivity extends AppCompatActivity implements View.OnClickListener {

    Button btnReadJson;
    TextView tvJson;
    @Override
    protected void onCreate(Bundle savedInstanceState) {
        super.onCreate(savedInstanceState);
        setContentView(R.layout.activity_json);
        btnReadJson=findViewById(R.id.btnReadJson);
        tvJson=findViewById(R.id.tv_json);
        btnReadJson.setOnClickListener(this);
    }

    private String readJson(InputStream in){
        BufferedReader reader=null;
        StringBuilder sb=null;
        String line=null;
        try {
            sb=new StringBuilder();//实例化一个 StringBuilder 对象
            //用 InputStreamReader 把 in 这个字节流转换成字符流 BufferedReader
            reader=new BufferedReader(new InputStreamReader(in));
            //判断从 reader 中读取的行内容是否为空
            while ((line=reader.readLine()) !=null) {
                sb.append(line);
                sb.append("\n");
            }
        } catch (IOException e) {
            e.printStackTrace();
            return "";
        } finally {
            try {
                if (in !=null) in.close();
                if (reader !=null) reader.close();
            } catch (IOException e) {
                e.printStackTrace();
            }
        }
```

```
        return sb.toString();
    }

    public List<Student> getStuFromJson(){
        List<Student> students=new ArrayList<> ();

        InputStream is=null;
            //从项目中的 assets 文件夹中获取 json 文件
        try {
            is=this.getResources().getAssets().open("student.json");
            String json=readJson(is); //获取 json 数据
            JSONArray jsonArray=new JSONArray(json);
            for(int i=0; i <jsonArray.length(); i++) {
                JSONObject jsonObj=jsonArray.getJSONObject(i);
                int id=jsonObj.optInt("id");
                String name=jsonObj.optString("name");
                String address=jsonObj.optString("address");
                students.add(new Student(id,name,address));
            }

        } catch (Exception e) {
            e.printStackTrace();
        }

        return students;
    }


    @Override
    public void onClick(View v) {
        List<Student> students=getStuFromJson();
        StringBuffer sbStuInfo=new StringBuffer();
        for (Student stu :students){
            sbStuInfo.append(stu.toString()+ "\n");
        }
        tvJson.setText(sbStuInfo.toString());
    }
}
```

7.3.3 使用 GSON 库

GSON 是 Google 提供的用来在 Java 对象和 JSON 数据之间进行映射的 Java 类库。可以将一个 Json 字符转成一个 Java 对象，或者将一个 Java 对象转换为 Json 字符串。使用 GSON 首先需要在 dependencies 闭包中添加如下内容：

```
implementation('com.google.code.gson:gson:2.8.4')
```

GSON 库可以将一段 Json 格式的字符串自动映射成一个对象，从而避免了手动编写代码进行解析的麻烦。例如一段 Json 格式的数据{"name":"Tom","age":20}，那么可以定义一个 Person 类，在该类中定义 name 和 age 这两个字段，只需简单地执行如下代码就可以将 Json 数据自动解析成一个 Person 对象了：

```
Gson gson=new Gson();
Student student=gson.fromJson(jsonData, Student.class);
```

如果解析的是一段 Json 数组，需要借助 TypeToken 将期望解析成的数据传入 fromJson()方法中，代码如下：

```
List<Student> students=gson.fromJson(jsonData,new TypeToken<List<Student>>(){}.
getType());
```

示例 7.8 使用 GSON 完成 json 数据的处理。

使用 GSON 完成上一节的功能，代码如下：

```
publicList<Student> getStuFromJsonByGson(){
    List<Student> students=new ArrayList<> ();
    Gson gson=new Gson();
    Type listType=new TypeToken<List<Student>>(){}.getType();
    InputStream is=null;
    try {
        is=this.getResources().getAssets().open("student.json");
        String json=readJson(is); //获取 json 数据
        students=gson.fromJson(json, listType);
    } catch (IOException e) {
        e.printStackTrace();
    }
    return students;
}
```

7.4 Handler

7.4.1 Android 中的多线程

Android 中的多线程编程与 Java 中的多线程编程基本相同，都是使用相同的语法。

1. 通过继承 Thread 方式定义线程

定义一个类并继承 Thread，重写父类的 run()方法，并在 run()方法中编写线程的执行

◀Android 7.4

操作。代码如下：

```
public class MyThread extends Thread {
    @Override
    public void run() {
        super.run();
        //线程的处理逻辑
    }
}
```

执行线程实例的 start()即可启动该线程，例如，启动 MyThread 线程实例的代码如下：

```
new MyThread().start();
```

启动线程之后，run()方法中的代码就会在子线程中运行。

2. 通过实现 Runnable 接口定义线程

更多的时候可以使用实现 Runnable 接口的方式来定义一个线程，代码如下：

```
public class MyThread implements Runnable {
    @Override
    public void run() {
        //线程的处理逻辑
    }
}
```

如果使用这种方式定义线程，那么启动该线程的方式与通过继承 Thread 方式所定义线程的启动方式有所不同，代码如下：

```
MyThread myThread=new MyThread();
new Thread(myThread).start();
```

Thread 的构造方法接收一个 Runnable 参数，而 myThread 正是一个实现了 Runnable 接口的对象，可以直接将它传入 Thread 的构造方法里，接着调用 Thread 的 start()方法，run()方法中的代码就会在子线程中运行了。

如果不想专门定义一个类去实现 Runnable 接口，可以使用匿名类的方式，这种写法更为常见，代码如下：

```
new Thread(new Runnable() {
    @Override
    public void run() {
    //线程的操作代码
    }
}).start();
```

在 Android 平台中，当应用启动时，系统会创建一个主线程(main thread)。该主线程负责向 UI 组件分发事件(包括绘制事件)，同时，在此主线程中，应用和 Android 的 UI 组件发生交互。所以，main thread 也称为 UI thread，即 UI 线程。

Android 系统不会为每个组件单独创建线程，在同一个进程中的 UI 组件都会在 UI 线程中实例化，系统对每一个组件的调用都从 UI 线程分发出去。因此，响应系统回调的方法(如响应用户动作的 onKeyDown()方法和各种生命周期回调方法)永远都在 UI 线程中运行。

当程序在处理一些较为繁重的工作时，除非合理地实现，否则单线程模型的性能会很差。特别是，如果所有的工作都在 UI 线程，那么在完成一些较为耗时的工作（如访问网络或数据库查询）时，都会阻塞 UI 线程，导致事件停止分发（包括绘制事件）。对于用户而言，应用似乎被卡住了，实际上更坏的情况是，如果 UI 线程阻塞的时间过长，用户就会看到 ANR（application not responding）即应用程序无响应的对话框。

Andoid UI 线程并非安全的，所以不能从子线程来操纵 UI 组件。必须将所有的 UI 操作放入 UI 线程中，将其他费时的操作放入子线程，然后通过 Handler 进行主线程与子线程之间的交互，从而实现子线程修改 UI 线程中的内容。

7.4.2 Handler 与界面线程的通信

Handler 是用来结合线程的消息队列来发送、处理“Message 对象”和“Runnable 对象”的工具。每一个 Handler 实例之后会关联一个线程和该线程的消息队列。从创建一个 Handler 开始，它就会自动关联到所在的线程或消息队列，然后陆续把 Message 或 Runnable 分发到消息队列，并在它们出队的时候处理掉。

Handler 的主要作用有 2 个：

(1) 推送未来某个时间点将要执行的 Message 或者 Runnable 到消息队列。

(2) 在子线程把需要在另一个线程执行的操作加到消息队列中去。

图 7.15 动态显示时间

示例 7.9 动态显示时间。

程序运行后，在界面上显示当前时间，随着系统时间的变化，当前时间也会变化。效果如图 7.15 所示。

实现步骤如下：

(1) 创建布局文件，添加显示时间的 TextView 控件，代码如下：

```
<?xml version="1.0"encoding="utf-8"?>
<RelativeLayout xmlns:android="http://schemas.android.com/apk/res/android"
    xmlns:app="http://schemas.android.com/apk/res-auto"
    xmlns:tools="http://schemas.android.com/tools"
    android:layout_width="match_parent"
    android:layout_height="match_parent"
    tools:context=".TimeActivity">

    <TextView
        android:id="@+id/tvShowTime"
        android:layout_width="match_parent"
        android:layout_height="wrap_content"
        android:text="时间"
        android:textSize="20sp"
        android:gravity="center"
        android:layout_margin="10dp"/>

</RelativeLayout>
```

(2) 在 Activity 中添加子线程，在子线程中通过 Handler 去更新界面上的显示时间，代码如下：

```
package com.qcxy.chapter7;
import androidx.appcompat.app.AppCompatActivity;
import android.os.Bundle;
import android.os.Handler;
import android.os.Message;
import android.widget.TextView;
import java.text.SimpleDateFormat;
import java.util.Date;
public class TimeActivity extends AppCompatActivity {
    public static final int UPDATE_TEXT=1;
    private TextView tvTime;
    @Override
    protected void onCreate(Bundle savedInstanceState) {
        super.onCreate(savedInstanceState);
        setContentView(R.layout.activity_time);
        tvTime=findViewById(R.id.tvShowTime);
        new Thread(new Runnable() {
            @Override
            public void run() {
                handler.sendEmptyMessage(UPDATE_TEXT);
            }
        }).start();
    }
    private Handler handler=new Handler() {
        @Override
        public void handleMessage(Message msg) {
            super.handleMessage(msg);
            switch (msg.what) {
                case UPDATE_TEXT:
                    //进行 UI 操作,更新时间
                    setTime();
                    handler.sendEmptyMessageDelayed(UPDATE_TEXT,1000);
                    break;
                default:
                    break;
            }
        }
    };
    private void setTime() {
        SimpleDateFormat dateFormat=new SimpleDateFormat("HH:mm:ss");
```

```
            Date currentDate=new Date(System.currentTimeMillis());
            tvTime.setText(dateFormat.format(currentDate));
        }
    }
```

Android 中的异步消息处理主要由 4 个部分组成，即 Message、Handler、MessageQueue 和 Looper。下面对异步消息处理的 4 个部分进行简要的介绍。

1. Message

Message 是线程之间传递的消息，它可以在内部携带少量的信息，用于在不同线程之间交换数据。示例中使用了 Message 对象的 what 字段，除此之外，还可以使用 arg1 和 arg2 字段来携带一些整型数据，使用 obj 字段携带一个 Object 对象。

2. Handler

Handler，消息处理者，主要用于发送和处理消息。发送消息一般使用 Handler 的 sendMessage()方法，发出的消息经过一系列的辗转处理后，最终会传递到 Handler 的 handleMessage()方法中。

3. MessageQueue

MessageQueue，消息队列，主要用于存放所有通过 Handler 发送的消息。这部分消息会一直存在于消息队列中，等待被处理。每个线程中只有一个 MessageQueue 对象。

4. Looper

Looper 是每个线程中的 MessageQueue 管家，调用 Looper 的 loop()方法后，就会进入一个无限循环当中，每当发现 MessageQueue 中存在一条消息，就会将它取出，并传递到 Handler 的 handleMessage()方法中，每个线程中只有一个 Looper 对象。

异步消息处理流程如下：

(1) 在主线程中创建一个 Handler 对象，并重写 handleMessage()方法。

(2) 当子线程中需要进行 UI 操作时，创建一个 Message 对象，并通过 Handler 将这条消息发送出去。

(3) 发送的消息会被添加到 MessageQueue 的队列中等待被处理，而 Looper 则会一直尝试从 MessageQueue 中取出待处理消息，最后分发回 Handler 的 handleMessage()方法中。

(4) Handler 是在主线程中创建的，所以 handleMessage()方法中的代码也会在主线程中运行，因此可以在 handleMessage()方法中进行 UI 操作。

7.5 异步任务 AsyncTask

为了方便在子线程中对 UI 进行操作，Android 还提供了另外一些好用的工具，比如 AsyncTask。借助 AsyncTask，即使对异步消息处理机制完全不了解，也可以简单地从子线程切换到主线程。当然 AysncTask 背后的实现原理也是基于异步消息处理机制的，但是该对象提供了很好的封装方法供我们使用。

由于 AsyncTask 是一个抽象类，如果想使用它，就必须创建一个子类去继承它。在继承时可以为 AsyncTask 类指定 3 个泛型参数，这 3 个参数的用途如下：

◀ Android 7.5

(1) Params。在执行 AsyncTask 时需要传入的参数,可用于在后台任务中使用。

(2) Progress。后台任务执行时,如果需要在界面上显示当前的进度,则使用 Progress 指定的泛型作为进度单位。

(3) Result。当任务执行完毕后,如果需要对结果进行返回,则使用 Result 指定的泛型作为返回值类型。

因此,一个最简单的自定义 AsyncTask 可以写成如下形式:

```
class DownloadTask extends AsyncTask<Void, Integer, Boolean>{
    ...
}
```

这里把 AsyncTask 的第一个泛型参数指定为 Void,表示在执行 AsyncTask 的时候不需要传入参数给后台任务;第二个泛型参数指定为 Integer,表示使用整型数据来作为进度显示单位;第三个泛型参数指定为 Boolean,则表示使用布尔型数据来反馈执行结果。

上述自定义的 DownloadTask 还是一个空任务,并不能进行任何实际的操作,还需要去重写 AsyncTask 中的若干方法才能完成对任务的定制。经常需要重写的方法有以下 4 个。

1. onPreExecute()方法

这个方法会在后台任务开始执行之前调用,用于进行一些界面上的初始化操作,比如显示一个进度条对话框等。

2. doInBackground(Params...)

这个方法中的所有代码都会在子线程中运行,应该在这里处理所有的耗时任务。任务一旦完成就可以通过 return 语句将任务的执行结果返回。如果 AsyncTask 的第三个泛型参数指定的是 Void,可以不返回任务执行结果。注意:在这个方法中是不可以进行 UI 操作的,如果需要更新 UI 元素,比如反馈当前任务的执行进度,可以调用 publishProgress (Progress...)方法来完成。

3. onProgressUpdate(Progress...)

当在后台任务中调用了 publishProgress(Progress...)方法后,onProgressUpdate (Progress...)方法就会很快被调用,该方法中携带的参数就是后台任务中传递过来的。在这个方法中可以对 UI 进行操作,利用参数中的数值就可以对界面元素进行相应的更新。

4. onPostExecute(Result)

当后台任务执行完毕并通过 return 语句进行返回时,该方法就会被调用。返回的数据会作为参数传递到此方法中,可以利用返回的数据来进行一些 UI 操作,比如提醒任务执行的结果,以及关闭进度条对话框等。

示例 7.10 异步实现文件下载。

运行程序显示进度条和【点击下载】按钮,如图 7.16 所示。

点击【点击下载】按钮后开始异步执行下载操作,并通过进度条来显示下载进度,文本框中提示【下载中】,如图 7.17 所示。

文件下载完成后,文本框中显示文件存储的路径,如图 7.18 所示。

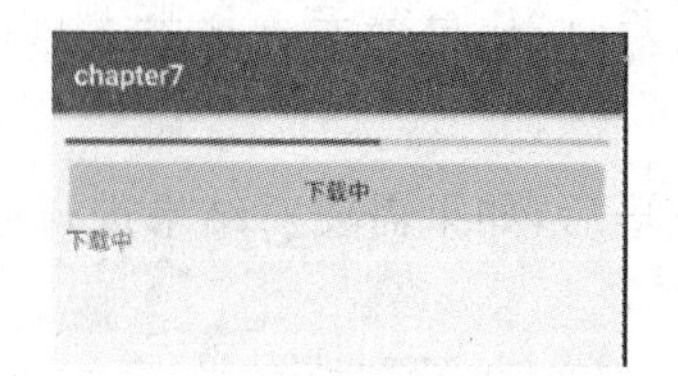

图 7.16　程序初始界面　　图 7.17　下载中的效果图　　图 7.18　文件下载完成的效果图

实现步骤如下：

(1) 创建布局文件，添加进度条、按钮与文本框，代码如下：

```
<?xml version="1.0"encoding="utf-8"?>
<LinearLayout
    xmlns:android="http://schemas.android.com/apk/res/android"
    xmlns:tools="http://schemas.android.com/tools"
    android:id="@+id/activity_main"
    android:layout_width="match_parent"
    android:layout_height="match_parent"
    android:orientation="vertical"
    android:padding="10dp"
    tools:context=".DownloadActivity">

    <ProgressBar
        style="?android:attr/progressBarStyleHorizontal"
        android:layout_width="match_parent"
        android:layout_height="20dp"
        android:id="@+id/progressBar"/>

    <Button
        android:text="点击下载"
        android:layout_width="match_parent"
        android:layout_height="wrap_content"
        android:id="@+id/button"/>

    <TextView
        android:text="download_file"
        android:layout_width="match_parent"
        android:layout_height="wrap_content"
        android:id="@+id/textView"/>

</LinearLayout>
```

(2) 在 Activity 中实现异步下载的功能,代码如下:

```
packagecom.qcxy.chapter7;

import androidx.annotation.NonNull;
import androidx.appcompat.app.AppCompatActivity;
import androidx.core.app.ActivityCompat;
import androidx.core.content.ContextCompat;

import android.Manifest;
import android.content.Context;
import android.content.pm.PackageManager;
import android.os.AsyncTask;
import android.os.Bundle;
import android.os.Environment;
import android.view.View;
import android.widget.Button;
import android.widget.ProgressBar;
import android.widget.TextView;
import java.io.File;
import java.io.FileOutputStream;
import java.io.IOException;
import java.io.InputStream;
import java.io.OutputStream;
import java.net.URL;
import java.net.URLConnection;
/* *
* 1. 网络上请求数据:申请网络权限、读写存储权限
 * 2. 布局我们的 layout
 * 3. 下载之前我们要做什么?  UI
 * 4. 下载中我们要做什么?   数据
 * 5. 下载后我们要做什么?  UI
 * /
public class DownloadActivity extends AppCompatActivity {

    private static final String TAG="DownloadActivity";
    public static final int INIT_PROGRESS=0;
    //腾讯手机助手 App
      public static final String APK _ URL =" http://download. sj. qq. com/upload/
connAssitantDownload/upload/MobileAssistant _ 1. apk";      public static final String
FILE_NAME="MobileAssistant_1.apk";
    private ProgressBar mProgressBar;
    private Button mDownloadButton;
    private TextView mResultTextView;
```

```
@Override
protected void onCreate(Bundle savedInstanceState) {
    super.onCreate(savedInstanceState);
    setContentView(R.layout.activity_download);
    //初始化视图
    initView();

    //设置点击监听
    setListener();
    //初始化 UI 数据
    setData();

}


/**
 * 初始化视图
 */
private void initView() {

    mProgressBar=(ProgressBar) findViewById(R.id.progressBar);
    mDownloadButton=(Button) findViewById(R.id.button);
    mResultTextView=(TextView) findViewById(R.id.textView);
}

private void setListener() {

    mDownloadButton.setOnClickListener(new View.OnClickListener() {
        @Override
        public void onClick(View v) {

            boolean isAllGranted=checkPermissionAllGranted(
                    new String[]{
                            Manifest.permission.WRITE_EXTERNAL_STORAGE,
                            Manifest.permission.READ_EXTERNAL_STORAGE,
                            Manifest.permission.INTERNET
                    }
            );

            if(isAllGranted){
                //下载任务
                DownloadAsyncTask asyncTask=new DownloadAsyncTask();
```

```
                asyncTask.execute(APK_URL);
            }

            ActivityCompat.requestPermissions(DownloadActivity.this,
                    new String[]{
                            Manifest.permission.WRITE_EXTERNAL_STORAGE,
                            Manifest.permission.READ_EXTERNAL_STORAGE,
                            Manifest.permission.INTERNET
                    },200);
        }
    });
}

private boolean checkPermissionAllGranted(String[] strings) {
    for(String permission : strings){
        if(ContextCompat.checkSelfPermission(this,permission)!=PackageManager.
PERMISSION_GRANTED){
            return  false;
        }
    }
    return  true;
}

@Override
public void onRequestPermissionsResult(int requestCode, @NonNull String[]
permissions, @NonNull int[] grantResults) {
    super.onRequestPermissionsResult(requestCode, permissions, grantResults);
    if(requestCode==200){
        boolean isAllGranted=true;
        for(int grant:grantResults){
            if(grant!=PackageManager.PERMISSION_GRANTED){
                isAllGranted=false;
                break;
            }
        }
        if(isAllGranted){
            //下载任务
            DownloadAsyncTask asyncTask=new DownloadAsyncTask();
            asyncTask.execute(APK_URL);
        }else{

        }
    }
```

```
    }

    private void setData() {

        mResultTextView.setText(R.string.download_text);
        mDownloadButton.setText(R.string.click_download);
        mProgressBar.setProgress(INIT_PROGRESS);

    }


    /* *
     *  String 入参
     *  Integer 进度
     *  Boolean 返回值
     * /
    public class DownloadAsyncTask extends AsyncTask<String, Integer, Boolean> {
        String mFilePath;
        /* *
         * 在异步任务之前,在主线程中
         * /
        @Override
        protected void onPreExecute() {
            super.onPreExecute();
            // 可操作 UI,初始化之前的准备工作
            mDownloadButton.setText(R.string.downloading);
            mResultTextView.setText(R.string.downloading);
            mProgressBar.setProgress(INIT_PROGRESS);
        }

        /* *
         * 在另外一个线程中处理事件
         *
         * @param params 入参
         * @return 结果
         * /
        @Override
        protected Boolean doInBackground(String... params) {
            if(params != null && params.length> 0){
                String apkUrl=params[0];

                try {
                    // 构造 URL
```

```
URL url=new URL(apkUrl);
// 构造连接,并打开
URLConnection urlConnection=url.openConnection();
InputStream inputStream=urlConnection.getInputStream();

// 获取了下载内容的总长度
int contentLength=urlConnection.getContentLength();

// 下载地址准备
mFilePath=Environment.getExternalStorageDirectory()
        +File.separator+FILE_NAME;

// 对下载地址进行处理
File apkFile=new File(mFilePath);
if(apkFile.exists()){
    boolean result=apkFile.delete();
    if(! result){
        return false;
    }
}

// 已下载的大小
int downloadSize=0;
// byte 数组
byte[] bytes=new byte[1024];

int length;

// 创建一个输入管道
OutputStream outputStream=new FileOutputStream(mFilePath);

// 不断下载文件
while ((length=inputStream.read(bytes)) !=- 1){
    //放到我们的文件管道里
    outputStream.write(bytes, 0, length);
    // 累加下载的大小
    downloadSize+=length;
    // 发送进度
    publishProgress(downloadSize * 100/contentLength);
}

inputStream.close();
outputStream.close();
```

```
            } catch (IOException e) {
                e.printStackTrace();
                return false;
            }
        } else {
            return false;
        }

        return true;
    }

    @Override
    protected void onPostExecute(Boolean result) {
        super.onPostExecute(result);
        // 也是在主线程中,执行结果处理
         mDownloadButton.setText(result? getString(R.string.download_finish) :
getString(R.string.download_finish));
         mResultTextView.setText(result? getString(R.string.download_finish) +
mFilePath: getString(R.string.download_finish));

    }

    @Override
    protected void onProgressUpdate(Integer... values) {
        super.onProgressUpdate(values);
        // 收到进度,然后处理,也是在 UI 线程中
        if (values != null && values.length> 0) {
            mProgressBar.setProgress(values[0]);
        }
    }

  }

}
```

7.6 实践任务

任务 1　知识抢答器

需求说明

本抢答器为一个 C/S 架构的程序，服务器端使用 Java 开发完成。抢答器服务器端运行

◀ Android 7.6

后，等待客户端的抢答请求，如图 7.19 所示。

抢答器客户端为 Android 程序，运行后界面效果如图 7.20 所示。

进入抢答器后，选择小组，如图 7.21 所示。

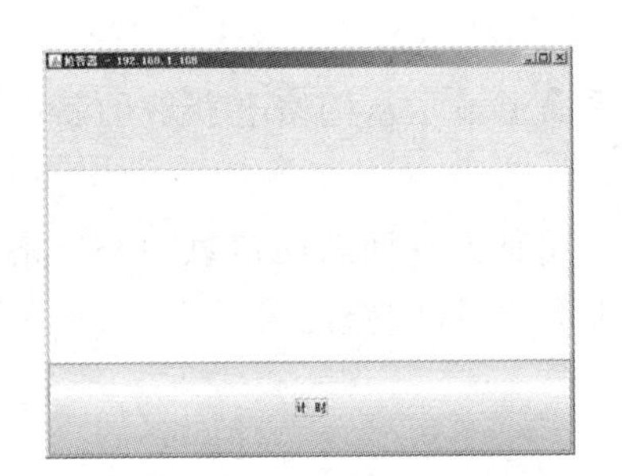

图 7.19　服务器端的界面

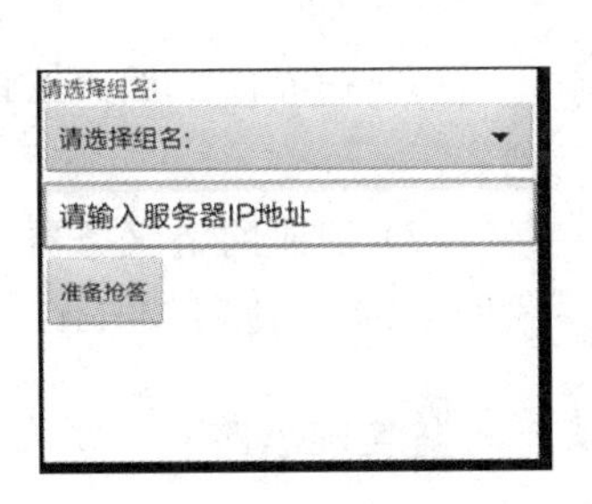

图 7.20　手机抢答器

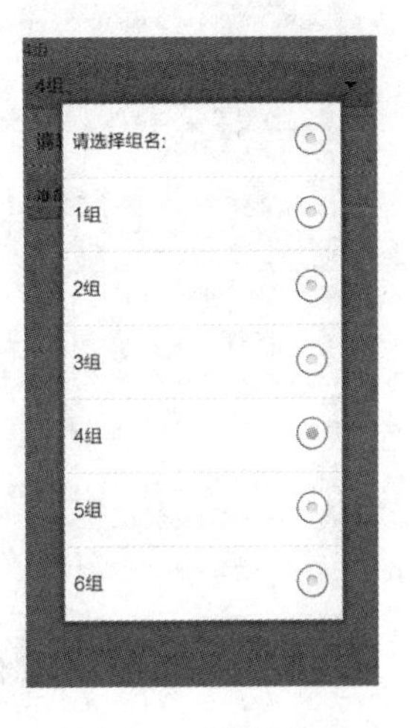

图 7.21　选择小组

选择好小组后，在 IP 地址栏中输入服务器 IP 地址，服务器 IP 地址是运行服务器的计算机端 IP 地址，可以在“cmd”中通过“ipconfig”命令查询。设置好抢答器服务器端的 IP 地址，如图 7.22 所示。

设置完成后点击【准备抢答】按钮，进入抢答界面，如图 7.23 所示。

点击【开始抢答】按钮，服务器端显示按下时间最早的客户端的组名，抢答结果如图 7.24 所示。

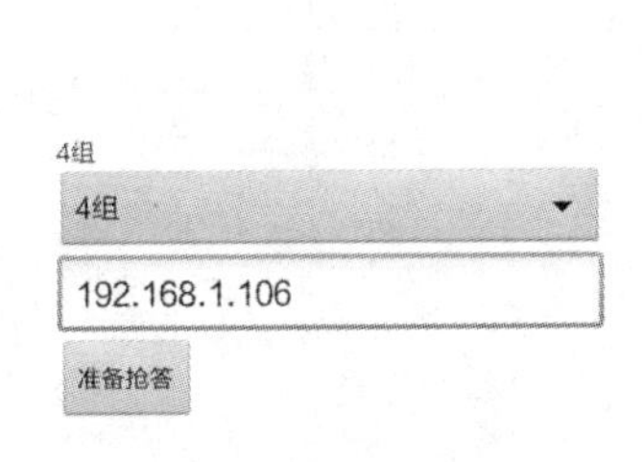

图 7.22　设置 IP 地址

图 7.23　开始抢答界面

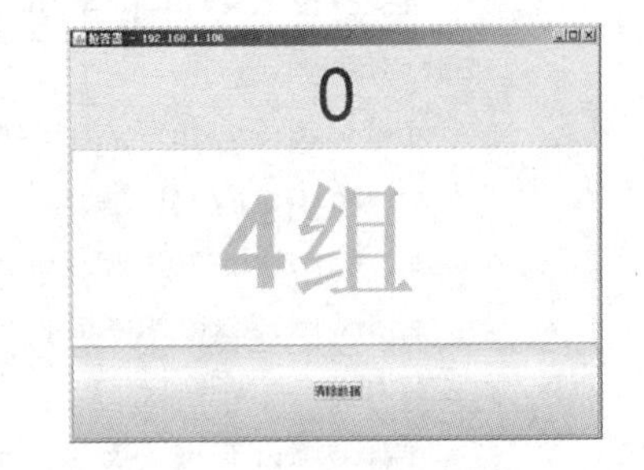

图 7.24　抢答完成的界面

实现步骤

(1) 使用 Java GUI 技术完成服务器端的界面和功能，使用多线程同时处理多个客户端的请求，并显示最早按下的客户端组名。

(2) 开发 Android 客户端程序，完成程序界面和功能，实现设置访问服务器的 IP 地址和客户端的小组，实现向服务器端发送抢答请求的命令。

图 7.25 新闻列表

◆ 任务 2 新闻列表客户端

需求说明

使用 GSON 解析、获取网络数据，实现新闻列表的显示，如图 7.25 所示。

要求如下：

（1）在界面上点击按钮，界面上显示从网络上获取的新闻列表。

（2）搭建网络服务器，或使用其他返回新闻信息 JOSN 格式的 URL。使用 OkHttp 异步下载网络数据。

实现思路

（1）打开 Android Studio 开发工具，创建 Android 项目，命名为“MyNewsApp”。

（2）导入 OkHttp 依赖库。

（3）在工程中添加 Activity。

（4）在布局文件中添加 LinearLayout 布局，在布局中添加 Button 按钮控件和 ListView 控件。参考代码如下：

```
<LinearLayout
    xmlns:android="http://schemas.android.com/apk/res/android"
    xmlns:tools="http://schemas.android.com/tools"
    android:layout_width="match_parent"
    android:layout_height="match_parent"
    android:orientation="vertical"
    tools:context=".NewsActivity">
    <Button
        android:layout_width="match_parent"
        android:layout_height="wrap_content"
        android:id="@+id/send_request"
        android:text="Send Request"/>
    <ListView
        android:id="@+id/list"
        android:layout_width="match_parent"
        android:layout_height="match_parent"/>
</LinearLayout>
```

（5）添加 ListView 的 Item 项布局文件 item.xml。参考代码如下：

```
<?xml version="1.0"encoding="utf-8"?>
<LinearLayout
    xmlns:android="http://schemas.android.com/apk/res/android"
```

```
    android:orientation="vertical"
    android:layout_width="match_parent"
    android:layout_height="match_parent">
<TextView
    android:id="@+id/title"
    android:layout_width="match_parent"
    android:layout_height="wrap_content"
    android:textSize="20sp"/>
<TextView
    android:id="@+id/detail"
    android:layout_width="match_parent"
    android:layout_height="0dp"
    android:layout_weight="1"
    android:ellipsize="end"
    android:lines="3"
    android:textSize="18sp"/>
<TextView
    android:id="@+id/comment"
    android:layout_width="match_parent"
    android:layout_height="wrap_content"
    android:textSize="16sp"
    android:gravity="right"/>
</LinearLayout>
```

（6）添加 ListView 的适配器 NewsAdapter。参考代码如下：

```
public class NewsAdapter extends BaseAdapter {
    private Context context;private List<News> newsList;
    public NewsAdapter(List<News> newsList, Context context) {
        this.newsList=newsList;
        this.context=context;
    }
    @Override
    public int getCount() {
        return newsList.size();
    }
    @Override
    public Object getItem(int i) {
        return newsList.get(i);
    }    @Override
    public long getItemId(int i) {
        return i;
    }
    @Override
    public View getView(int i, View view, ViewGroup viewGroup) {
```

```
        ViewHolder holder=null;
        if(view==null) {
            view=LayoutInflater.from(context).inflate(R.layout.item,null);
            holder=new ViewHolder();
            holder.title=view.findViewById(R.id.title);
            holder.detail=view.findViewById(R.id.detail);
            holder.comment=view.findViewById(R.id.comment);
            view.setTag(holder);
        } else {
            holder=(ViewHolder) view.getTag();
        }
        News news=newsList.get(i);
        holder.title.setText(news.getNews_title());
        holder.detail.setText(news.getDetail());
        holder.comment.setText(news.getComment());
        return view;
    }
    class ViewHolder {
        TextView title;
        TextView detail;
        TextView comment;
    }
}
```

（7）添加新闻实体类，用于 GSON 解析数据。参考代码如下：

```
public class News {
    private String news_id;
    private String news_title;
    private String detail;
    private String comment;
    public String getNews_id() {
        return news_id;
    }
    public String getNews_title() {
        return news_title;
    }
    public String getDetail() {
        return detail;
    }
    public String getComment() {
        return comment;
    }
}
```

(8) 在 Activity 中添加按钮点击事件，解析网络数据，将数据传入 ListView 的适配器中。参考代码如下：

```
public class NewsActivity extends Activity {
    private ListView list;
    @Override
    protected void onCreate(Bundle savedInstanceState) {
        super.onCreate(savedInstanceState);
        setContentView(R.layout.activity_main);
        Button button=findViewById(R.id.send_request);
        list=findViewById(R.id.list);
        button.setOnClickListener(new View.OnClickListener() {
            @Override
            public void onClick(View view) {
                sendRequestWithHttpURLConnection();
            }
        });
    }
    private void sendRequestWithHttpURLConnection() {
        new Thread(new Runnable() {
            @Override
            public void run() {
                OkHttpClient client=new OkHttpClient();
                Request request=new Request.Builder().
                    url("新闻列表的 URL").build();
                try {
                    Response response=client.newCall(request).execute();
                      parseJSONWithJSONObject(new String(response.body().bytes(),"
GB2312"));
                } catch (IOException e) {
                    e.printStackTrace();
                }
            }
        }).start();
    }
    private void parseJSONWithJSONObject(final String string) {
        runOnUiThread(new Runnable() {
            @Override
            public void run() {
                //在这里进行 UI 操作，将结果显示在界面上
                Gson gson=new Gson();
```

```
                List<News> newsList=gson.fromJson(string,
                    new TypeToken<List<News> > (){}.getType());
                NewsAdapter adapter=new NewsAdapter(newsList,MainActivity.this);
                list.setAdapter(adapter);
            }
        });
    }
}
```

本章总结

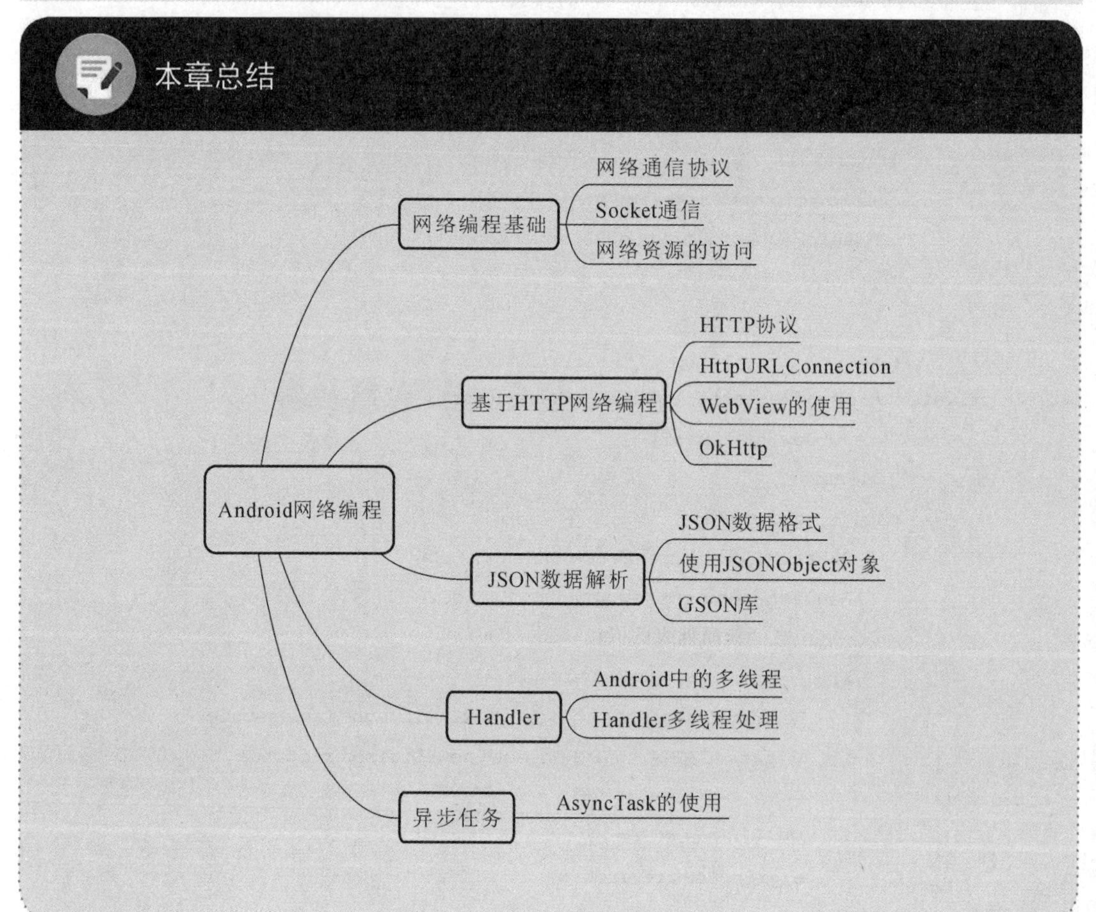

本章作业

一、选择题

1. 下面关于 HttpURLConnection 访问网络的描述,正确的是(　　)。

A. 以 GET 方式访问网络 URL 的内容一般要大于 1K

B. 以 GET 方式提交的数据要比 POST 方式相对安全

C. 使用 HttpURLConnection 访问网络时需要设置超时时间,以防止连接被阻塞时无响应,影响用户体验

D. 使用 GET 方式提交数据时,用户通过浏览器无法看到发送的请求数据

2. 下列选项中,不属于 JSON 数据的是(　　)。

A. {"city":"Beijing","street":"Xisanqi"}

B. ["abc",12345,false,null]

C. [{"name":"LiLi","city":"Beijing"}]

D. {"abc",12345,false,null}

3. 下列选项中,属于设置 WebView 控件支持 JavaScript 代码的方法的是(　　)。

A. setBuiltInZoomControls()　　B. setWebChromeClient()

C. setSupportZoom()　　D. setJavaScriptEnabled()

4. 下面关于 WebView 的描述,正确的是(　　)。

A. 可以使用 loadData()加载 HTML 代码

B. 使用 loadDataWithBaseURL()加载带中文的 HTML 内容时会产生乱码

C. 使用 loadDataWithBaseURL()方法加载的 URL 为 null 时,程序将崩溃

D. 使用 loadDataWithBaseURL()加载 HTML 代码时不可以指定数据的编码格式

5. 下列选项中,属于 WebView 类的方法的是(　　)。

A. setJavaScriptEnabled()　　B. setWebChromeClient()

C. setSupportZoom()　　D. setBuiltInZoomControls()

6. 下列选项中,属于 HttpURLConnection 提交数据后请求成功的状态码的是(　　)。

A. 100　　B. 200　　C. 404　　D. 500

7. 下列选项中,属于 HttpURLConnection 中的方法的是(　　)。[多选]

A. setRequestMethod()

B. setConnectTimeout()

C. openConnection()

D. disconnect()

8. 下面关于 JSON 数据的描述,正确的是(　　)。

A. JSON 数据易于人阅读和编写

B. 易于机器解析和生成

C. JSON 数据能有效地提升网络传输效率

D. 它可以直接显示到程序的界面上

二、简答与编程题

1. 简述使用 HttpURLConnection 访问网络的步骤。

2. 请编写逻辑代码使用 WebView 加载"http://www.baidu.com/"网页,并实现网页的缩放功能。

第8章

广播机制与服务组件

本章简介

本章主要讲解了 Android 中的 Broadcast 和 Service。首先对广播做了简单的介绍，并通过具体的例子来讲解广播的注册及使用；然后讲解服务的基本概念、创建与配置、启动与停止；接着讲解了服务的生命周期所经历的过程、生命周期方法的介绍；最后又讲解了服务的通信，包括本地服务通信与远程服务通信，以及系统服务的使用。关于广播和服务的知识，需要开发者熟练掌握，在日常的开发中经常用到。

学习目标

1. 理解广播机制及其分类
2. 掌握自定义广播的使用
3. 掌握 Service 组件的生命周期
4. 掌握 Service 组件的创建及其使用
5. 掌握 Service 组件的通信

实践任务

任务1　账号异地登录监控

任务2　使用 IntentService 模拟图片上传

8.1 广播机制

Android 应用与 Android 系统和其他 Android 应用之间可以相互收发广播消息，系统经常需要在完成一些操作以后，发送广播，比如发出短信或打出一个电话。因为它只负责发送消息，而不管接收方如何处理，所以叫它广播。某个程序接收到这个广播，就会做出相应的处理。

这些广播会在所关注的事件发生时发送。例如，Android 系统会在发生各种系统事件时发送广播，例如系统启动或设备开始充电时。再比如，应用可以发送自定义广播来通知其他应用它们可能感兴趣的事件。应用可以注册接收特定的广播。广播发出后，系统会自动将广播发送给同意接收这种广播的应用。它可以被多个应用程序所接收，也可以不被任何应用程序所接收。

Android 中的广播(Broadcast)机制用于进程/线程间通信，类似于消息的发布/订阅事件模型，该模型中的消息发布者是广播机制中的广播发送者，消息订阅者是广播机制中的广播接收者。广播机制的具体实现流程，如图 8.1 所示。

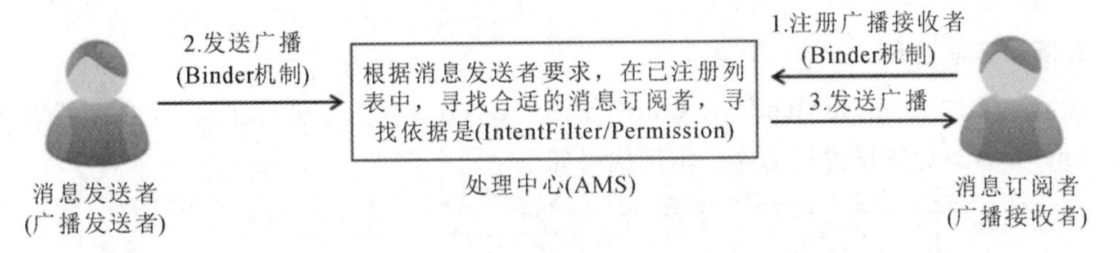

图 8.1　广播机制的具体实现流程

图 8.1 中的广播机制的实现流程具体如下：

(1) 广播接收者通过 Binder 机制在 AMS(Activity Manager Service)中进行注册。

(2) 广播发送者通过 Binder 机制向 AMS 发送广播。

(3) AMS 查找符合相应条件（IntentFilter/Permission）的广播接收者(BroadcastReceiver)，将广播发送到相应的消息循环队列中。

(4) 执行消息循环时获取到此广播，会回调广播接收者(BroadcastReceiver)中的 onReceive()方法并在该方法中进行相关处理。

8.1.1 广播的使用

Android 提供了一套完整的 API，允许应用程序自由地发送和接收广播，发送广播需要借助之前学习的 Intent 对象，而接收广播则需要引入一个新的概念——广播接收器(BroadcastReceiver)。BroadcastReceiver 是负责对发送出来的广播进行过滤接收并响应的一类组件。利用它可以很方便地实现不同组件之间的通信，这就好比电台发送广播后，接收者在频道范围内可以收到广播信息。

使用广播时，首先在需要发送信息的地方，把要发送和用于过滤的信息装入一个 Intent 对象，然后通过调用 Context. sendBroadcast()、sendOrderBroadcast()或者 sendStickyBroadcast()方法，将 Intent 对象以广播的方式发送出去。

当 Intent 发送以后，所有已经注册的 BroadcastReceiver 会检查注册时的 IntentFilter 是否与发送的 Intent 相匹配，若匹配则会调用 BroadcastReceiver 的 onReceive()方法。实现 BroadcastReceiver 的方式很简单，子类只需要实现 BroadcastReceiver 的 onReceiver()方法即可。实现该类之后，需要为该 BroadcastReceiver 指定能匹配的 Intent。这就像是电台与接收者定好的频道一样，只有对上频道才会把消息传递出去并被收到。具体使用方式有以下两种：

1. 上下文注册的接收器

在上下文中注册也称为动态注册，是指在代码中先定义并设置好一个 IntentFilter 对象，然后在需要注册的地方调用 Context. registerReceiver()方法，如果取消注册就调用 Context. unregisterReceiver()方法。如果动态方式注册的广播的 Context 对象被销毁，BroadcastReceiver 就会自动取消注册。在代码中配置的示例代码如下。

```
BroadcastReceiver br=new MyBroadcastReceiver();
MyReceiver IntentFilter filter= new IntentFilter(ConnectivityManager.CONNECTIVITY_
ACTION);
filter.addAction(Intent.ACTION_AIRPLANE_MODE_CHANGED);
this.registerReceiver(br, filter);
```

2. 清单声明注册

在清单文件 AndroidManifest. xml 中使用<receiver>标签进行注册，并在标签内使用<intent-filter>标签设置过滤器。示例代码如下。

```
<receiver android:name=".MyBroadcastReceiver"android:exported="true">
    <intent-filter>
        <action android:name="android.intent.action.BOOT_COMPLETED"/>
        <action android:name="android.intent.action.INPUT_METHOD_CHANGED"/>
    </intent-filter>
</receiver>
```

需要注意的是，onReceive()方法中不能执行耗时操作，如果长期执行，则会导致 ANR (Application No Response)。如果不可避免地要在 BroadcastReceiver 中使用耗时操作，建议使用 Service 完成该操作。

8.1.2 广播的类型

Android 中的广播主要分为两种类型：普通广播和有序广播。

1. 普通广播

普通广播(normal broadcasts)是完全异步执行，发送广播时所有监听这个广播的广播接收者都会接收到此消息，但接收的顺序不确定。因此，它们之间没有任何先后顺序可言。这种广播的效率会比较高，但同时也意味着它是无法被截断的。普通广播的工作流程如图 8.2 所示。

2. 有序广播

有序广播(ordered broadcasts)则是一种同步执行的广播，在广播发出之后，同一时刻只会有一个广播接收者能够收到这条广播消息，当这个广播接收者中的逻辑执行完毕后，广播

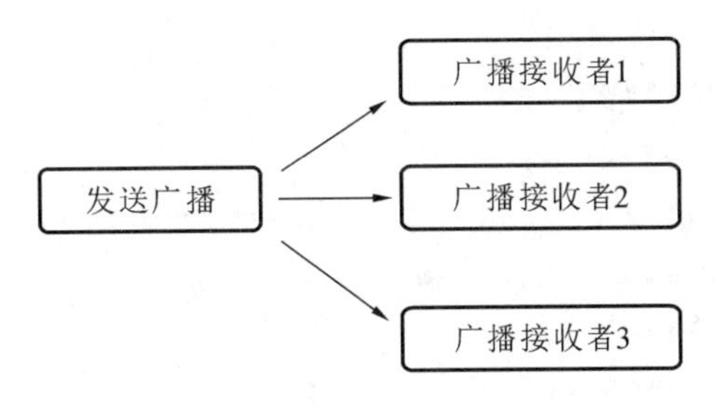

图 8.2　普通广播的工作流程

才会继续传递。所以,此时的广播接收者是有先后顺序的,优先级高的广播接收者就可以先收到广播消息,并且前面的广播接收者还可以截断正在传递的广播,这样后面的广播接收者就无法收到广播消息了。有序广播的工作流程如图 8.3 所示。

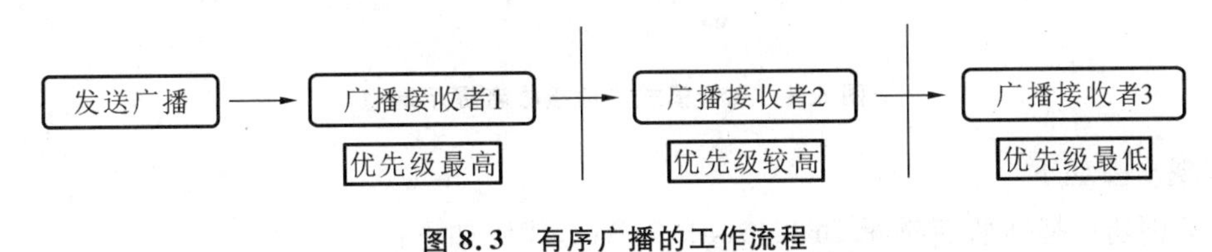

图 8.3　有序广播的工作流程

有序广播需要设置优先级,代码如下:

```
//动态注册 MyReceiver 广播
MyReceiver  receiverOne=new MyReceiver();
IntentFilter filter=new IntentFilter();
filter.setPriority(999);
filter.addAction("Intercept");
registerReceiver(receiverOne,filter);
```

在 setPriority 中参数的数值越大,优先级越高。如果两个广播接收者的优先级相同,则先注册的广播接收者优先级高。

◆ 8.1.3　广播接收者

Android 内置了很多系统级别的广播,开发者可以在应用程序中监听这些广播来得到各种系统的状态信息。比如手机开机完成后会发出一条广播,电池的电量发生变化会发出一条广播,时间或时区发生改变也会发出一条广播。如果想要接收到这些广播,就需要使用广播接收者。

广播接收者可以对自己感兴趣的广播进行注册,这样当有相应的广播发出时,广播接收者就能够收到该广播,并在内部处理相应的逻辑。接下来使用动态注册的方式编写一个能够监听网络变化的程序。

示例 8.1 使用动态注册广播接收飞行模式状态。

使用动态注册广播的方式接收系统的飞行模式状态广播,实现监听飞行模式状态的功能,当飞行模式打开后弹出提示消息,飞行模式关闭后也弹出提示消息,如图 8.4 所示。

图 8.4　飞行模式广播接收者提示消息

实现步骤如下：

（1）创建广播接收者继承 BroadcastReceiver，代码如下：

```
package com.qcxy.chapter8;

import android.content.BroadcastReceiver;
import android.content.Context;
import android.content.Intent;
import android.widget.Toast;

public class FlyModelReceiver extends BroadcastReceiver {

    @Override
    public void onReceive(Context context, Intent intent) {
        // 获取飞行模式状态
        boolean state=intent.getExtras().getBoolean("state");
        if(state) {
            Toast.makeText(context,"飞行模式开启",Toast.LENGTH_SHORT).show();
        } else {
            Toast.makeText(context,"飞行模式关闭",Toast.LENGTH_SHORT).show();
        }
    }
}
```

（2）创建 Activity，在 onCreate 方法中注册广播接收者，在 onDestory 方法中注销广播接收者。代码如下：

```
package com.qcxy.chapter8;

import androidx.appcompat.app.AppCompatActivity;
```

```
import android.content.Intent;
import android.content.IntentFilter;
import android.os.Bundle;

public class FlyModelActivity extends AppCompatActivity {
    private FlyModelReceiver flyModelReceiver;
    @Override
    protected void onCreate(Bundle savedInstanceState) {
        super.onCreate(savedInstanceState);
        setContentView(R.layout.activity_fly_model);
        //创建并注册广播接收者
        flyModelReceiver=new FlyModelReceiver();
        IntentFilter filter=new IntentFilter();
        filter.addAction(Intent.ACTION_AIRPLANE_MODE_CHANGED);
        registerReceiver(flyModelReceiver,filter);
    }

    @Override
    protected void onDestroy() {
        super.onDestroy();
        //注销
        unregisterReceiver(flyModelReceiver);
    }
}
```

（3）在清单文件中，会自动生成如下信息，如果没有需要添加此代码：

```
<receiver
    android:name=".FlyModelReceiver"
    android:enabled="true"
    android:exported="true"/>
```

动态注册的广播接收者可以自由地控制注册和注销，动态注册广播。动态注册的广播接收者是否被注销依赖于注册广播的组件，当组件销毁时，广播接收者也随之被注销。这在灵活性方面有很大的优势。

如果使用在清单文件中声明方式注册，代码要修改成如下：

```
<receiver
    android:name=".FlyModelReceiver"
    android:enabled="true"
    android:exported="true">
    <intent-filter>
        <action android:name="android.intent.action.AIRPLANE_MODE"/>
    </intent-filter>
</receiver>
```

如果在清单文件中声明广播接收者，系统会在广播发出后启动应用程序（如果应用程序尚未运行）。

> 注意：在 API 级别 26 或更高级别的平台版本上，则不能使用清单文件为隐式广播（没有明确针对某一应用的广播）声明广播接收者，但一些不受此限制的隐式广播除外。在大多数情况下，可以使用调度作业来代替。

8.2 自定义广播

8.2.1 全局广播

当系统提供的广播不能满足实际需求时，可以自定义广播，同时需要编写对应的广播接收者。其结构如图 8.5 所示。

当自定义广播发送消息时，会储存到公共消息区中，而公共消息区中如果存在对应的广播接收者，就会及时地接收这条信息。

示例 8.2 发送和接收自定义广播。

运行程序，显示如图 8.6 所示的界面。

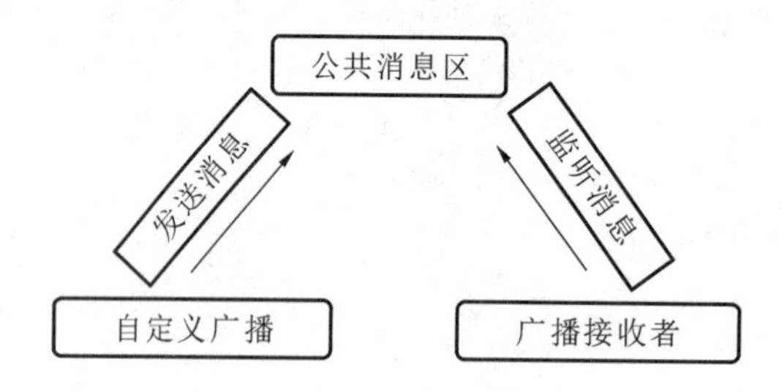

图 8.5 定义广播与接收广播

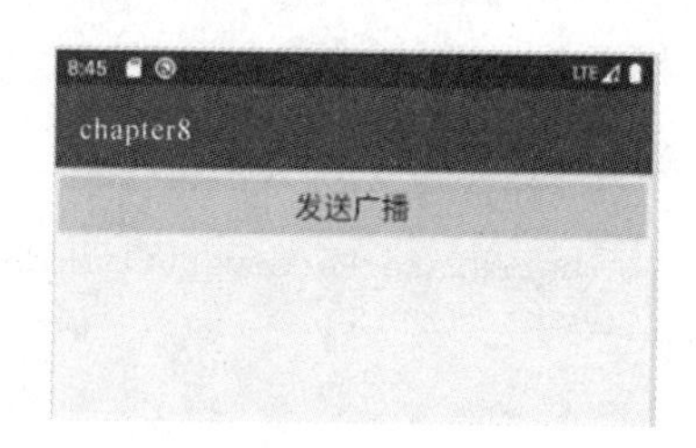

图 8.6 发送广播界面

点击【发送广播】按钮，广播接收者接收到广播后显示如下日志信息，如图 8.7 所示。

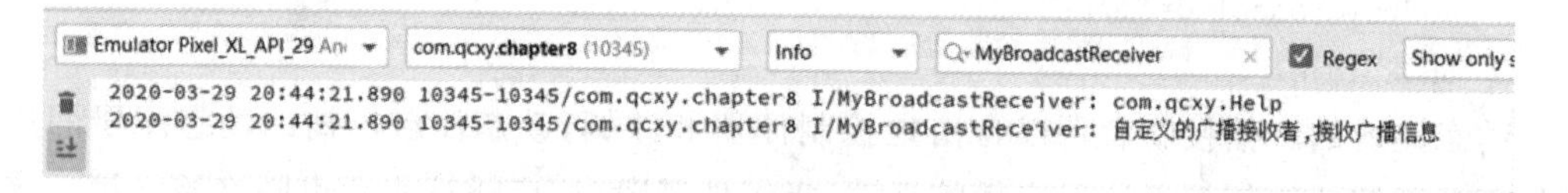

图 8.7 接收到广播后输出日志信息

实现步骤如下：

(1) 创建布局文件，代码如下：

```
<?xml version="1.0"encoding="utf-8"?>
<RelativeLayout xmlns:android="http://schemas.android.com/apk/res/android"
    xmlns:app="http://schemas.android.com/apk/res- auto"
    xmlns:tools="http://schemas.android.com/tools"
    android:layout_width="match_parent"
    android:layout_height="match_parent"
    tools:context=".SendBroadcastActivity">
```

```
    <Button
        android:id="@+id/btnSendBroadcast"
        android:layout_width="match_parent"
        android:layout_height="wrap_content"
        android:layout_alignParentTop="true"
        android:text="发送广播"
        android:textSize="20sp"/>
</RelativeLayout>
```

(2) 创建广播接收者,代码如下:

```
package com.qcxy.chapter8;
import android.content.BroadcastReceiver;
import android.content.Context;import android.content.Intent;
import android.util.Log;
public class MyBroadcastReceiver extends BroadcastReceiver {
    @Override
    public void onReceive(Context context, Intent intent) {
        Log.i("MyBroadcastReceiver",intent.getAction());
        Log.i("MyBroadcastReceiver", "自定义的广播接收者,接收广播信息");
    }
}
```

(3) 在 Activity 中发送广播,并注册广播接收者,代码如下:

```
packagecom.qcxy.chapter8;

import androidx.appcompat.app.AppCompatActivity;
import android.content.Intent;
import android.content.IntentFilter;
import android.os.Bundle;
import android.view.View;
import android.widget.Button;

public class SendBroadcastActivity extends AppCompatActivity {
    private MyBroadcastReceiver receiver;
    Button btnSendBroadcast;
    @Override
    protected void onCreate(Bundle savedInstanceState) {
        super.onCreate(savedInstanceState);
        setContentView(R.layout.activity_send_broadcast);
        init();
    }

    private void init(){
        receiver=new MyBroadcastReceiver(); //实例化广播接收者
        final String action="com.qcxy.Help";
```

```
        IntentFilter intentFilter=new IntentFilter(action);
        registerReceiver(receiver,intentFilter); //注册广播
        btnSendBroadcast=findViewById(R.id.btnSendBroadcast);
        btnSendBroadcast.setOnClickListener(new View.OnClickListener() {
            @Override
            public void onClick(View view) {
                Intent intent=new Intent();
                //定义广播的事件类型
                intent.setAction(action);
                sendBroadcast(intent);//发送广播
            }
        });
    }
    @Override
    protected void onDestroy() {
        super.onDestroy();
        unregisterReceiver(receiver);
    }
}
```

如果注册多个广播接收者，可以定义优先级来确定广播的接收顺序。下面使用有序广播完成，代码如下：

（1）创建多个广播接收者，代码如下：

```
public class MyBroadcastReceiverOne extends BroadcastReceiver {

    @Override
    public void onReceive(Context context, Intent intent) {
        Log.i("BroadcastReceiverOne", "自定义的广播接收者 One,接收到了广播事件");
    }
}

public class MyBroadcastReceiverTwo extends BroadcastReceiver {

    @Override
    public void onReceive(Context context, Intent intent) {
        Log.i("BroadcastReceiverTwo", "自定义的广播接收者 Two,接收到了广播事件");
        //拦截有序广播    abortBroadcast();
        //Log.i("BroadcastReceiverTwo","我是广播接收者 Two,广播被我拦截了");
    }
}

public class MyBroadcastReceiverThree extends BroadcastReceiver {
```

```
    @Override
    public void onReceive(Context context, Intent intent) {
        Log.i("BroadcastReceiverThree", "自定义的广播接收者 Three,接收到了广播事件");
    }
}
```

(2) 在 Activiy 中设置多个广播接收者的优先级,并使用。代码如下:

```
public class MainActivity extends AppCompatActivity {
    MyBroadcastReceiverOne one;
    MyBroadcastReceiverTwo two;
    MyBroadcastReceiverThree three;

    @Override
    protected void onCreate(Bundle savedInstanceState) {
        super.onCreate(savedInstanceState);
        setContentView(R.layout.activity_main);
        registerReceiver();
        init();
    }
    private void registerReceiver(){
        //动态注册 MyBroadcastReceiverTwo 广播
        two=new MyBroadcastReceiverTwo();
        IntentFilter filter2=new IntentFilter();
        filter2.setPriority(999);
        filter2.addAction("com.qcxy.intercept");
        registerReceiver(two,filter2);
        //动态注册 MyBroadcastReceiverOne 广播
        one=new MyBroadcastReceiverOne();
        IntentFilter filter1=new IntentFilter();
        filter1.setPriority(800);
        filter1.addAction("com.qcxy.intercept");
        registerReceiver(one,filter1);
        //动态注册 MyBroadcastReceiverThree 广播
        three=new MyBroadcastReceiverThree();
        IntentFilter filter3=new IntentFilter();
        filter3.setPriority(600);
        filter3.addAction("com.qcxy.intercept ");
        registerReceiver(three,filter3);
    }
```

```
    private void init() {
        Button btn_send=findViewById(R.id.btn_send);
        btn_send.setOnClickListener(new View.OnClickListener() {
            @Override
            public void onClick(View view) {
                Intent intent=new Intent();
                intent.setAction("com.qcxy.intercept"); //定义广播的事件类型
                sendOrderedBroadcast(intent,null);      // 发送广播
            }
        });
    }

    @Override
    protected void onDestroy() {
        super.onDestroy();
        unregisterReceiver(one);
        unregisterReceiver(two);
        unregisterReceiver(three);
    }
}
```

如果在有序广播中需要拦截其他接收者，可以通过在上一个接收者中使用abortBroadcast()来实现。

8.2.2 本地广播

前面介绍的发送和接收的广播均属于系统全局广播，即发出的广播可以被其他任何应用程序接收到，并且我们也可以接收来自其他任何应用程序的广播。这样很容易引起安全性的问题，比如，发送的一些携带关键性数据的广播有可能被其他的应用程序截获，或者其他的应用程序不停地向我们的广播接收者发送各种垃圾广播。

为了能够简单地解决广播的安全性问题，Android 引入了一套本地广播机制，使用这个机制发出的广播只能够在应用程序的内部进行传递，并且广播接收者也只能接收来自本应用程序发出的广播，这样所有的安全性问题就都不复存在了。

本地广播的使用方法并不复杂，主要是使用一个 LocalBroadcastManager 来对广播进行管理，并提供了发送广播和注册广播接收者的方法。

示例 8.3 本地广播的使用。

使用本地广播时通过 LocalBroadcastManager 的 getInstance()方法获取它的实例。然后在注册广播接收者时调用 LocalBroadcastManager 实例的 registerReceiver()方法，在发送广播的时候调用 LocalBroadcastManager 实例的 sendBroadcast()方法。

本示例通过按钮的点击事件发出一条 action 值为 com.qcxy.LOCAL_BROADCAST 的广播，然后在 LocalReceiver 中接收到这条广播。运行程序，点击【发送本地广播】按钮，查看运行结果，如图 8.8 所示。

图 8.8　接收到本地广播

实现步骤如下：

(1) 新建一个工程，修改 Activity 的布局文件 activit_local.xml，在布局中添加一个 Button 按钮，用于发送本地广播。代码如下：

```
<LinearLayout
    xmlns:android="http://schemas.android.com/apk/res/android"
    xmlns:tools="http://schemas.android.com/tools"
    android:layout_width="match_parent"
    android:layout_height="match_parent"
    tools:context=".LocalActivity"
    android:orientation="vertical">
    <Button
        android:id="@+id/button"
        android:layout_width="match_parent"
        android:layout_height="wrap_content"
        android:text="发送本地广播"/>
</LinearLayout>
```

(2) 修改 MainActivity 的代码，添加按钮的点击事件，在点击事件中发送本地广播，并注册本地广播监听器，在监听器的 onReceive()方法中弹出 Toast 提示。代码如下：

```
package com.qcxy.chapter8;
import androidx.appcompat.app.AppCompatActivity;
import androidx.localbroadcastmanager.content.LocalBroadcastManager;
import android.content.BroadcastReceiver;
import android.content.Context;
import android.content.Intent;
```

```
import android.content.IntentFilter;
import android.os.Bundle;
import android.view.View;
import android.widget.Button;
import android.widget.Toast;
public class LocalActivity extends AppCompatActivity {
    private LocalReceiver localReceiver;
    private LocalBroadcastManager localBroadcastManager;
    @Override
    protected void onCreate(Bundle savedInstanceState) {
        super.onCreate(savedInstanceState);
        setContentView(R.layout.activity_local);
        localBroadcastManager=LocalBroadcastManager.getInstance(this);
        Button button=findViewById(R.id.button);
        button.setOnClickListener(new View.OnClickListener() {
            @Override
            public void onClick(View view) {
                Intent intent=new Intent("com.qcxy.LOCAL_BROADCAST");
                localBroadcastManager.sendBroadcast(intent);
            }
        });
        IntentFilter intentFilter=new IntentFilter();
        intentFilter.addAction("com.qcxy.LOCAL_BROADCAST");
        localReceiver=new LocalReceiver();
        localBroadcastManager.registerReceiver(localReceiver,intentFilter);
    }
    @Override
    protected void onDestroy() {
        super.onDestroy();
        localBroadcastManager.unregisterReceiver(localReceiver);
    }
    class LocalReceiver extends BroadcastReceiver {
        @Override
        public void onReceive(Context context, Intent intent) {
            Toast.makeText(context,"接收到本地广播",Toast.LENGTH_SHORT).show();
        }
    }
}
```

注意：本地广播无法通过静态注册的方式来接收，因为静态注册主要是为了让程序在未启动的情况下也能接收广播，而本地广播只能在应用内使用，所以发送本地广播时，应用程序必须处于启动状态，本地广播完全不需要使用静态注册。

8.3 Service 概述

Service 是一种可在后台执行长时间运行操作而不提供界面的应用组件。服务可由其他应用组件启动，而且即使用户切换到其他应用，服务仍将在后台继续运行。此外，组件可通过绑定到服务与之进行交互，甚至是执行进程间通信（IPC）。例如，服务可在后台处理网络事务、播放音乐、执行文件 I/O 或与内容提供程序进行交互。

8.3.1 创建和使用服务

自定义 Service 需要继承 Service 类，接下来将详细介绍 Service 的创建和配置。Service 的创建过程与 Activity 很相似，首先定义一个继承 Service 的子类，然后在清单文件 AndroidManifest.xml 中配置该 Service。开发 Service 的步骤如下：

(1) 创建 Service 子类。创建一个 MyService 类继承 Service，此时该类会自动实现 onBind()方法。

```
public class MyService  extends Service {
  @Override
  public IBinder onBind(Intent intent) {
      return null;
  }
}
```

上述代码中创建了一个 MyService 类继承 Service，在该类中实现了一个 onBind()方法。Service 方法如表 8.1 所示。

表 8.1 Service 方法

方法	说明
IBinder onBind(Intent intent)	Service 子类必须实现的方法，应用程序可通过返回的 IBinder 对象与 Service 组件通信
void onCreate()	Service 第一次被创建时调用
void onDestory()	Service 被关闭之前被回调
void onStartCommand(Intent intent, int flags, int startId)	当客户端通过 startService(Intent)启动该 Service 时都会回调该方法
boolean onUnbind(Intent intent)	该 Service 上绑定的所有客户端都断开连接时回调该方法

需要注意的是，Service 与 Activity 都是从 Context 派生出来的，因此它们都可以调用 Context 里定义的如 getResources()、getContentResolver()等方法。

(2) 在清单文件中配置。

由于 Service 是 Android 中的四大组件之一，因此需要在清单文件中注册：

```
<application
...
  <service android:name=". MyService "> </service>
</application>
```

以上就是 Service 组件的创建与配置，需要注意的是创建完成以后，一定要在清单文件中配置，否者服务是无效的。

当 Service 创建与配置完成以后，接下来就可以在程序中运行该 Service 了。在 Android 系统中运行 Service 有如下两种方式：

（1）通过 Context 的 startService()方法：通过该方法启动 Service，访问者与 Service 之间没有关联，即使访问者退出，Service 也仍然在运行。通过 startService()方法启动服务代码如下：

```
Intent intent= new Intent(this,MyService.class);
startService(intent);//开启服务
stopService(intent);//关闭服务
```

（2）通过 Context 的 bindService()方法：通过此方法启动 Service，访问者与 Service 绑定在一起，访问者一旦退出，Service 也被销毁。

当程序使用 startService()和 stopService()启动和关闭服务时，服务与调用者之间基本不存在太多的关联，因此 Service 无法与访问者进行数据交换和通信等。如果 Service 和访问者之间需要进行通信和数据交换，则应该使用 bindService()和 unbindService()方法启动、关闭 Service。

示例 8.4 创建和启动服务。

（1）在 java 程序包下面点击右键，创建 Service，如图 8.9 所示。

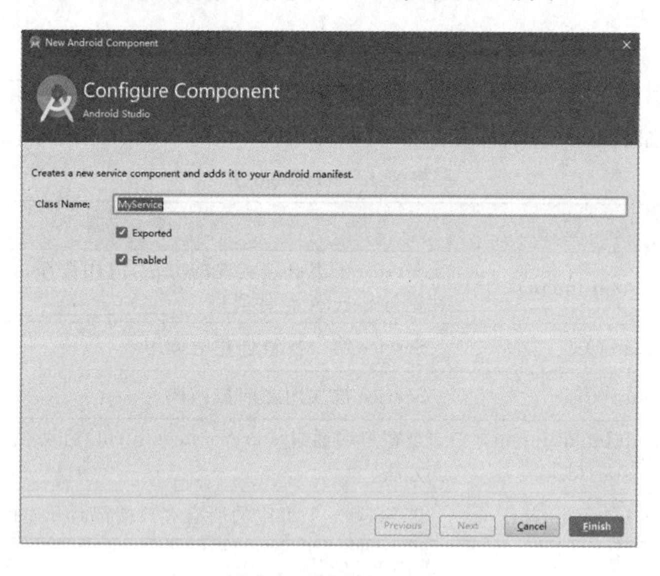

图 8.9　创建 Service

将服务命名为 MyService，Exported 属性表示是否允许除了当前程序之外的其他程序访问这个服务，Enabled 属性表示是否启用这个服务。将两个属性都选中，点击【Finish】按钮完成创建。MyService 继承自 Service 类，Service 类中的抽象方法 onBind()方法必须在子类 MyService 中实现。

（2）在 MyService 中重写 Service 中最常用的 3 个方法：onCreate()方法、onStartCommand()方法和 onDestory()方法。其中 onCreate()方法会在服务创建的时候调用，onStartCommand()方法会在每次服务启动的时候调用，onDestory()方法会在服务销毁的时候调用。MyService类中的代码如下：

```
package com.qcxy.chapter8;

import android.app.Service;
import android.content.Intent;
import android.os.IBinder;
import android.util.Log;

public class MyService extends Service {

    private static final String TAG="MyService";

    public MyService() {
        Log.d(TAG, "MyService: 构造方法调用");
    }

    @Override
    public IBinder onBind(Intent intent) {
        // TODO: Return the communication channel to the service.
        throw new UnsupportedOperationException("Not yet implemented");
    }

    @Override
    public void onCreate() {
        super.onCreate();
        Log.d(TAG, "onCreate: ");
    }

    @Override
    public int onStartCommand(Intent intent, int flags, int startId) {
        Log.d(TAG, "onStartCommand: ");
        return super.onStartCommand(intent, flags, startId);

    }

    @Override
    public void onDestroy() {
        super.onDestroy();
        Log.d(TAG, "onDestroy: ");
    }
}
```

通常情况下，如果希望服务一旦启动就立刻去执行某个动作，可以将逻辑写在onStartCommand()方法中。当服务销毁时，应该在onDestory()方法中回收那些不再使用的资源。

（3）每一个服务都需要在 AndroidManifest. xml 文件中进行注册才能生效，创建 Service 时 Android Studio 已经帮我们完成注册。打开 AndroidManifest. xml 配置文件查看，代码如下：

```
<?xml version="1.0"encoding="utf-8"?>
<manifest xmlns:android="http://schemas.android.com/apk/res/android"
    package="com.qcxy.chapter8">
    <application
        android:allowBackup="true"
        android:icon="@mipmap/ic_launcher"
        android:label="@string/app_name"
        android:roundIcon="@mipmap/ic_launcher_round"
        android:supportsRtl="true"
        android:theme="@style/AppTheme">
<service
            android:name=".MyService"
            android:enabled="true"
            android:exported="true"> </service>

        <activity android:name=".MainActivity">
            <intent-filter>
                <action android:name="android.intent.action.MAIN"/>
                <category android:name="android.intent.category.LAUNCHER"/>
            </intent-filter>
        </activity>
    </application>

</manifest>
```

（4）在布局文件中加入两个按钮，分别用来启动服务和停止服务，代码如下：

```
<?xml version="1.0"encoding="utf-8"?>
<LinearLayout
    xmlns:android="http://schemas.android.com/apk/res/android"
    xmlns:tools="http://schemas.android.com/tools"
    android:layout_width="match_parent"
    android:layout_height="match_parent"
    android:orientation="vertical"
    tools:context=".MainActivity">
    <Button
        android:id="@+id/start_service"
        android:layout_width="match_parent"
        android:layout_height="wrap_content"
        android:text="启动服务"/>
```

```
    <Button
        android:id="@+id/stop_service"
        android:layout_width="match_parent"
        android:layout_height="wrap_content"
        android:text="停止服务"/>
</LinearLayout>
```

(5) 在 Activity 中调用 startService()和 stopService()方法。这 2 个方法均定义在 Context 类中,在 Activity 中可以直接调用这两个方法,代码如下:

```
package com.qcxy.chapter8;

import androidx.appcompat.app.AppCompatActivity;
import android.content.Intent;
import android.os.Bundle;
import android.view.View;
import android.widget.Button;

public class MainActivity extends AppCompatActivity implements View.OnClickListener {
    @Override
    protected void onCreate(Bundle savedInstanceState) {
        super.onCreate(savedInstanceState);
        setContentView(R.layout.activity_main);
        Button startService=findViewById(R.id.start_service);
        Button stopService=findViewById(R.id.stop_service);
        startService.setOnClickListener(this);
        stopService.setOnClickListener(this);
    }
    @Override
    public void onClick(View view) {
        switch (view.getId()) {
            case R.id.start_service:
                //启动服务
                Intent startIntent=new Intent(MainActivity.this,MyService.class);
                startService(startIntent);
                break;
            case R.id.stop_service:
                //停止服务
                Intent stopIntent=new Intent(MainActivity.this,MyService.class);
                stopService(stopIntent);
                break;
            default:
                break;
        }
    }
}
```

运行程序，显示界面如图 8.10 所示。

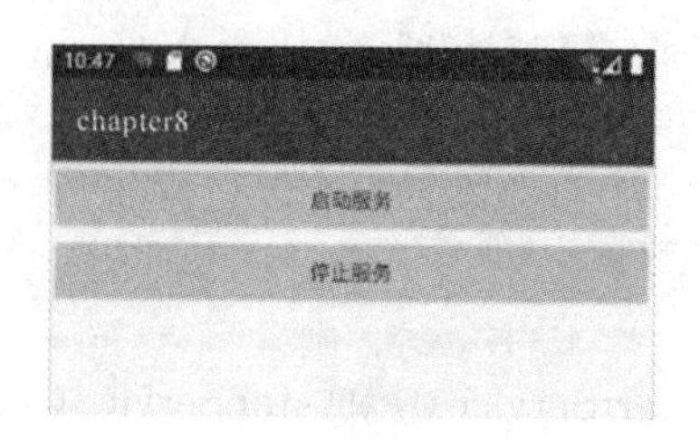

图 8.10　启动服务和停止服务界面

点击【启动服务】按钮，onStartCommand()方法执行了，输出日志信息，如图 8.11 所示。

```
2020-03-28 18:49:26.419 26083-26083/com.qcxy.chapter8 D/MyService: MyService: 构造方法调用
2020-03-28 18:49:26.419 26083-26083/com.qcxy.chapter8 D/MyService: onCreate:
2020-03-28 18:49:26.419 26083-26083/com.qcxy.chapter8 D/MyService: onStartCommand:
```

图 8.11　启动服务日志输出

退出程序后，没有任何输出，再次进入程序，点击【停止服务】按钮，输出如图 8.12 所示的日志信息。

```
2020-03-28 18:54:29.925 26083-26083/com.qcxy.chapter8 D/MyService: onDestroy:
```

图 8.12　停止服务日志输出

MyService 中的 onDestory()方法执行了，说明 MyService 已经停止成功。

在启动服务后，如果多次点击【启动服务】，onStartCommand 会执行多次，onCreate 只会在创建时执行一次，如图 8.13 所示。

```
2020-03-28 18:56:10.984 26083-26083/com.qcxy.chapter8 D/MyService: MyService: 构造方法调用
2020-03-28 18:56:10.985 26083-26083/com.qcxy.chapter8 D/MyService: onCreate:
2020-03-28 18:56:10.985 26083-26083/com.qcxy.chapter8 D/MyService: onStartCommand:
2020-03-28 18:56:24.746 26083-26083/com.qcxy.chapter8 D/MyService: onStartCommand:
2020-03-28 18:56:27.990 26083-26083/com.qcxy.chapter8 D/MyService: onStartCommand:
```

图 8.13　日志输出信息

8.3.2　IntentService 的使用

服务中的代码都是默认运行在主线程当中的，如果直接在线程中去处理一些耗时的逻辑，就很容易出现 ANR 的情况。这时就需要用到 Android 多线程编程的技术，即在每个服务的具体方法中开启一个子线程，去处理这些耗时的逻辑。因此，一个比较标准的服务可以写成如下形式：

```
public int onStartCommand(Intent intent, int flags, int startId) {
        new Thread(new Runnable() {
            @Override
            public void run() {
                // 子线程处理具体的逻辑


                // 处理完成，停止服务 stopSelf();
            }
```

```
        }).start();
        return super.onStartCommand(intent, flags, startId);
    }
```

这种服务一旦启动，就会一直处于运行状态，必须调用 stopService()或者 stopSelf()方法停止服务。

为了更方便地使用多线程，Android 提供了一个 IntentService 类。IntentService 是 Service 的子类，与 Service 对比，IntentService 有以下几个特征。

- IntentService 会创建单独的 worker 线程来处理所有的 Intent 请求。
- IntentService 会创建单独的 worker 线程来处理 onHandleIntent()方法实现的代码，因此开发者无须处理多线程问题。
- 当所有请求处理完成之后，IntentService 会自动停止，因此开发者无须调用 stopSelf()方法来停止该 Service。
- 为 Service 的 onBind()方法提供了默认实现，默认实现的 onBind()方法返回 null。
- 为 Service 的 onStartCommand()方法提供默认实现，该实现会将请求 Intent 添加到队列中。

由此可见，使用 IntentService 实现 Service 时无须重写 onBind()、onStartCommand()方法，只要重写 onHandleIntent()方法即可。而 Service 中并没有自动创建新的线程，本身也不是新线程，因此不能在 Service 中直接处理耗时操作。

创建 IntentService 的子类，如图 8.14 所示。

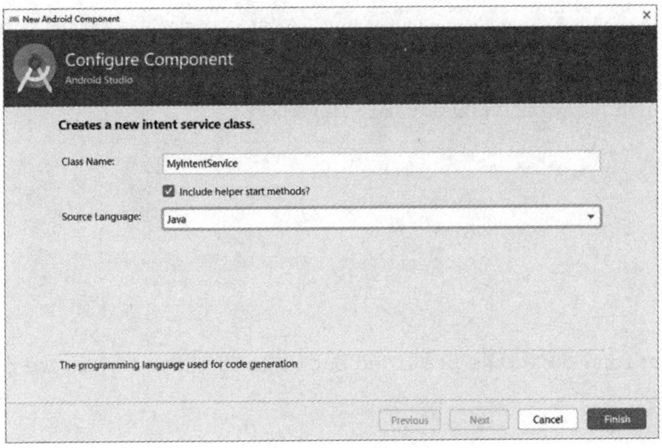

图 8.14　创建 IntentService 的子类

创建完成后，生成主要代码，然后添加日志输出信息。为了验证 onHandleIntent()方法是在子线程中运行的，在方法内打印当前线程的 ID。由于 IntentService 运行结束后会自动停止，所以重新运行 onDestory()方法，并打印日志以验证服务是否停止。代码如下：

```
packagecom.qcxy.chapter8;


import android.app.IntentService;
import android.content.Intent;
import android.util.Log;
```

```
public class MyIntentService extends IntentService {
    private static final String TAG= "MyIntentService";
    public static final String ACTION_FOO= "com.qcxy.chapter8.action.FOO";
    public static final String ACTION_BAZ= "com.qcxy.chapter8.action.BAZ";
    public static final String EXTRA_PARAM1= "com.qcxy.chapter8.extra.PARAM1";
    public static final String EXTRA_PARAM2= "com.qcxy.chapter8.extra.PARAM2";

    public MyIntentService() {
        super("MyIntentService");
    }

    @Override
    protected void onHandleIntent(Intent intent) {
        Log.d(TAG, "onHandleIntent: Thread id is "+Thread.currentThread().getId());
        if (intent !=null) {
            final String action= intent.getAction();
            if (ACTION_FOO.equals(action)) {
                final String param1= intent.getStringExtra(EXTRA_PARAM1);
                final String param2= intent.getStringExtra(EXTRA_PARAM2);
                handleActionFoo(param1, param2);
            } else if (ACTION_BAZ.equals(action)) {
                final String param1= intent.getStringExtra(EXTRA_PARAM1);
                final String param2= intent.getStringExtra(EXTRA_PARAM2);
                handleActionBaz(param1, param2);
            }
        }
    }

    /**
     * Handle action Foo in the provided background thread with the provided
     * parameters.
     */
    private void handleActionFoo(String param1, String param2) {
        // TODO: Handle action Foo
        throw new UnsupportedOperationException("Not yet implemented");
    }

    /**
     * Handle action Baz in the provided background thread with the provided
     * parameters.
     */
    private void handleActionBaz(String param1, String param2) {
        // TODO: Handle action Baz
```

```
        throw new UnsupportedOperationException("Not yet implemented");
    }
    @Override
    public void onDestroy() {
        super.onDestroy();
        Log.d(TAG, "onDestroy: onDestoy executed");
    }
}
```

MyIntentService 提供了一个无参的构造函数，必须在其内部调用父类的有参构造函数。在 IntentService 的子类中需要实现 onHandleIntent()抽象方法，该方法在子线程中运行，可以在这里处理一些具体的逻辑，而不用担心 ANR 的问题。

8.4 服务通信

Android 系统中，服务的通信方式有两种：本地服务通信和远程服务通信。

8.4.1 本地服务通信

本地服务通信是指应用程序内部的通信。使用服务进行本地通信时，首先需要开发一个 Service 类，该类会提供一个 IBinder onBind(Intent intent)方法，onBind()方法返回的 IBinder 对象会作为参数传递给 ServiceConnection 类中 onServiceConnected(Component name, IBinder service)方法，这样访问者即可通过 IBinder 对象与 Service 进行通信。实现原理如图 8.15 所示。

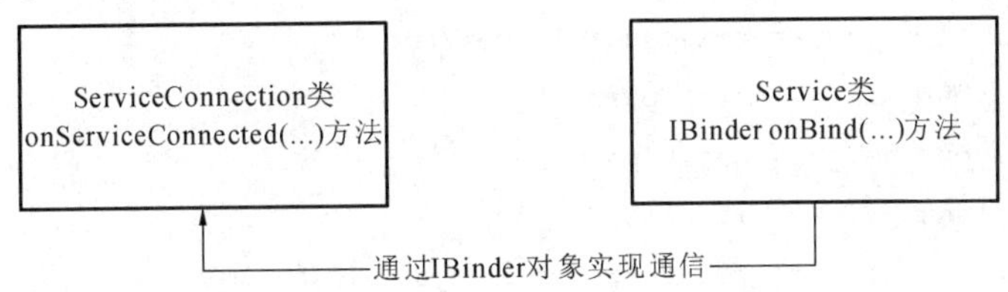

图 8.15 通过 IBinder 对象实现通信

Context 的 bindService()方法的完整参数为 bindService(Intent service, ServiceConnection conn, int flags)，而 startService()方法中只有一个参数 startService(Intent service)。因此，当 Service 和访问者之间需要进行方法调用或交换数据时，则应该使用 bindService()和 unbindService()方法启动、关闭 Service。

关于 bindService()的三个参数释义如表 8.2 所示。

表 8.2 bindService()参数释义

参　　数	说　　明
Intent service	通过 Intent 指定要启动的 Service
ServiceConnection conn	用于监听访问者与 Service 之间的连接情况。两者连接成功时回调 ServiceConnection 对象的 onServiceConnected()方法；断开连接时回调 onServiceDisconnected()方法
int flags	指定绑定时是否自动创建 Service

其实 ServiceConnection 对象的 onServiceConnected()方法中包含一个 IBinder 对象,通过该对象就可以实现与绑定的 Service 之间的通信。

8.4.2 远程服务通信

远程服务通信主要是为了实现不同应用程序之间的通信。远程服务通信是通过 AIDL(Android interface definition language)实现的,它是一种接口定义语言。开发人员定义的 AIDL 接口只是定义了进程之间的通信接口,服务器端、客户端都需要使用 Android SDK 安装目录下的 platform-tools 子目录下的 aidl.exe 工具为接口提供实现。

本地服务通信控制音乐播放。

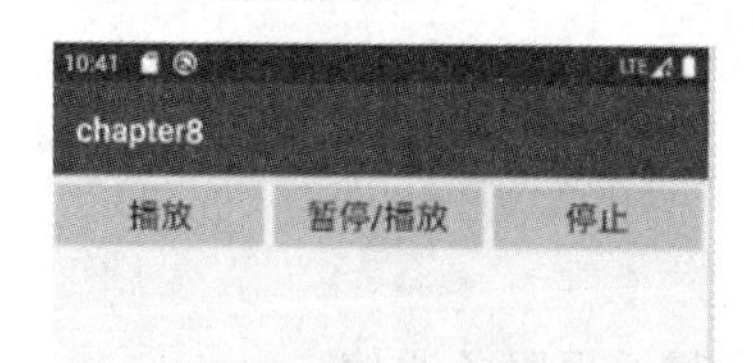

图 8.16 播放界面

使用 Activity 与服务的通信实现音乐播放、暂停/播放和停止播放功能,如图 8.16 所示。

点击【播放】按钮,播放音乐,能够支持音乐后台播放;点击【暂停/播放】按钮,如果应用处于播放状态则暂停,否则继续播放;点击【停止】按钮,停止播放音乐,再次点击【播放】按钮则可以重新播放音乐。

实现步骤如下:

(1) 修改 Activity 的布局文件,在布局文件中添加 3 个按钮,分别用于控制音乐的播放、暂停和停止。代码如下:

```
<?xml version="1.0"encoding="utf-8"?>
<LinearLayout
    xmlns:android="http://schemas.android.com/apk/res/android"
    xmlns:tools="http://schemas.android.com/tools"
    android:layout_width="match_parent"
    android:layout_height="match_parent"
    android:orientation="horizontal"
    tools:context=".MusicActivity">
    <Button
        android:id="@+id/play"
        android:layout_width="0dp"
        android:layout_weight="1"
        android:layout_height="wrap_content"
        android:textSize="20sp"
        android:text="播放"/>
    <Button
        android:id="@+id/pause"
        android:layout_width="0dp"
        android:layout_weight="1"
        android:layout_height="wrap_content"
        android:textSize="20sp"
        android:text="暂停/播放"/>
```

```
    <Button
        android:id="@+id/stop"
        android:layout_width="0dp"
        android:layout_weight="1"
        android:layout_height="wrap_content"
        android:textSize="20sp"
        android:text="停止"/>
</LinearLayout>
```

（2）在工程中添加音乐播放的服务，在服务中创建内部类 MusicControlBinder 类用于和 Activity 进行交互，在 MusicControlBinder 类中添加播放音乐、暂停音乐和停止音乐的方法。代码如下：

```
package com.qcxy.chapter8;

import android.app.Service;
import android.content.Intent;
import android.media.MediaPlayer;
import android.os.Binder;
import android.os.IBinder;

public class MusicService extends Service {
    public MusicService() {
    }

    private MediaPlayer mediaPlayer;
    private MusicControlBinder binder=new MusicControlBinder();

    @Override
    public IBinder onBind(Intent intent) {
        return binder;
    }
    @Override
    public void onCreate() {
        super.onCreate();
        mediaPlayer=MediaPlayer.create(this,R.raw.test);
        mediaPlayer.setLooping(true);
    }
    class MusicControlBinder extends Binder {
        public void musicPlay() {
            if(mediaPlayer !=null && ! mediaPlayer.isPlaying()) {
                mediaPlayer.start();
            }
        }
        public void musicPause() {
```

```
            if(mediaPlayer != null) {
                if(mediaPlayer.isPlaying()){
                    mediaPlayer.pause();
                } else {
                    mediaPlayer.start();
                }
            }
        }
        public void musicStop() {
            if(mediaPlayer != null && mediaPlayer.isPlaying()) {
                mediaPlayer.stop();
                mediaPlayer=MediaPlayer.create(MusicService.this,R.raw.test);
                mediaPlayer.setLooping(true);
            }
        }
        public void destory() {
            if(mediaPlayer != null) {
                mediaPlayer.stop();
                mediaPlayer.release();
                mediaPlayer=null;
            }
        }
    }

}
```

（3）在 MainActivity 的 onCreate()方法中绑定 MusicService，在 onDestory()方法中解绑 MusicService，MainActivity 与 MusicService 绑定成功后，获取 MusicControlBinder 对象，在按钮的点击事件中，调用 MusicControlBinder 对象的相应方法，实现音乐的播放、暂停和停止功能。代码如下：

```
package com.qcxy.chapter8;

import androidx.appcompat.app.AppCompatActivity;

import android.content.ComponentName;
import android.content.Intent;
import android.content.ServiceConnection;
import android.os.Bundle;
import android.os.IBinder;
import android.view.View;
import android.widget.Button;

public class MusicActivity extends AppCompatActivity implements View.OnClickListener {
```

```
    private MusicService.MusicControlBinder binder;
    @Override
    protected void onCreate(Bundle savedInstanceState) {
        super.onCreate(savedInstanceState);
        setContentView(R.layout.activity_music);
        Button play=findViewById(R.id.play);
        play.setOnClickListener(this);
        Button pause=findViewById(R.id.pause);
        pause.setOnClickListener(this);
        Button stop=findViewById(R.id.stop);
        stop.setOnClickListener(this);

        Intent intent=new Intent(this, MusicService.class);
        bindService(intent,connection,BIND_AUTO_CREATE);
    }

    private ServiceConnection connection=new ServiceConnection() {
        @Override
        public void onServiceConnected(ComponentName componentName, IBinder iBinder) {
            binder=(MusicService.MusicControlBinder) iBinder;
        }
        @Override
        public void onServiceDisconnected(ComponentName componentName) {
            binder.destory();
        }
    };

    @Override
    protected void onDestroy() {
        super.onDestroy();
        unbindService(connection);
    }
    @Override
    public void onClick(View view) {
        switch (view.getId()) {
            case R.id.play:
                if(binder !=null) {
                    binder.musicPlay();
                }
                break;
            case R.id.pause:
                if(binder !=null) {
                    binder.musicPause();
                }
```

```
                break;
            case R.id.stop:
                if(binder !=null) {
                    binder.musicStop();
                }
                break;
            default:
                break;
        }
    }
}
```

8.5 Service 的生命周期

服务也有自己的生命周期，根据其启动方式的不同，其生命周期有两种，如图 8.17 所示。

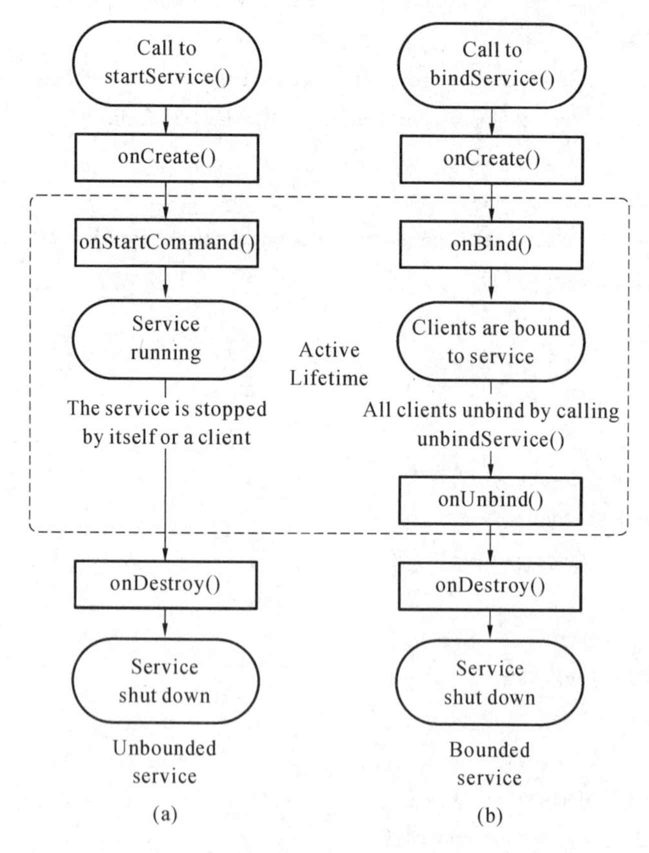

图 8.17　Service 的生命周期

使用 startService()方法来启动 Service 时，其生命周期如图 8.17(a)所示。服务会先执行 onCreate()方法，接着执行 onStartCommand()方法，此时服务处于运行状态，直到自身调用 stopSelf()方法或者访问者调用 stopService()方法时服务停止，最终被系统销毁。这种方式开启的服务会长期在后台运行，与访问者的状态没有关系。

当使用 bindService()方法启动 Service 时，其生命周期如图 8.17(b)所示。当其他组件调用 bindService()方法时，服务首先被创建，接着访问者通过 Ibinder 接口与服务通信。访问者通过 unbindService()方法关闭连接，当多个访问者绑定在一个服务上，当它们都解除绑定时，服务就会被直接销毁。这种方式开启的服务与访问者有关，调用者销毁时，服务也会被销毁。

当使用 bindService()方法绑定一个已启动的 Service 时，系统只是把 Service 内部的 IBinder 对象传给访问者(比如 Activity)，并不是把该 Service 整个生命周期完全绑定给访问者，因而当访问者调用 unBindService()方法取消与该 Service 的绑定时，也只是切断了访问者与 Service 的联系，并没有停止 Service 运行，除非调用 onDestroy()方法。

服务生命周期的回调方法如下：

onCreate()：第一次创建服务时执行的方法。

onDestory()：服务被销毁时执行的方法。

onStartCommand()：访问者通过 startService(Intent service)启动服务时执行的方法。

onBind()：使用 bindService()方式启动服务调用的方法。

onUnbind()：解除绑定时调用的方法。

示例 8.6 调用服务生命周期中的回调方法输出日志。

(1) 创建服务并注册：

```
packagecom.qcxy.chapter8;

import android.app.Service;
import android.content.Intent;
import android.os.Binder;
import android.os.IBinder;
import android.util.Log;

public class MyServiceLife extends Service {

    private static final String TAG= "MyServiceLife";
    private MyBinder myBinder=new MyBinder();
    public MyServiceLife() {
    }

    @Override
    public IBinder onBind(Intent intent) {
        Log.d(TAG, "onBind: ");
        return myBinder;
    }

    @Override
```

```
    public void onCreate() {
        Log.d(TAG, "onCreate: ");
        super.onCreate();
    }
    @Override
    public int onStartCommand(Intent intent, int flags, int startId) {
        Log.d(TAG, "onStartCommand: ");
        return super.onStartCommand(intent, flags, startId);
    }

    @Override
    public boolean onUnbind(Intent intent) {
        Log.d(TAG, "onUnbind: ");
        return super.onUnbind(intent);
    }

    @Override
    public void onDestroy() {
        Log.d(TAG, "onDestroy: ");
        super.onDestroy();
    }


    class MyBinder extends Binder {
        public void startWrok() {
            Log.d(TAG, "startWork executed");
        }
        public int getProgress() {
            Log.d(TAG, "getProgress executed");
            return 0;
        }
    }

}
```

清单文件中生成的代码如下：

```
<service
    android:name=".MyServiceLife"
    android:enabled="true"
    android:exported="true"/>
```

（2）修改布局文件，代码如下：

```
<?xml version="1.0"encoding="utf-8"?>
<LinearLayout xmlns:android="http://schemas.android.com/apk/res/android"
    xmlns:app="http://schemas.android.com/apk/res-auto"
    xmlns:tools="http://schemas.android.com/tools"
```

```
    android:layout_width="match_parent"
    android:layout_height="match_parent"
    android:orientation="vertical"
    tools:context=".ServiceLifeActivity">

    <LinearLayout
        android:layout_width="match_parent"
        android:layout_height="wrap_content"
        android:orientation="horizontal">
        <Button
            android:id="@+id/btnStart"
            android:layout_weight="1"
            android:layout_width="wrap_content"
            android:layout_height="wrap_content"
            android:text="启动服务"
            android:textSize="20sp"/>

        <Button
            android:id="@+id/btnStop"
            android:layout_weight="1"
            android:layout_width="wrap_content"
            android:layout_height="wrap_content"
            android:text="停止服务"
            android:textSize="20sp"/>

    </LinearLayout>
    <LinearLayout
        android:layout_width="match_parent"
        android:layout_height="wrap_content"
        android:orientation="horizontal">
        <Button
            android:id="@+id/btnBind"
            android:layout_weight="1"
            android:layout_width="wrap_content"
            android:layout_height="wrap_content"
            android:text="绑定服务"
            android:textSize="20sp"/>

        <Button
            android:id="@+id/btnUnbind"
            android:layout_weight="1"
            android:layout_width="wrap_content"
            android:layout_height="wrap_content"
```

```
            android:text="解绑服务"
            android:textSize="20sp"/>
    </LinearLayout>


</LinearLayout>
```

（3）在 Activity 中添加启动和停止服务、绑定和解绑服务的事件，代码如下：

```
packagecom.qcxy.chapter8;

import androidx.appcompat.app.AppCompatActivity;

import android.content.ComponentName;
import android.content.Intent;
import android.content.ServiceConnection;
import android.os.Bundle;
import android.os.IBinder;
import android.view.View;
import android.widget.Button;

public class ServiceLifeActivity extends AppCompatActivity implements View.
OnClickListener {

    private MyServiceLife.MyBinder myBinder;

    Button btnStart,btnStop,btnBind,btnUnbind;
    @Override
    protected void onCreate(Bundle savedInstanceState) {
        super.onCreate(savedInstanceState);
        setContentView(R.layout.activity_service_life);

        //获取控件对象
        btnStart=findViewById(R.id.btnStart);
        btnStop=findViewById(R.id.btnStop);
        btnBind=findViewById(R.id.btnBind);
        btnUnbind=findViewById(R.id.btnUnbind);

        //设置事件监听器
        btnStart.setOnClickListener(this);
        btnStop.setOnClickListener(this);
        btnBind.setOnClickListener(this);
        btnUnbind.setOnClickListener(this);
    }
```

```
private ServiceConnection connection=new ServiceConnection() {
    @Override
    public void onServiceConnected(ComponentName componentName, IBinder iBinder) {
        myBinder=(MyServiceLife.MyBinder)iBinder;
        myBinder.startWrok();
        myBinder.getProgress();
    }
    @Override
    public void onServiceDisconnected(ComponentName componentName) {

    }
};

@Override
public void onClick(View v) {
    switch (v.getId()){
        case R.id.btnStart:
            //启动服务
            Intent startIntent=new Intent(this,MyServiceLife.class);
            startService(startIntent);
            break;
        case R.id.btnStop:
            //停止服务
            Intent stopIntent=new Intent(this,MyServiceLife.class);
            stopService(stopIntent);
            break;
        case R.id.btnBind:
            Intent intent=new Intent(this, MyServiceLife.class);
            //绑定服务
            bindService(intent,connection,BIND_AUTO_CREATE);
            break;
        case R.id.btnUnbind:
            //解绑服务
            unbindService(connection);
            break;
    }
}
}
```

运行程序，点击【启动服务】按钮，接着点击【停止服务】按钮，查看打印日志，如图8.18所示。

```
2020-03-29 22:59:11.997 11789-11789/com.qcxy.chapter8 D/MyServiceLife: onCreate:
2020-03-29 22:59:12.000 11789-11789/com.qcxy.chapter8 D/MyServiceLife: onStartCommand:
2020-03-29 22:59:17.064 11789-11789/com.qcxy.chapter8 D/MyServiceLife: onDestroy:
```

图8.18　Unbounded service的生命周期

点击【绑定服务】按钮,接着点击【解绑服务】按钮,查看打印日志,如图 8.19 所示。

```
2020-03-29 23:03:13.640 11982-11982/com.qcxy.chapter8 D/MyServiceLife: onCreate:
2020-03-29 23:03:13.662 11982-11982/com.qcxy.chapter8 D/MyServiceLife: onBind:
2020-03-29 23:03:13.676 11982-11982/com.qcxy.chapter8 D/MyServiceLife: startWork executed
2020-03-29 23:03:13.676 11982-11982/com.qcxy.chapter8 D/MyServiceLife: getProgress executed
2020-03-29 23:03:20.423 11982-11982/com.qcxy.chapter8 D/MyServiceLife: onUnbind:
2020-03-29 23:03:20.424 11982-11982/com.qcxy.chapter8 D/MyServiceLife: onDestroy:
```

图 8.19 Bounded service 的生命周期

服务在其生命周期中具有如下特点:

(1) 一旦在项目的任何位置调用了 Context 的 startService()方法,相应的服务就会启动起来,并回调 onStartCommand()方法。如果这个服务之前没有创建过,onCreate()方法会先于 onStartCommand()方法执行。

(2) 服务启动之后会一直保持运行状态,直到 stopService()方法或 stopSelf()方法被调用。

(3) 每调用一次 startService()方法,onStartCommand()方法就会执行一次,但每个服务只会存在一个实例,所以不管调用了多少次 startService()方法,只需调用一次 stopService()方法或 stopSelf()方法,服务就会停止。

(4) 调用 Context 的 bindService()方法可以获取一个服务的持久连接,这时会回调服务中的 onBind()方法,如果这个服务之前没有创建过,onCreate()方法会先于 onBind()方法执行。

(5) bindService()方法绑定服务后,调用方可以获取 onBind()方法中返回的 IBinder 对象实例,然后与服务进行通信。只要调用方和服务之间的连接没有断开,服务就会一直保持运行状态。

(6) 当调用了 startService()方法后,再调用 stopService()方法,服务中的 onDestory()方法就会执行,表示服务已经销毁。同样,当调用了 bindService()方法后,再调用 unbindService()方法,onDestory()方法也会执行。

(7) 如果同时调用了 startService()方法和 bindService()方法对服务进行开启和绑定。根据 Android 系统的机制,一个服务只要被启动或者被绑定后,就一直处于运行状态,只有同时调用 stopService()方法和 unbindService()方法,onDestory()方法才会执行。

8.6 实践任务

◆ 任务 1 账号异地登录监控

需求说明

使用动态注册广播监听者,发送自定义广播,模拟账号异地登录强制下线功能。

要求如下:

(1) 启动应用后进入登录界面,输入用户名和密码,登录成功后进入主界面。

(2) 在主界面内点击【发送强制下线广播】按钮,弹出强制下线的对话框。

(3) 点击对话框的确定按钮,应用内的所有 Activity 都结束,跳转到登录界面。

实现思路

(1) 打开 Android Studio 开发工具，创建 Android 项目，命名为“MyProject”。

(2) 在工程中添加 Activity。

(3) 创建一个 ActivityCollector 类用于管理所有的 Activity。参考代码如下：

```
public class ActivityCollector {
public static List<Activity> activities=new ArrayList<> ();

    public static void addActivity(Activity activity) {
        activities.add(activity);
    }
    public static void removeActivity(Activity activity) {
        activities.remove(activity);
    }
    public static void finishAll() {
        for(Activity activity:activities) {
            if(! activity.isFinishing()) {
                activity.finish();
            }
        }
    }
}
```

(4) 创建 BaseActivity 类作为所有 Activity 的父类。参考代码如下：

```
public class BaseActivity extends AppCompatActivity {
    @Override
    protected void onCreate(Bundle savedInstanceState) {
        super.onCreate(savedInstanceState);
        ActivityCollector.addActivity(this);
    }
    @Override
    protected void onDestroy() {
        super.onDestroy();
        ActivityCollector.removeActivity(this);
    }
}
```

(5) 新建 LoginActivity，并生成布局文件 activity_login. xml，修改 activity_login 布局文件，参考代码如下：

```
<LinearLayout
xmlns:android="http://schemas.android.com/apk/res/android"
    xmlns:tools="http://schemas.android.com/tools"
    android:layout_width="match_parent"
    android:layout_height="match_parent"
```

```
    android:orientation="vertical"
    tools:context="com.qcxy.LoginActivity">
    <LinearLayout
        android:layout_width="match_parent"
        android:layout_height="60dp"
        android:orientation="horizontal">
        <TextView
            android:layout_width="90dp"
            android:layout_height="wrap_content"
            android:layout_gravity="center_vertical"
            android:textSize="18sp"
            android:text="账号："/>
        <EditText
            android:layout_width="0dp"
            android:layout_height="wrap_content"
            android:layout_weight="1"
            android:id="@+id/account"
            android:layout_gravity="center_vertical"/>
    </LinearLayout>
    <LinearLayout
        android:layout_width="match_parent"
        android:layout_height="60dp"
        android:orientation="horizontal">
         <TextView
             android:layout_width="90dp"
             android:layout_height="wrap_content"
             android:textSize="18sp"
             android:layout_gravity="center_vertical"
             android:text="密码："/>
        <EditText
            android:id="@+id/password"
            android:layout_width="0dp"
            android:layout_height="wrap_content"
            android:layout_weight="1"
            android:layout_gravity="center_vertical"
            android:inputType="textPassword"/>
    </LinearLayout>
    <Button
        android:id="@+id/login"
        android:layout_width="match_parent"
        android:layout_height="60dp"
        android:text="登录"/>
</LinearLayout>
```

(6) 修改 LoginActivity 的代码,实现登录操作。参考代码如下:

```
public class LoginActivity extends BaseActivity {
    private EditText accountEdit;
    private EditText passwordEdit;
    private Button login;

    @Override
    protected void onCreate(Bundle savedInstanceState) {
        super.onCreate(savedInstanceState);
        setContentView(R.layout.activity_login);
        accountEdit=findViewById(R.id.account);
        passwordEdit=findViewById(R.id.password);
        login=findViewById(R.id.login);
        login.setOnClickListener(new OnClickListener() {
            @Override
            public void onClick(View view) {
                String account=accountEdit.getText().toString();
                String password=passwordEdit.getText().toString();
                if(account.equals("admin")&&password.equals("123456")) {
                    Intent intent=new Intent(LoginActivity.this, MainActivity.class);
                    startActivity(intent);
                    finish();
                } else {
                    Toast.makeText(LoginActivity.this,"账号或密码错误",
Toast.LENGTH_SHORT).show();
                }
            }
        });
    }
}
```

(7) 修改 MainActivity 的布局文件 activity_main.xml,在布局文件中添加 Button 按钮用于发送强制下线的广播。参考代码如下:

```
<LinearLayout
xmlns:android="http://schemas.android.com/apk/res/android"
xmlns:tools="http://schemas.android.com/tools"
android:layout_width="match_parent"
android:layout_height="match_parent"
tools:context=".MainActivity"
android:orientation="vertical">
<Button
    android:id="@+id/force_offline"
    android:layout_width="match_parent"
    android:layout_height="wrap_content"
    android:text="发送强制下线广播"/>
</LinearLayout>
```

(8) 修改 MainActivity 的代码，在按钮的点击事件中发送强制下线的广播。参考代码如下：

```
public class MainActivity extends BaseActivity {
    private Button force_offline;

    @Override
    protected void onCreate(Bundle savedInstanceState) {
        super.onCreate(savedInstanceState);
        setContentView(R.layout.activity_main);
        force_offline=findViewById(R.id.force_offline);
        force_offline.setOnClickListener(new View.OnClickListener() {
            @Override
            public void onClick(View view) {
                Intent intent=new Intent();
                intent.setAction("com.qcxy.FORCE_OFFLINE");
                sendBroadcast(intent);
            }
        });
    }
}
```

(9) 修改 BaseActivity 的代码，在 BaseActivity 中添加广播接收者，并动态注册广播接收者，在广播接收者的 onReceive()方法中，弹出强制下线的对话框，在对话框的确定按钮点击事件中，关闭应用中所有的 Activity 并跳转到登录界面。参考代码如下：

```
public class BaseActivity extends AppCompatActivity {
private ForceOfflineReceiver forceOfflineReceiver;

    //省略…
    @Override
    protected void onResume() {
        super.onResume();
        forceOfflineReceiver=new ForceOfflineReceiver();
        IntentFilter intentFilter=new IntentFilter();
        intentFilter.addAction("com.qcxy.FORCE_OFFLINE");
        registerReceiver(forceOfflineReceiver,intentFilter);
    }
    @Override
    protected void onPause() {
        super.onPause();
        if(forceOfflineReceiver !=null) {
            unregisterReceiver(forceOfflineReceiver);
            forceOfflineReceiver=null;
        }
```

```
    }
class ForceOfflineReceiver extends BroadcastReceiver {
        @Override
        public void onReceive(final Context context, Intent intent) {
            AlertDialog.Builder builder=new AlertDialog.Builder(context);
            builder.setTitle("注意");
            builder.setMessage("强制下线,请重新登录。");
            builder.setCancelable(false);
              builder. setPositiveButton ( android. R. string. ok, new DialogInterface.
OnClickListener() {
                @Override
                public void onClick(DialogInterface dialogInterface, int i) {
                    ActivityCollector.finishAll();
                    Intent intent1=new Intent(context,LoginActivity.class);
                    context.startActivity(intent1);
                }
            });
            builder.show();
        }
    }
}
```

(10)在 AndroidManifest. xml 文件中将 LoginActivity 作为应用的启动页面。参考代码如下：

```
<?xml version="1.0"encoding="utf-8"?>
<manifest xmlns:android="http://schemas.android.com/apk/res/android"package="com.
qcxy">
    <application
        android:allowBackup="true"
        android:icon="@mipmap/ic_launcher"
        android:label="@string/app_name"
        android:roundIcon="@mipmap/ic_launcher_round"
        android:supportsRtl="true"
        android:theme="@style/AppTheme">
        <activity android:name=".MainActivity"> </activity>
        <activity
            android:name=".LoginActivity"
            android:label="@string/title_activity_login">
            <intent-filter>
                <action android:name="android.intent.action.MAIN"/>
                <category android:name="android.intent.category.LAUNCHER"/>
            </intent-filter>
```

```
        </activity>
    </application>
</manifest>
```

任务2　使用 IntentService 模拟图片上传

需求说明

使用 IntentService 模拟多张图片上传的功能，如图 8.20 所示。

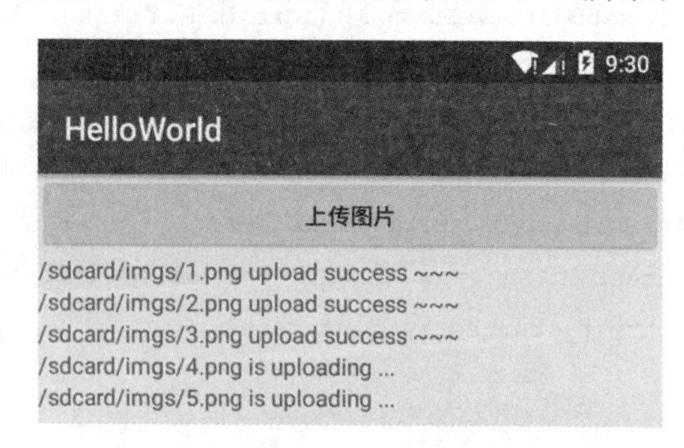

图 8.20　模拟多张图片上传的运行结果

要求如下：

（1）每点击一次【上传图片】按钮，就将一个任务提交给后台的 Service 处理，同时在界面上显示“路径/图片 is uploading…”。

（2）后台的 Service 每处理完成一个请求就将信息反馈给 Activity，Activity 更新 UI，更新完毕之后在界面上显示“路径/图片 upload success～～～”。

实现思路

（1）打开 Android Studio 开发工具，创建 Android 项目。

（2）在工程中添加 Activity。

（3）修改 MainActivity 的布局文件 activity_main.xml，在布局中添加一个按钮控件用于上传图片。参考代码如下：

```
<?xml version="1.0"encoding="utf-8"?>
<LinearLayout
    xmlns:android="http://schemas.android.com/apk/res/android"
    xmlns:tools="http://schemas.android.com/tools"
    android:layout_width="match_parent"
    android:layout_height="match_parent"
    android:orientation="vertical"
    android:id="@+id/upload_container"
    tools:context=".MainActivity">
    <Button
        android:id="@+id/upload_img"
        android:layout_width="match_parent"
        android:layout_height="wrap_content"
```

```
        android:onClick="addTask"
        android:text="上传图片"/>
</LinearLayout>
```

(4) 在工程中创建 UploadImgService 类，继承自 IntentService，在 onHandleIntent()方法中获取 Activity 传递过来的图片路径，延时 2 秒，模拟上传图片，上传完毕后，将图片的路径通过广播的方式发送出去。参考代码如下：

```
public class UploadImgService extends IntentService {
    private static final String ACTION_UPLOAD_IMG="com.qcxy.UPLOAD_IMAGE";
    public static final String EXTRA_IMG_PATH="com.qcxy.extra.IMG_PATH";
    public static void startUploadImg(Context context, String path) {
        Intent intent=new Intent(context, UploadImgService.class);
        intent.setAction(ACTION_UPLOAD_IMG);
        intent.putExtra(EXTRA_IMG_PATH, path)
        context.startService(intent);
    }
    public UploadImgService() {
        super("UploadImgService");
    }
    @Override
    protected void onHandleIntent(Intent intent) {
        if (intent !=null) {
            final String action=intent.getAction();
            if (ACTION_UPLOAD_IMG.equals(action)) {
                final String path=intent.getStringExtra(EXTRA_IMG_PATH);
                handleUploadImg(path);
            }
        }
    }
    private void handleUploadImg(String path) {
        try {
            //模拟上传耗时
            Thread.sleep(2000);
            //上传完成，发送广播
            Intent intent=new Intent(MainActivity.UPLOAD_RESULT);
            intent.putExtra(EXTRA_IMG_PATH, path);
            sendBroadcast(intent);
        } catch (InterruptedException e) {
            e.printStackTrace();
        }
    }
}
```

(5) 修改 MainActivity 中的代码，在 MainActivity 中动态注册广播接收者，用来接收服务发送过来的广播，同时添加【上传图片】按钮的点击事件，在点击事件中启动 IntentService，并将图片路径传递到 IntentService 中，同时在界面上显示正在上传图片的文字信息，当广播接收者接收到 IntentService 发送的广播时，更改界面上的文字信息。参考代码如下：

```
public class MainActivity extends AppCompatActivity {
    public static final String UPLOAD_RESULT="com.qcxy.UPLOAD_RESULT";
    private LinearLayout mUploadTaskContainer;
    int i=0;
    private BroadcastReceiver uploadImgReceiver=new BroadcastReceiver() {
        @Override
        public void onReceive(Context context, Intent intent) {
            if (intent.getAction().equals(UPLOAD_RESULT)) {
                String path=intent.getStringExtra(UploadImgService.EXTRA_IMG_PATH);
                handleResult(path);
            }
        }
};

    private void handleResult(String path) {
        TextView tv=mUploadTaskContainer.findViewWithTag(path);
        tv.setText(path+"upload success ~ ~ ~  ");
}

    @Override
    protected void onCreate(Bundle savedInstanceState) {
        super.onCreate(savedInstanceState);
        setContentView(R.layout.activity_main);
        mUploadTaskContainer=(LinearLayout) findViewById(R.id.upload_container);
        registerReceiver();
}

    private void registerReceiver() {
        IntentFilter filter=new IntentFilter();
        filter.addAction(UPLOAD_RESULT);
        registerReceiver(uploadImgReceiver, filter);
}

    public void addTask(View view) {
        // 模拟路径
        String path="/sdcard/imgs/"+(++i)+".png";
```

```
        UploadImgService.startUploadImg(this, path);
        TextView tv=new TextView(this);
        mUploadTaskContainer.addView(tv);
        tv.setText(path+"is uploading …");
        tv.setTag(path);
}

    @Override
    protected void onDestroy() {
        super.onDestroy();
        unregisterReceiver(uploadImgReceiver);
    }
}
```

本章总结

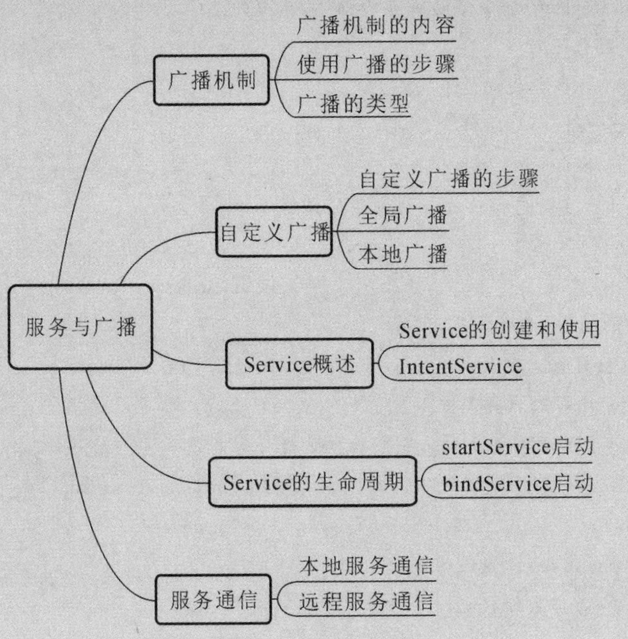

- 服务与广播
  - 广播机制
    - 广播机制的内容
    - 使用广播的步骤
    - 广播的类型
  - 自定义广播
    - 自定义广播的步骤
    - 全局广播
    - 本地广播
  - Service概述
    - Service的创建和使用
    - IntentService
  - Service的生命周期
    - startService启动
    - bindService启动
  - 服务通信
    - 本地服务通信
    - 远程服务通信

本章作业

一、选择题

1. 下面关于静态注册广播接收者中 Exported 属性的描述，正确的是（　　）。

A. 广播接收者是否可以由系统实例化　　B. 是否接收当前程序之外的广播
C. 创建广播接收者名称　　D. 以上说法都不对

2. 下列选项中，当使用 bindService()方法开启服务时，关于生命周期的描述，正确的是（　　）。

A. onCreate()—onStart()—onBind()—onDestroy()
B. onCreate()—onBind()—onDestroy()
C. onCreate()—onBind()—onUnBind()—onDestroy()
D. onCreate()—onStart()—onBind()—onUnBind()—onDestroy()

3. 下列选项中，属于创建服务时继承的类的是（　　）。

A. Activity　　B. Broadcast　　C. Service　　D. Intent

4. 下列选项中，属于接收系统广播的组件的是（　　）。

A. Broadcast　　B. BroadcastReceiver　　C. ContentProvider　　D. ContentResolver

5. 下面关于 bindService()方法启动服务的描述，正确的是（　　）。

A. 服务会长期在后台运行
B. 启动服务的组件与服务之间没有关联
C. 可以通过 stopService()方法停止该服务
D. 可以通过 unbindService()方法停止该服务

6. 下列选项中，属于注册广播接收者的方法的是（　　）。

A. registerReceiver()　　B. setReceiver()
C. unregisterReceiver()　　D. setBroadcastReceiver()

7. 下面关于广播的描述，正确的是（　　）。

A. 有序广播可以被接收者拦截　　B. 普通广播是同步的
C. 有序广播的效率比普通广播高　　D. 普通广播可以被接收者拦截

8. 下列选项中，属于在清单文件中配置广播接收者标签的是（　　）。

A. <broadcast/>　　B. <broadcastreceiver/>
C. <ContentProvider/>　　D. <receiver/>

9. 下面关于 Service 的描述，错误的是（　　）。

A. Service 是 Android 四大组件之一
B. 没有用户界面
C. 在 Java 代码中可以动态注册服务
D. Service 依赖于 Activity，当 Activity 销毁时，Service 也被销毁

10. 下列选项中，属于可以长期运行在后台的组件的是（　　）。

A. Activity　　B. ContentProvider　　C. Service　　D. Intent

二、简答题

1. 简述广播机制的实现过程。
2. 简述有序广播和普通广播的区别。
3. 简述开启和关闭 Service 时，执行的生命周期的方法。
4. 请简要介绍如何通过 bindService()的方式调用服务里面的方法。

参考文献

[1] 黑马程序员. Android 移动开发基础案例教程[M]. 北京:人民邮电出版社,2017.

[2] 李刚. 疯狂 Android 讲义 [M]. 3 版. 北京:电子工业出版社,2015.

[3] 郭霖. 第一行代码 Android[M]. 2 版. 北京:人民邮电出版社,2016.

[4] 张思民. Android Studio 应用程序设计[M]. 2 版. 北京:清华大学出版社,2017.